지방 저감화
식품의 연구

STUDIES ON LIPID REDUCTION IN FOODS

지방 저감화 식품의 연구

허선진 지음

한국학술정보[주]

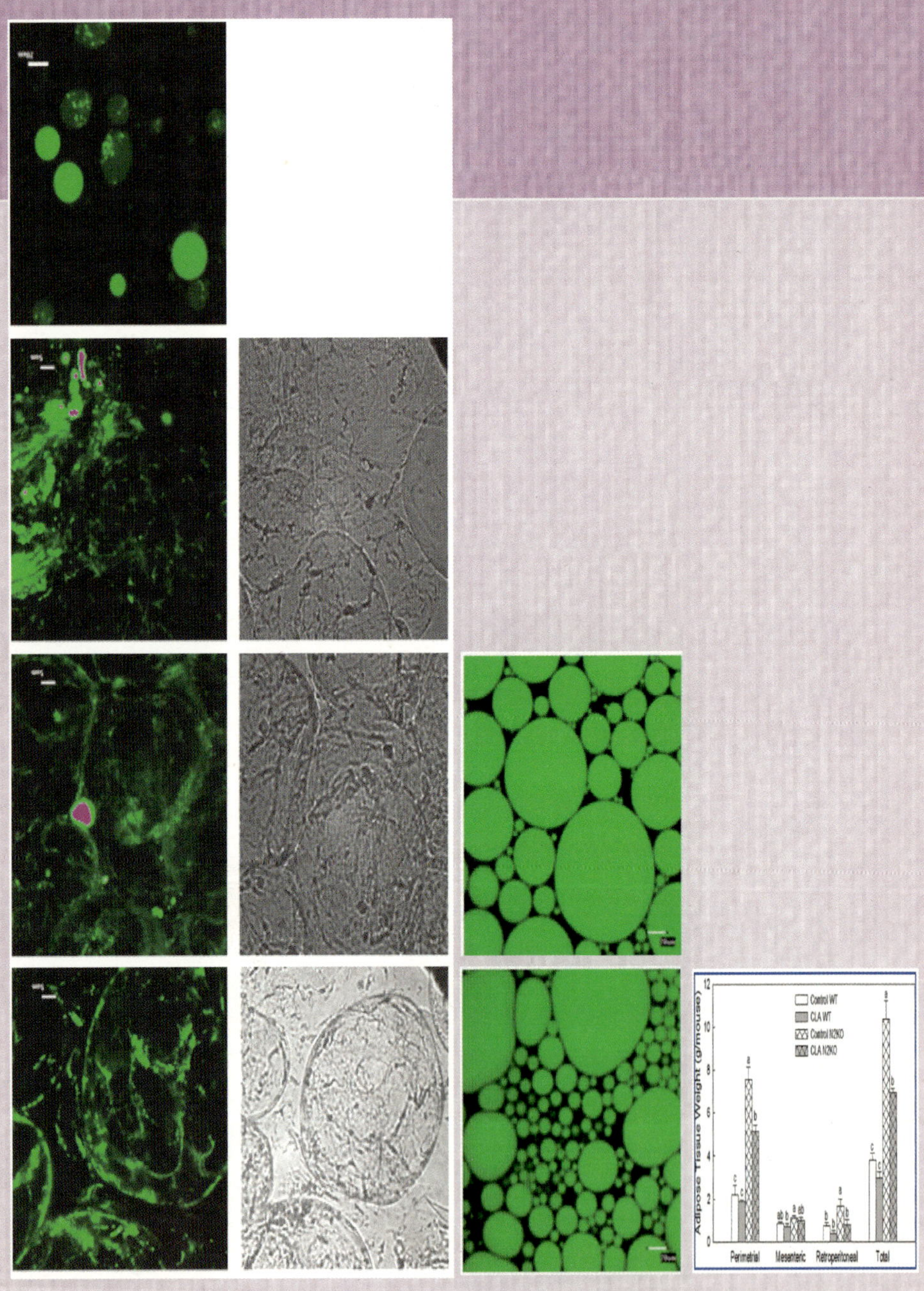
Adipose Tissue Weight (g/mouse)
Control WT
CLA WT
Control N2KO
CLA N2KO
12
10
8
6
4
2
0
Perimetrial
Mesenteric
Retroperitoneal
Total

지방질 음식 섭취의 증가는 비만, 당뇨 또는 동맥경화와 같은 성인병의 주요 원인이 되고 있다. 따라서 학계와 산업계는 오랜 기간 식품에 존재하는 지방을 줄이거나 다른 물질로 대체하고자 하는 다양한 연구들을 수행하였다. 그러나 식품에 존재하는 지방은 식품의 풍미에 매우 중요한 작용을 하기 때문에 그 함량을 효과적으로 줄이거나 대체하기는 매우 어려운 일이며, 지방을 줄이기 위해 개발된 방법들은 그 효과가 아직은 완벽하지 않은 실정이다. 본 저서에서는 현재 학계나 산업계에서 연구되고 있는 식품지방의 저감화와 관련된 연구와 기술 동향을 살펴보고 향후 기대되는 연구방법이나 기술개발 방법을 제시해 보고자 한다. 그러나 본 저서에서 기술하는 내용은 효능이나 그 기작 및 안전성이 완전하게 검증되지 않은 내용도 포함하고 있으며, 오랜 기간 효능이나 기작이 검증된 물질이라 하더라도 조건에 따라서 효능이 다르게 나타날 가능성이 존재할 수 있다. 또한 동일한 물질과 동일한 기술이라 할지라도 학계나 산업계 또는 소비자 간의 다양한 이해관계가 존재할 수 있음을 미리 밝혀두는 바이다. 또한 본 저서에 사용된 용어나 문장의 구성은 인용문헌과 최대한 동일하게 기술하였다.

본 저서는 2009년 정부(교육과학기술부)의 재원으로 한국연구재단의 지원을 받아 수행된 연구(NRF-2009-353-F0006)의 일부로 이에 감사를 드린다.

끝으로 본 저서가 나오기까지 협조해 준 한국학술정보(주) 관계자 여러분께 감사를 드린다.

2011년 5월

허선진

CONTENTS

지방

Studies on Lipid Reduction in Foods

01

1. 지방의 정의

지방이란 용해도에 근거하여 정의하는데, 물에는 녹지 않고 클로르포름, 아세톤, 메탄올과 같은 유기용매에 녹는 물질을 지방이라고 한다. 화학적으로 지방이란 비극성기를 가진 구조적으로 유사성을 갖는 화합물을 총칭하여 지방이라 한다. 지방의 성질은 지방산의 종류에 따라 달라지는데 포화지방산이 많으면 실온에서 굳고 불포화지방산이 많으면 액체로 되는 성질이 커진다.

2. 지방의 종류

지방의 유형은 크게 중성지질, 인지질, 스핑고지질, 스테로이드 등으로 구분한다. 지방을 구성하는 지방산은 극성말단에 카르복실기와 비극성 꼬리에 탄화수소 사슬을 가지고 있기 때문에 진수성과 소수성을 모두 가시고 있다. 그 이유는 카르복실기가 친수성이고 탄화수소 꼬리가 소수성을 나타내기 때문이다.

구조에 의한 지방의 분류는 아래와 같이 크게 단순지방, 복합지방, 유도지방으로 구분한다. 단순지방은 중성지방, 왁스, 스테롤에스터 등이 있으며, 복합지방은 인지질, 스핑고지질 등이 있다. 유도 지방은 단순지방 또는 복합지방이 가수분해되어 형성된 물질로 지방산, 고급 알코올류, 스테롤류, 스쿠알렌, 카로틴과 같은 각종 탄수화물과 지용성 비타민 등이 있다.

－중성지질은 글리세롤 한 분자에 지방산 세 개가 결합된 것을 말한다. 자연계

에 가장 널리 존재하는 지방으로 중성지질은 세포막을 구성하는 세포막이 아니고 지방조직에 축적되어 에너지의 저장 역할을 담당한다. 중성지질은 비극성 유기용매에 녹으며, 녹는점은 지방산의 조성에 따라 다르다. 비중은 물보다 낮으며 산, 알칼리 또는 라이페이스와 같은 효소에 의해 가수분해된다.

- 인지질은 중성지질에서 글리세롤과 결합한 지방산 중의 하나가 인산으로 치환된 것이다. 인지질은 유화성, 습윤, 항산화성을 가지며, 뇌의 신경조직, 간장; 혈액 등의 대사와 기능에 관여하며, 콜레스테롤 저하, 중성지질 저하, 지방간의 개선 등의 생리작용도 보고되고 있다. 또한 인지질은 소화가 가능한 천연 계면활성제 또는 유화제로서 식품 분야에서 널리 사용되고 있다.

- 스핑고지질은 세포막을 구성하는 지방으로 극성 머리 부분 한 개와 비극성 꼬리 두 개를 가지며 글리세롤을 가지고 있지 않다. 스핑고지질은 세포활성을 조절하는 데 중요한 역할을 한다.

- 당지질은 당과 지방이 공유결합을 하고 있는 것인데, 당질 부분이 복잡한 다당류로 구성되는 것과, 올리고당으로 구성되는 두 가지로 구분한다.

- 스테로이드는 일반적으로 세 개의 육탄소 고리와 한 개의 오탄소 고리로 구성된 융합 고리화합물을 말한다. 스테로이드는 성호르몬을 포함한 중요한 스테로이드들이 많이 존재한다. 특히 식품에서 중요한 스테로이드로는 콜레스테롤이 있으며, 콜레스테롤은 세포막의 구성성분으로서 존재하며 스테로이드나 비타민 D를 합성하는 전구체로서 중요한 역할을 담당한다.

지방은 물리적 상태에 따라 액상유와 고체지방으로 나누며, 원료에 따라서는 식물유와 동물유로 구분한다. 뿐만 아니라 지방산의 종류에 따라 올레산-리놀레산계, 리놀레산계, 에루스산계, 라우르산계, 식물성 버터계, 유지방계, 동물성계, 해양동물계, 공액산계 지방 등으로 구분한다.

3. 지방의 이화학적 성질

자연계에 가장 널리 존재하는 지방은 중성지방이며, 이는 글리세롤과 지방산으로 구성되어 있다. 특히 지방의 이화학적 성질은 지방산에 의해 크게 영향받게 된다. 지방산은 말단에 carboxyl기(-COOH) 한 개를 가지며, 일반적으로 R-COOH로 표시된다. 자연계에 존재하는 대부분의 지방산은 짝수 개의 탄소를 가지며, 아래의 그림과 같이 이중결합의 유무에 따라 포화지방산(saturated fatty acid)과 불포화지방산(unsaturated fatty acid)으로 구분한다. 불포화지방산 중 이중결합을 한 개 가지고 있는 지방산을 일가불포화지방산, 이중결합을 두 개 이상 가지고 있는 것을 이가불포화지방산이라고 하며, 여러 개의 이중결합을 가지고 있는 것을 다가 또는 고도불포화지방산이라고 한다. 지방을 구성하는 지방산의 탄소가 열 개 이하인 저급 지방산은 수용성인 반면에, 열 개 이상의 탄소를 가진 지방산은 불용성이다. 지방을 구성하는 지방산의 조성은 지방의 물리적인 성질에 크게 영향을 미치는데 포화지방산의 비율이 높으면 융점이 증가하여 실온에서 고체 상태로 존재하고 불포화지방산의 비율이 높으면 융점이 낮아져 실온에서 액체 상태로 존재한다. 소고기나 돼지고기의 지방은 포화지방산의 비율이 높아 실온에서 주로 고체 상태로 존재하고 식물성 기름은 불포화지방산의 비율이 높아 실온에서 액체 상태로 존재한다. 포화지방산은 그림과 같이 일직선의 구조를 가지므로 세포 내에서 차곡차곡 쌓일 수 있어 단단한 물리적 구조를 가질 수 있으므로 고체로 존재하는 반면 불포화지방산은 이중결합을 가지므로 지방산의 구조가 한쪽 방향으로 휘게 되어 세포 내에서 치밀하게 쌓이지 못하므로 단단한 정도가 낮아져 액체 상태로 존재하게 된다.

또한 지방산의 포화와 불포화는 지방의 저상성에도 크게 영향을 미치는데 포화지방산은 불포화지방산에 비교해 상대적으로 산화에 안정히어 같은 조건일 경우 포화지방산의 함량이 높을수록 저장성이 다소 증가한다. 그러나 식물성 기름은 불포화도가 매우 높음에도 불구하고 산화에 매우 안정한데, 이러한 이유는 식물성 기름에는 비타민과 같은 다량의 항산화 물질들이 함유되어 있기 때문이다.

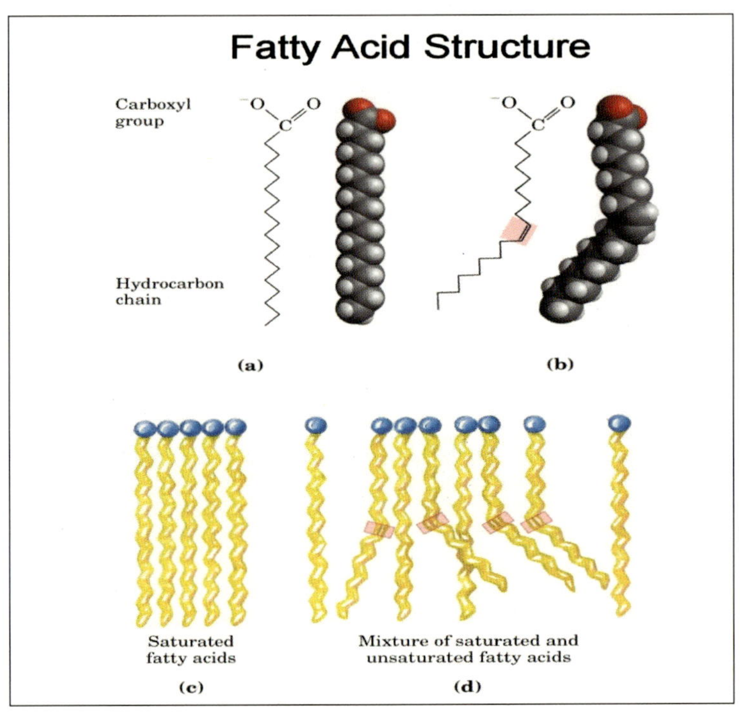

〈그림 1-1〉 포화지방산(a, c)과 불포화지방산(b, d)의 구조

4. 포화지방산

포화지방산은 탄소 수가 네 개인 butyric acid에서 탄소 수가 30개인 melissic acid 까지 알려져 있다. 포화지방산은 탄소 수가 증가함에 따라 물에 녹기 어려우며 탄소 수가 증가함에 따라 녹는점은 증가한다.

〈표 1-1〉 포화지방산의 종류

일반명	학술명	구 조	녹는점(℃)
Butyric acid	Butanoic acid	$CH_3(CH_2)_2COOH$	-8.0
Caproic acid	Hexanoic acid	$CH_3(CH_2)_4COOH$	-4.0
Caprylic acid	Octanoic acid	$CH_3(CH_2)_6COOH$	16.0
Capric acid	Decanoic acid	$CH_3(CH_2)_8COOH$	31.3
Lauric acid	Dodecanoic acid	$CH_3(CH_2)_{10}COOH$	43.5
Myristic acid	Tetradecanoic acid	$CH_3(CH_2)_{12}COOH$	54.4
Palmitic acid	Hexadecanoic acid	$CH_3(CH_2)_{14}COOH$	62.9
Stearic acid	Octadecanoic acid	$CH_3(CH_2)_{16}COOH$	69.6
Arachidic acid	Eicosanoic acid	$CH_3(CH_2)_{18}COOH$	75.4
Behenic acid	Docosanoic acid	$CH_3(CH_2)_{20}COOH$	80.0
Lignoceric acid	Tetracosanoic acid	$CH_3(CH_2)_{22}COOH$	84.2
Cerotic acid	Hexacosanoic acid	$CH_3(CH_2)_{24}COOH$	87.2
Montanic acid	Octacosanoic acid	$CH_3(CH_2)_{26}COOH$	90.9
Melissic acid	Tricontanoic acid	$CH_3(CH_2)_{28}COOH$	93.6

5. 불포화지방산

지방산 중에 이중결합을 한 개 이상 가진 것을 말한다. 지방산의 생합성은 말단 메칠기(CH_3)에서 시작하여 카르복실기(COOH) 쪽으로 이루어지는데, 말단 메칠기에서 시작하여 탄소 세 번째와 네 번째 사이에 이중결합이 존재하면 ω-3 지방산, 탄소 여섯 번째와 일곱 번째 사이에 이중결합이 존재하면 ω-6 지방산, 그리고 아홉 번째와 열 번째 탄소 사이에 이중결합이 존재하면 ω-9 지방산이 된다. 자연계에 존재하는 대부분이 불포화지방산은 이중결합의 형태가 "Cis" 형인데, Cis 형은 Trans 형에 비교해 불안정하다. 뿐만 아니라 Trans 형은 Cis 형에 비해 융점이 높다.

〈표 1-2〉 지방산의 학술명, 구조 및 융점

일반명	학술명	구 조	융 점($^\circ$C)
Myristoleic acid	9-Tetradecenoic	$CH_3(CH_2)_3CH=CH(CH_2)_7COOH$	-4.0
Palmitoleic acid	9-Hexadecenoic	$CH_3(CH_2)_5CH=CH(CH_2)_7COOH$	0.5
Oleic acid	9-Octadecenoic	$CH_3(CH_2)_7CH=CH(CH_2)_7COOH$	13.4
Ricinoleic acid	12-hydrxy-9-Octadecenoic	$CH_3(CH_2)_5CH(OH)CH_2CH=CH(CH_2)_7COOH$	4.0
Linoleic acid	9, 12-Octadecadienoic	$CH_3(CH_2)_4(CH=CHCH_2)_2(CH_2)_6COOH$	-5.0
α-Linolenic acid	9, 12, 15-Octadecadienoic	$CH_3CH_2(CH=CHCH_2)_3(CH_2)_6COOH$	-11.0
γ-Linolenic acid	6, 9, 12-Octadecadienoic	$CH_3(CH_2)_4(CH=CHCH_2)_3(CH_2)_6COOH$	
Arachidonic acid	5, 8, 11, 14-Eicosa	$CH_3(CH_2)_4(CH=CHCH_2)_4(CH_2)_2COOH$	-49.5
Eicosapentaenoic acid	5, 8, 11, 14, 17-Eicosapentaenoic	$CH_3CH_2(CH=CHCH_2)_5(CH_2)_2COOH$	-54.0
Erucic acid	13-Dodesenoic	$CH_3(CH_2)_7CH=CH(CH_2)_{11}COOH$	34.7
Nevonic acid	15-Tetracosenoic	$CH_3(CH_2)_7CH=CH(CH_2)_{13}COOH$	41.0
Docosahexaenoic acid	4, 7, 10, 13, 16, 19-Docosahexzenoic	$CH_3CH_2(CH=CHCH_2)_6(CH_2)_2COOH$	80

6. 지방의 생체적 기능

에너지원, 필수지방산의 공급원

지방은 1g에 약 9kcal의 열량을 발생하므로 1g에 4kcal을 발생하는 단백질이나 탄수화물에 비해 열량이 높기 때문에 효율적인 에너지 저장원으로서 중요한 역할을 한다. 즉 동일한 공간에 더 많은 에너지를 저장할 수 있다. 그러므로 작은 크기에 많은 에너지를 저장해야 하는 특성을 가진 식물의 씨 등에 많이 함유되어 있는 경향이 있다. 지방을 구성하는 지방산의 가장 중요한 기능은 산화과정을 통해 고에너지 화합물이 ATP를 합성하는 것으로 과량의 지방산은 글리세롤과 결합하여 지방조직에 저장되었다가 필요시에 분해과정을 통해 에너지를 생성한다. 동물 체내에 존재하는 탄수화물은 글리코겐의 형태로 존재하며 혐기적인 조건에서도 분해되어 에너지를 생성한다. 그러나 지방은 호기적 대사를 통해서만 에너지를 생성하기 때문에 지방을 분해하기 위해서는 산소의 공급이 필수적이다.

체조직 구성

지방은 피부를 구성하는 중요한 성분이며, 지방산, 인지질 및 콜레스테롤은 세포의 구성성분으로서 역할을 담당한다. 노화에 의해 지방의 산화가 증가되면 피부의 윤기가 감소하고 피부의 탄력이 감소하게 된다.

장기보호 및 체온조절

피하지방은 절연체의 기능을 함으로써 보온 역할을 담당하여 체온을 일정하게 유지시켜 주는 역할을 담당한다. 뿐만 아니라 지방은 복강 안에 있는 중요한 장기를 외부의 충격으로부터 보호한다. 또한 지방은 혈관을 구성하는 물질로서 지방이 많이 부족하게 되면 혈관벽을 구성하는 지방의 감소로 인해 혈관이 약해지는 결과를 초래할 수 있으며, 너무 과도한 지방의 섭취는 혈관벽이 막히는 결과를 초래할 수 있으므로 적절한 지방의 섭취가 매우 중요하다.

필수지방산 공급원

지방은 필수지방산인 linoleic acid, linolenic acid, arachidonic acid 등 생명현상의 유지에 필수적인 지방산의 공급원이다.

지용성 비타민의 용매역할

지용성 비타민은 지방에 용해되기 때문에 지방과 같이 존재할 때 체내에서 흡수 이용이 원활하다. 즉 지방의 섭취가 부족할 경우 지용성 비타민이 부족해질 수 있다.

비타민 절약작용

지방은 당질과 달리 비타민 B_1의 도움 없이도 에너지를 발생시킬 수 있기 때문에 체내 비타민 B_1의 소비를 절약할 수 있다.

뼈의 석회화

지질의 7-dehydrocholesterol은 자외선에 의해 비타민 D로 전화되며, 비타민 D는 칼슘의 체내 흡수를 도울 뿐만 아니라 칼슘의 축적을 촉진시켜 뼈를 튼튼하게 한다.

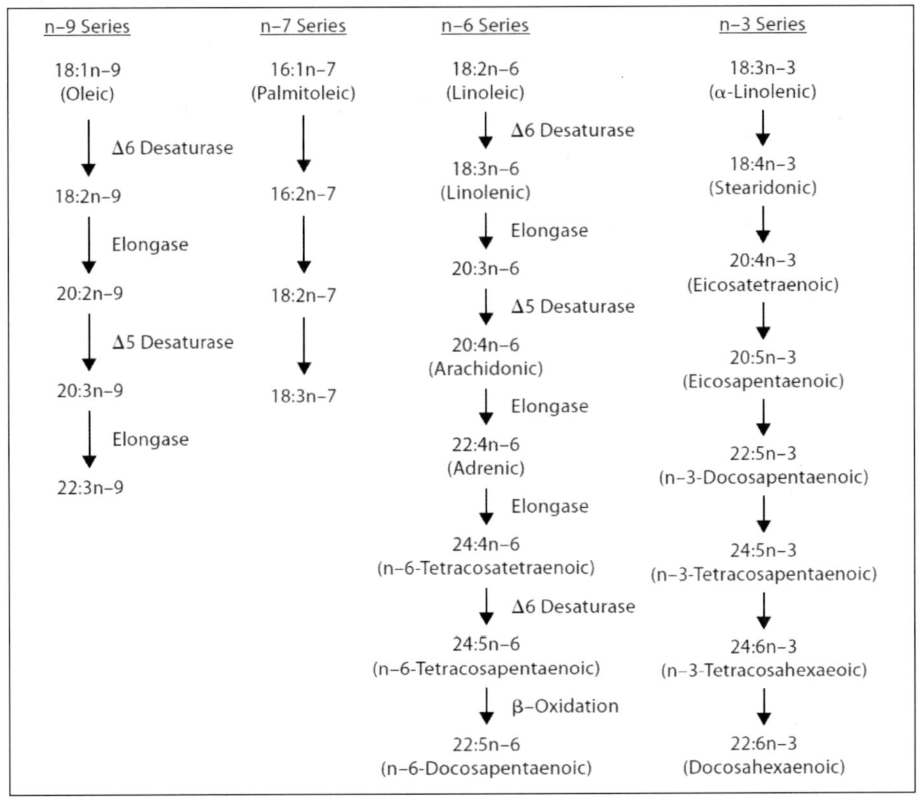

〈그림 1-2〉 오메가 3, 오메가 6, 오메가 7 및 오메가 9 지방산의 대사(Ratnayake와 Galli, 2009)

7. 식품으로서 지방의 기능

식품에 존재하는 지방은 식품의 풍미, 조직감 및 저장성 등에 크게 영향을 미친다. 지방의 외형은 일반적으로 광택이 있고, 반투명하고, 표면이 일정하며 결정구조를 가진다. 조직감은 점성과 탄력성이 있으며 단단하다. 지방은 강한 향을 가지는데, 특히 가열할 때 매우 강한 향기를 발생시키므로 식품의 풍미에 크게 작용한다. 지방은 섭취했을 때 입 안에서 용해성이 있으며, 미끌미끌한 느낌과 입 안을 코팅하는 느낌과 함께 차가운 느낌과 따뜻한 느낌을 가진다. 또한 섭취 시 퍽퍽한 부분을 가지는 식품을 부드럽게 만들어 주어 식품의 다즙성과 연도를 증가시키는 역할을 한다. 지방은 탄소사슬의 길이에 따라 점성과 가소성, 요변성, 겔화, 경도, 미끄러움 정도가 달라지며, 불포화도와 지방산 조성에 따라 융점, 열전달 효율, 저장성, 이온의 이동, 미생물 안정성 등이 달라진다.

〈표 1-3〉 식품지방의 지방산과 콜레스테롤 및 비타민 함량(Food Standards Agency, 1991)

	포화지방산 g/100g	단가불포화 지방산 g/100g	다가불포화 지방산 g/100g	콜레스테롤 mg/100g	비타민 E mg/100g
Animal fats					
Lard	40.8	43.8	9.6	93	0.00
butter	54.0	19.8	2.6	230	2.00
Vegetable fats					
Coconut oil	85.2	6.6	1.7	0	0.66
Palm oil	45.3	41.6	8.3	0	33.12
Cottonseed oil	25.5	21.3	48.1	0	42.77
Wheat germ oil	18.8	15.9	60.7	0	136.65
Soya oil	14.5	23.2	56.5	0	16.29
Olive oil	14.0	69.7	11.2	0	5.10
Corn oil	12.7	24.7	57.8	0	17.24
Sunflower oil	11.9	20.2	63.0	0	49.0
Safflower oil	10.2	12.6	72.1	0	40.68
Hemp oil	10	15	75	0	
Canola/Rapesed oil	5.3	64.3	24.8	0	22.21

〈표 1-4〉 다양한 지방질 식품의 조성(Food Standards Agency, 1991)

Oil or Fat	Unsat./ Sat. ratio	Saturated					Mono unsaturated	Poly unsaturated	
		Capric Acid C10:0	Lauric Acid C12:0	Myristic Acid C14:0	Palmitic Acid C16:0	Stearic Acid C18:0	Oleic Acid C18:1	Linoleic Acid C18:2	Linolenic Acid C18:3
Almond Oil	9.7	-	-	-	7	2	69	17	-
Beef Tallow	0.9	-	-	3	24	19	43	3	1
Butterfat(cow)	0.5	3	3	11	27	12	29	2	1
Butterfat(goat)	0.5	7	3	9	25	12	27	3	1
Canola Oil	15.7	-	-	-	4	2	62	22	10
Cocoa Butter	0.6	-	-	-	25	38	32	3	-
Cod Liver Oil	2.9	-	-	8	17	-	22	5	-
Coconut Oil	0.1	6	47	18	9	3	6	2	-
Corn Oil	6.7	-	-	-	11	2	28	58	1
Cottonseed Oil	2.8	-	-	1	22	3	19	54	1

| Oil or Fat | Unsat./ Sat. ratio | Saturated | | | | | Mono unsaturated | Poly unsaturated | |
		Capric Acid C10:0	Lauric Acid C12:0	Myristic Acid C14:0	Palmitic Acid C16:0	Stearic Acid C18:0	Oleic Acid C18:1	Linoleic Acid C18:2	Linolenic Acid C18:3
Flaxseed Oil	9.0	-	-	-	3	7	21	16	53
Grape seed Oil	7.3	-	-	-	8	4	15	73	-
Illipe	0.6	-	-	-	17	45	35	1	-
Lard	1.2	-	-	2	26	14	44	10	-
Olive Oil	4.6	-	-	-	13	3	71	10	1
Palm Oil	1.0	-	-	1	45	4	40	10	-
Palm Olein	1.3	-	-	1	37	4	46	11	-
Palm Kernel Oil	0.2	4	48	16	8	3	15	2	-
Peanut Oil	4.0	-	-	-	11	2	48	32	-
Safflower Oil*	10.1	-	-	-	7	2	13	78	-
Sesame Oil	6.6	-	-	-	9	4	41	45	-
Shea nut	1.1	-	1	-	4	39	44	5	-
Soybean Oil	5.7	-	-	-	11	4	24	54	7
Sunflower Oil*	7.3	-	-	-	7	5	19	68	1
Walnut Oil	5.3	-	-	-	11	5	28	51	5

　보건복지부의 통계 조사에 의하면 남자, 여자 모두 고령층을 중심으로 비만율이 크게 증가되고 있는 것으로 조사되었으며, 특히 비만율은 저학력, 저소득층 등 사회경제적 수준이 낮은 계층에서 높은 것으로 나타났을 뿐만 아니라, 가족 병력과도 관련성이 높은 것으로 보고되고 있다. 세계에서 가장 비만율이 높은 미국의 경우 성인남녀의 절반 이상이 비만 또는 과체중인 것으로 보고되고 있으며, 비만율은 소득수준 및 교육수준과도 밀접한 관련이 있는 것으로 조사되고 있다. 이러한 이유는 소득수준이 낮고 교육 수준이 낮은 계층일수록 값싼 패스트푸드의 섭취 비율이 높은 데 반해 운동량이 부족하며 또한 체중조절이나 건강에 대한 관심이 부족하고 병원치료를 받을 기회가 부족하기 때문이다. 아래 그림에서 보듯이 미국의 경우 백인인구 비율이 높고, 교육수준 및 소득수준이 높은 동부지역의 비만율이 낮게 나타나고 있으며, 미시시피를 비롯한 남부 일부 지역에서 높은 비만율을 나타내고 있는 것을 알 수 있다. 그러나 미국은 해가 거듭될수록 미국의 전

지역에서 비만율이 증가하고 있는 것으로 나타나 심각한 사회문제가 되고 있으며, 비만 퇴치를 위한 막대한 사회비용이 지출되고 있다. 다행히도 우리나라는 각 나라별 비만인구 조사에서 일본과 함께 비만율이 가장 낮은 나라로 구분되고 있지만, 최근 우리나라도 식단의 서구화에 의해 비만율이 점차 증가하는 추세에 있으므로 이러한 비만을 줄이기 위한 정부와 학계의 노력이 더욱 필요할 것이다.

비만이란 정상에 비해 몸무게가 지나치게 많이 나가는 것으로 몸무게에 비해 지방의 함량이 높은 경우를 비만이라고 말한다. 또한 체중이 정상치보다 높지 않다고 하더라도 체지방의 함량이 지나치게 높은 경우 역시 비만으로 규정한다. 세계보건기구(WHO)에서 규정하는 비만은 체질량지수(BMI: Body Mass Index) 기준으로:

18.5 이하는 저체중

18.5-24.9는 정상

25.0-29.9 이상은 과체중

30.0 이상은 비만으로 나눈다.

■ 체질량지수(BMI) ＝ 체중(kg)/신장의 제곱(m^2)

예) 몸무게 55kg에 키가 160cm인 사람이라면 55/1.6×1.6이므로 체질량 지수는 21.5이다.

비만은 유전적인 요인이 35~50%를 차지하며, 환경적인 요인이 50~65%를 차지하는데, 비만의 주요 원인은 질병, 기름진 음식의 과량섭취, 식단의 불균형, 운동부족 등을 들 수 있다. 비만은 질병이지만 비만 그 자체가 위험하다기보다는 오히려 비만에 의해 발생될 수 있는 당뇨, 암, 심혈관질환 등과 같은 생활습관병이 더 큰 문제가 되고 있다.

비만은 지방세포의 이상발달이라고 하는데 지방의 축적은 지방세포 수의 증가와 지방세포 크기의 증가로 구분할 수 있다. 인체에 지방을 축적하는 세포는 hepatocyte(단기축적)와 adipocyte(장기축적)로 알려져 있으나 비만과 관련이 있는 것은 주로 adipocyte이다. 따라서 preadipocyte의 분열 및 adipocyte의 생성을 억제하는 물질은 비만을 예방하거나 치료할 수 있는 중요한 물질이 될 수 있다(김세건 등, 2010).

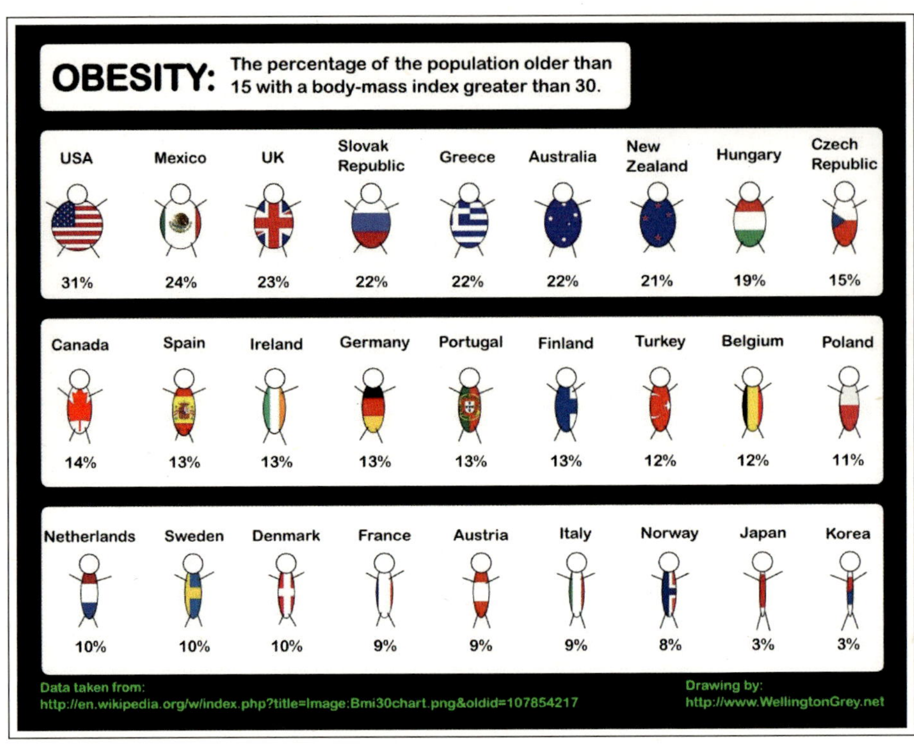

〈그림 1-3〉 세계 각국의 비만율

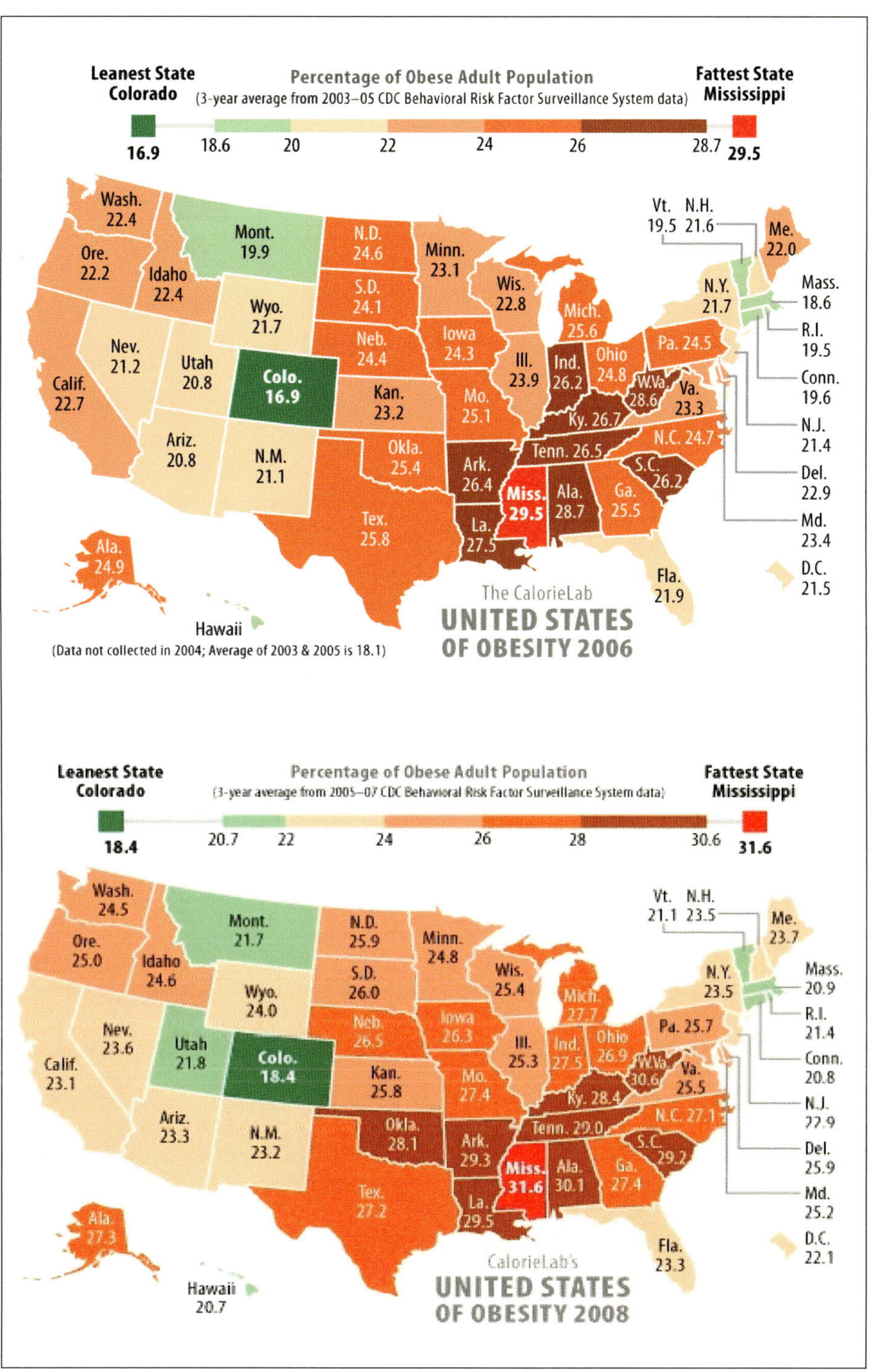

<그림 1-4> 미국의 지역별 비만도 변화

8. 지방의 소화

소화는 크게 물리적 소화와 화학적 소화로 나눌 수 있다. 물리적 소화는 음식을 입에서 저작하는 행위와 장의 연동운동 등으로 음식물을 잘게 부수거나 소화액과 섞어주는 것을 말한다. 화학적 소화는 소화액에 함유된 효소에 의해 음식물을 잘게 분해하는 것을 말한다.

사람의 소화관은 크게 입→식도→위→소장→대장→항문 등으로 구분할 수 있다.

지방이 소화 흡수되는 특징은 위 내에서 정체시간이 길다는 것인데, 이러한 이유는 섭취한 음식이 위액과 섞여 반유동체 소화물인 카임을 형성할 때 낮은 비중으로 인하여 윗부분으로 뜨게 되므로 지질이 위를 통과하는 시간이 길어지기 때문이다.

입에서의 소화

입은 가장 먼저 음식물을 접하는 부분으로 치아와 혀를 이용하여 음식을 잘게 부수고 타액과 섞어주는 기계적 소화와, 혀의 배면에 있는 ebner 선에서 분비되는 지방 분해 효소인 lingual 라이페이스에 의한 화학적인 소화로 구분하지만 지방의 실제적인 분해는 십이지장에 도달했을 때 일어난다. 또한 침은 약산성(pH 6.8)으로 대부분이 물이며, 약간의 염류와 점액성 당단백질인 뮤신(mucin)과 아밀라아제(amylase) 등으로 구성되며 하루에 약 1,500ml가 분비된다. 그러므로 입에서의 지방의 소화는 주로 물리적인 분쇄가 대부분을 차지하는데, 지방을 잘게 부수는 과정은 위와 소장에서 지방의 소화 및 흡수를 용이하게 하기 때문에 지방의 소화에 있어 중요한 과정이 될 수 있다. 즉 음식을 씹는 저작과정이 길어짐으로써 지방의 크기가 감소하게 되면 위 내에서 다른 식품과 잘 혼합될 수 있을 뿐만 아니라 십이지장에서 담즙산이나 소화효소의 작용을 더 많이 받을 수 있기 때문에 소화가 촉진될 수 있다.

<표 1-5> 소화의 주요 과정(Brownlee, 2011)

Digestive process	Neurohumoral mediation of Process			Description
	Major mediator(s)	Released from	Stimulus	
Cephalic phase	Acetylcholine	Vagal efferents	Thought, smell or sight of food	Drive salivary gland secretion and acid/pepsinogen secretion in stomach
Receptive relaxation	Acetylcholine	Vagal efferents	Food bolus entering stomach	Relaxation of stomach smooth muscle to increase luminal volume ready for meal
Gastric accommodation	Acetylcholine	Vagal efferents	Gastric distension	Relaxation of proximal stomach
Gastric mixing	Gastrin	Gastric G cells	High gastric pH, luminal Ca^{++} and amino acids[a]	Potentiation of acid and pepsinogen release
	Acetylcholine	Vagal efferents	Gastric distension	Slow contractions in fundus drive grinding of stomach contents and mixing with digestive secretions
Gastrocolic reflex	Acetylcholine	Vagal efferents	Gastric distension	Increased motility of distal gut (ileum and colon)
Gastric emptying	Motilin	Intestinal enteroendocrine cells[b]	Possibly alkali in duodenum	Relaxes pyloric sphincter to increase gastro-duodenal flow rate
Gastro-ileal reflex	Unsure, possibly gastrin and motilin	Unsure	Unknown	Relaxation of ileocaecal sphincter
Duodenal digestion	cholecystokinin	I cells in upper small intestine	Fats, amino acids[c], glucose or conjugated bile acids in intestinal lumen	Limits gastric emptying. Increases pancreatic enzyme secretion. Drives bile output from gall bladder. Increases intestinal motility
	Gastric Inhibitory peptide(GIP)	Duodenal and jejuna k cells	Fats, glucose, amino acids in intestinal lumen	Limits gastric emptying Increases gastric motility
	Secretin	Duodenal S cells	Fat and low pH in intestinal lumen	Limits gastric emptying. Increases bicarbonate secretion into intestine
Duodenocolic reflex	CCK	Duodenal I cells	Fat in intestinal lumen	Increased motility of distal gut (ileum and colon)
	GIP	Duodenal K cells		
	Secretin	Duodenal S cells		
Myenteric reflex	Acetylcholine and other neruotransmitters[d]	Enteric motor neurones	Luminal distension	Local stimulation drives intestinal peristalsis
Ileal brake	GLP-1	Ileal L cells	Lipid and carbohydrate in ileal lumen	Reduction of small intestinal and gastric motility and digestive secretion
	PYY	Ileal L cells		
Colonic brake	GLP-1	Colonic L cells	Colonic luminal nutrients	
	PYY	Colonic L cells		

Table compiled with particular reference to (Buchan, 1999: Furness, 2000: Heijboer et al., 2006: Moffett et al., 1993: Wank, 1995).

[a] Tryptophan and Phenylalanine have largest stimulatory effect

[b] Occassionally referred to as M cells, but not to be confused with immunoregulatory M cells.

[c] Histidine and arginine have largest stimulatory effect.

[b] For further details, see review by Furness(2000).

위에서의 소화

위는 식도를 통해 들어온 음식물을 위의 연동운동을 통해 소화액을 섞어주는 기계적 소화와 펩신(pepsin)과 염산에 의해 음식물을 분해하는 화학적 소화가 동시에 일어난다. 위에서는 펩신(pepsin)에 의해 단백질이 분해되며, 염산은 강한 산성 물질로 음식물의 부패를 방지하고 살균하는 작용을 할 뿐만 아니라 염산에 의해 낮아진 pH에 의해 펩신(pepsin)의 활성이 증가한다. 즉 펩신(pepsin)은 낮은 pH에서 작용하므로 만약 위 내의 pH가 높은 수준으로 유지되면 단백질의 분해가 늦어지게 된다.

또한 위는 섭취한 음식물을 가장 먼저 보관하는 역할을 담당한다. 위에서 분비되는 gastric 라이페이스는 유화된 지방에 작용하여 지방을 글리세롤과 지방산으로 분해한다. 그러나 라이페이스는 pH 5~6에서 활성이 높으므로 pH가 낮은 위에서는 그 작용이 매우 제한적이며, 유화가 잘 된 지방은 라이페이스의 작용으로 분해가 일어날 수 있다. 특히 어린 유아의 경우 위 내의 pH가 4~5 수준으로 성인에 비해 높기 때문에 위에서도 지방의 소화가 잘 일어난다.

음식물이 위벽에 닿으면 신경과 가스트린(gastrin)이라는 호르몬의 작용으로 위 점막에서 위액이 분비되는데, 위액은 주로 펩시노겐(pepsinogen), 염산(HCl) 등의 혼합물로 이루어져 있으며, 성인의 경우 하루에 약 2,500ml가 분비된다. 위에서 소화된 음식물은 반유동성인 유미즙이 되어 위의 운동으로 유문부를 지나 십이지장으로 옮겨진다.

〈표 1-6〉 영양소의 소화를 위한 각 소화기 부분별 요인(Brownlee, 2011)

Segment and factor	Released from	Action	Approximate time for action
Buccal cavity			A few seconds
α-amylase	Salivary gland serous cells	Cleaves α-1,4 glycosidic linkages in starch	
Stomach			1-4 h
Hydrochloric acid	Parietal cells	Denatures proteins, releasing bound nutrients	
Pepsin	peptic(chief) cells	Cleaves peptide bonds in polypeptides	
Gastric lipase			
Small intestine	Pancreatic acinar cells		2-8 h
Trypsin		Cleaves peptide bonds in polypeptides	
Chymotrypsin			
Carboxypetidases		Cleaves peptide bonds at carboxyl end of polypeptide	
Aminopetidases		Cleaves peptide bonds at carboxyl end of polypeptide	
Elastase		Elastin digestion	
Collagenase		Collagen digestion	
Pancreatic lipase		Cleaves ester bonds in triaclyglycerol micelles at lipid: water interface	
Hydrolase		Digests cholesterol esters	
Pancreatic amylase		Cleaves α-1,4 glycosidic linkages in starch	
Bile acids	Hepatic acinar cells	Emulsification of lipids to increase lipid: water inter face area	
Large intestine	Mixed colonic microflora	Ferment dietary fibre to absorbable short-chain fatty acids	1-3 days

소장에서의 소화

소장은 위와 대장 사이에 있는 길이 3~7m에 이르는 소화관으로 십이지장, 공장, 회장의 세 부분으로 구분된다. 십이지장은 위에서 소장으로 연결되는 첫 번째 부위로 약 25~30cm 정도의 길이이며, 공장은 약 2.5m이고, 회장은 길이가 약 3.5m 정도에 이른다. 소장의 내벽은 무수히 많은 융모로 주름이 잡혀 있어 소화물이 흡수될 수 있는 표면적을 넓게 해주며, 융모 속에는 모세혈관과 유미관이 있어 소화물질이 흡수되도록 한다. 십이지장은 담즙액과 췌장액이 분비되는 부분으로 지방의 소화에 있어 가장 중요한 역할을 담당하는 부위이다. 섭취한 지방을 비롯한 많은 음식물은 주로 소장에서 소화, 흡수가 일어나는데 위의 작용에 의해 소화액과 섞여 암죽처럼 된 음식물은 소장의 십이지장을 통과하는 사이 담즙액, 췌장액과 함께 혼합된다. 지방이 함유된 음식물은 소장으로 이동하면 cholecystokinin 호르몬이 담낭을 자극하여 담즙의 분비를 촉진시키는데, 섭취한 지방의 함량이 증가할수록 지방소화액의 분비는 증가하게 된다. 췌장액은 십이지장 벽에서 분비되는 세크레틴(secretin)이라는 호르몬에 의해 분비가 촉진된다. 지방의 최종 분해 산물은 monoglyceride, 지방산, 콜레스테롤 등이며, 담즙과 혼합된 monoglyceride, 지방산, 콜레스테롤과 인지질은 micelle을 구성한다. 지방의 소화산물은 두 가지 과정에 의해 흡수되는데, 지방산과 monoglyceride는 물에 녹지 않는 불용성이므로 알칼리성인 담즙액과 결합하여 알칼리 염류, 즉 비누화되어 물에 용해된 후 흡수된다. 담즙액과 췌장액에 의해 분해된 지방은 소장의 점막에 있는 융모로 흡수된다. 흡수된 영양분 중 지방은 지방산과 글리세롤로 분해되어 림프관으로 흡수되며, 단당류와 아미노산은 모세혈관으로 흡수되는데, 영양분의 흡수는 물리적 확산이나 여과뿐만 아니라 세포막의 선택적 투과성에 의해 이루어진다. 흡수된 지방은 저장되거나 산화되어 에너지원으로 이용된다. 인체는 지방에 비해 포도당을 쉽게 에너지원으로 이용하기 때문에 흡수된 지방의 약 5%는 포도당으로 전환된다. 또한 지방산과 같이 흡수된 글리세롤은 간에 의해 흡수되어진 후 포도당으로 전환되거나 포도당이 에너지원으로 이용되는 것을 돕는다.

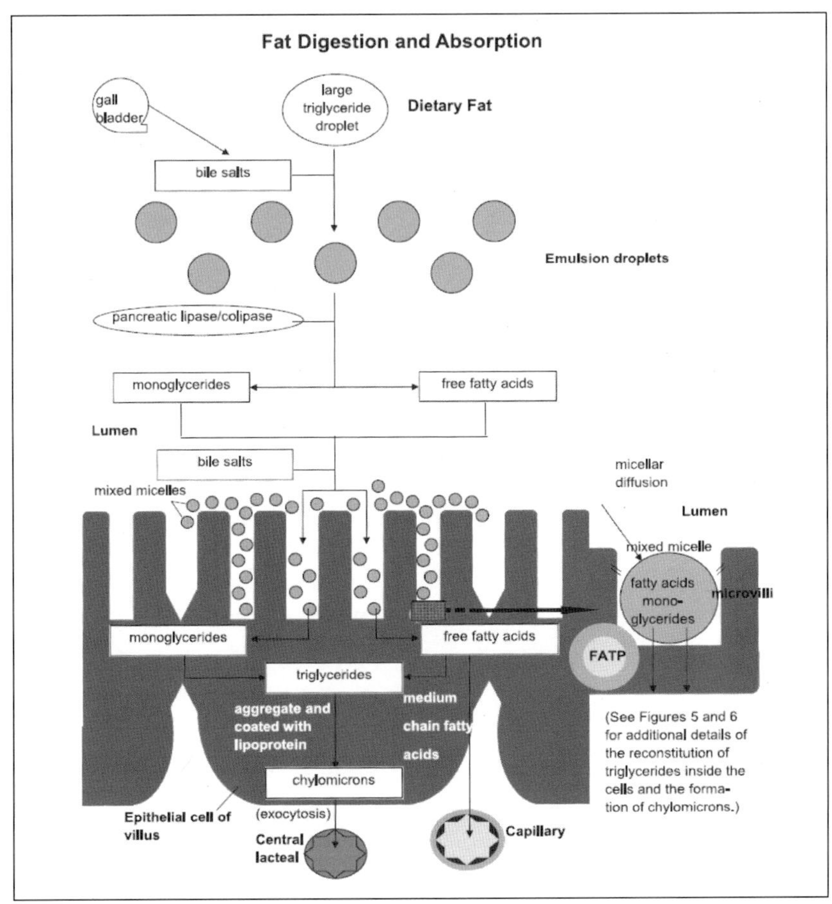

〈그림 1-5〉 지방의 소화와 흡수(Goodman, 2010)

융모를 통해 흡수된 지방산의 약 70% 이상은 중성지질로 재합성되는데, 중성지질은 물에 용해될 수 없으므로 혈관을 이동할 수 없다. 그러므로 단백질과 결합하여 물에 쉽게 용해되는 지질단백의 형태로 전환되어 조직에 운반되어 대사에 이용된다.

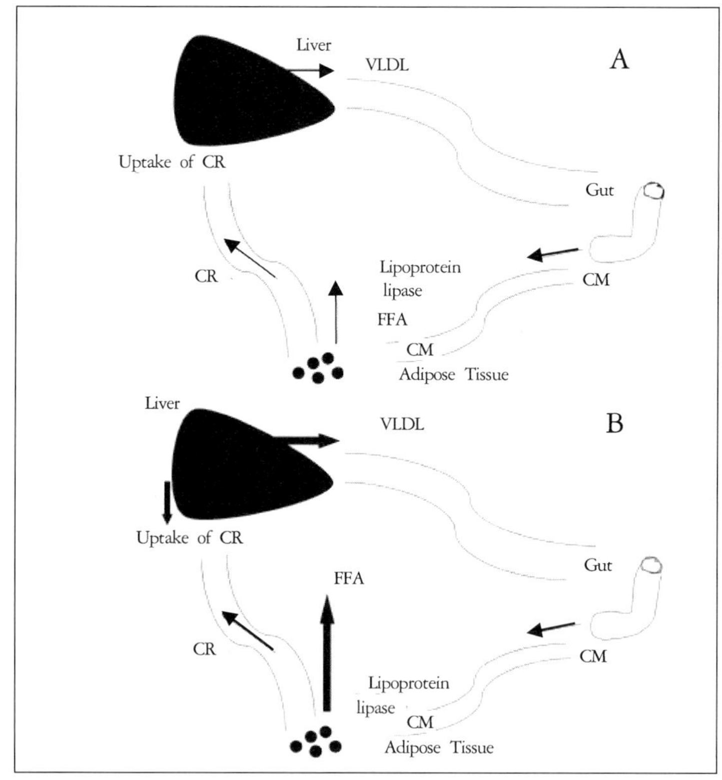

〈그림 1-6〉 정상인(A)과 비만인(B)의 키로미크론과 VLDL 대사(Martins와 Redgrave, 2004). CM: Chylomicrons, CR: Chylomicron remnants

대장에서의 소화

대장은 소장에 이어 항문까지 이르는 소화기관으로 맹장, 결장 및 직장으로 구분한다. 소화물의 흡수는 거의 소장에서 이루어지고 대장은 주로 수분을 흡수하는 작용을 담당하는데, 대장에 존재하는 미생물들에 의해 몇몇 비타민(비타민 K, B_1, B_2 등)과 아미노산을 흡수하는 작용을 한다.

지방의 흡수

모노글리세롤과 지방산은 담즙액과 반응하여 마이셀(micelle)을 형성하여 융모로 접근하고 융모의 암죽관으로 흡수되어진다. 소화효소에 의해 마이셀(micelle)이 형성되면 지방구 표면적의 근체의 크기가 원래의 크기보다 1,000배 이상 증가하게 되므로 소화 작용이 쉽게 이루어지는데, 마이셀(micelle)은 주로 십이지장에서 흡수가 된다.

흡수된 지방산과 모노글레세롤은 지방 합성효소에 의해 다시 지방으로 합성되고, 흡수된 콜레스테롤이나 인지질 등과 합쳐져 구형의 지질입자로 응집되는데, 이것을 지질단백(lipoprotein)이라고 한다. 이러한 지질단백을 키로미크론(chylomicron)이라고 하는데, 이 키로미크론(chylomicron)은 상피세포에서 유미관으로 이동되고, 림프관을 따라 흉관을 거쳐 결국 심장으로 운반된다. 식품을 통해 흡수되는 지방의 약 90% 이상이 이와 같은 경로를 통해 혈액으로 흡수된다. 지방은 물과 섞이지 않는 물질이므로 일반적인 중성지질의 형태로 흡수되면 물이 많은 양을 차지하는 혈액에 섞여 혈관을 이동할 수 없다. 그렇기 때문에 지질단백이라는 형태로 전환되는데, 이러한 지질단백은 내부에 지방을 함유하고 외부는 단백질로 쌓여져 있는 구조를 가지게 된다. 즉 내부는 혈액과 섞일 수 없는 지방을 함유하고 외부는 혈액과 섞일 수 있는 단백질로 쌓여져 있는 지질단백의 형태를 가짐으로써 지방이 혈액에 함유되어 체내로 이동할 수 있다. 이렇게 혈액으로 이동되는 지질단백은 체내에 도달하게 되면 다시 지방으로 분해되어 에너지원으로 이용되거나 체내에 축적되게 된다.

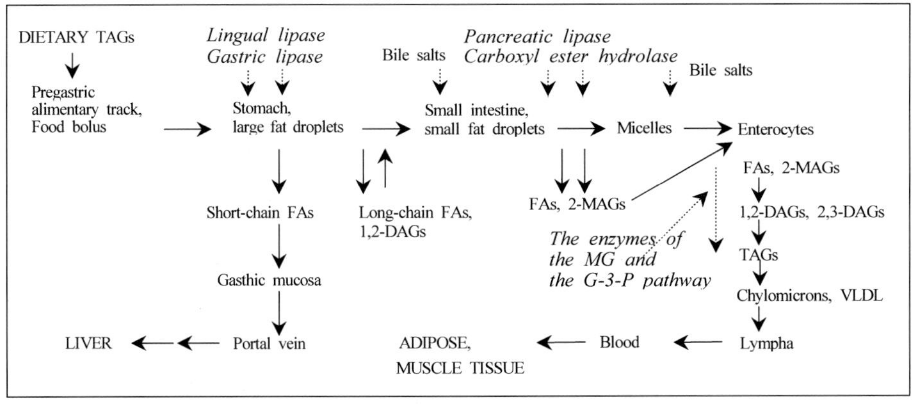

〈그림 1-7〉 지방의 소화 및 흡수(Kontkanen 등, 2010)

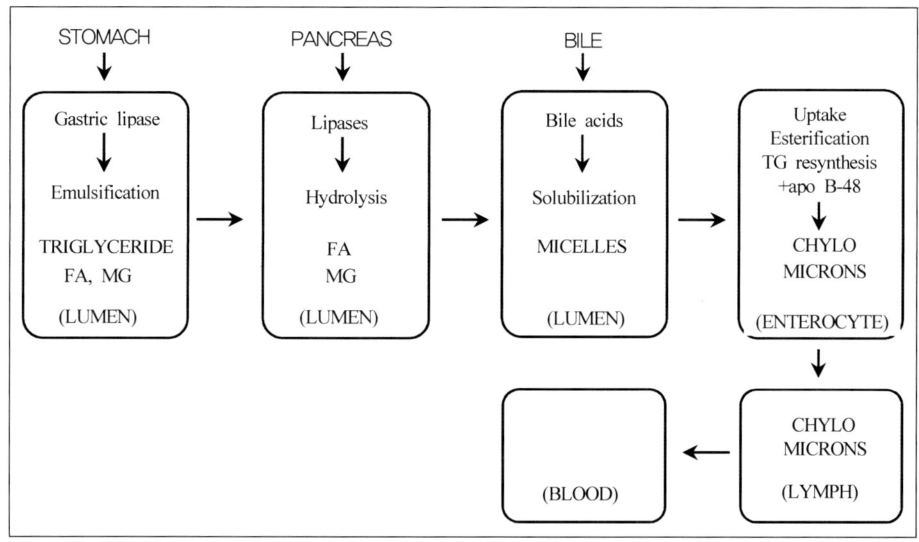

<그림 1-8> 단계별 지방의 소화(Ros, 2000)

<표 1-7> 중성지방과 재구성지방의 체내 흡수율(Mu와 Porsgaard, 2005)

Study	Feeding period	Dietary fat type	Fat intake	Fecal fat excretion	Absorption (%)
Renaud et al.[102] (rats)	2 months and 4 months		(g/d/rat)	(mg/d/rat)	
		Native palm oil	7.26±0.31	839±44	88
		Interesterified palm oil	7.08±0.13	667±55	91
		Native lard	7.48±0.31	531±48	93
		Interesterified lard	7.08±0.20	519±29	93
de Fouw et al.[111] (rats)	6 weeks		(g/d/rat)	(mg/d/rat)	
		Betapol	2.09±0.23	58±10	99.2±0.3
		Control	1.97±0.23	86±16	97.9±0.5
Sakono et al.[57] (rats)	3 weeks		(g/d/rat)	(mmol/d)	
		Randomized TAG16:0 and safflower oil	0.88	0.75±0.10	89.6±1.2
		Mixture of TAG16: and safflower oil	0.97	1.10±0.08	86.4+0.8
		Randomized TAG18:0 and safflower oil	0.84	1.13±0.02	85.5±0.2
		Mixture of TAG18.0 and safflower oil	0.87	1.78±0.11	78.4+0.9
Carvajal et al.[105] (rats)	3 weeks		(g/d/rat)		
		sn-1(3)Mcfa-structured+cocoa butter	4.2		86.3±0.41
		sn-1(3)MCFA-interesterified+cocoa butter	4.5		82.5±0.79
		sn-2MCFA-structured+cocoa butter	4.4		81.8±0.26
		sn-2MCFA-interesterified+cocoa butter	4.3		84.2±0.39
Brink et al.[106] (rats)	3 weeks		(g/d/rat)	(mg/d/rat)	
		SSO-low Ca	1.9	65	96.6±0.3
		SSO-high Ca	2.0	219	89.0±0.4
		SOS-low Ca	1.9	134	92.7±0.6
		SOS-high Ca	2.0	539	72.6±0.5
Tomarelli et al.[36] (rats)	3 days experimental diet+3days fat-free diet		(mmol)	(mmol)	
		Human milk fat	26.63±3.16	1.47±0.34	94.7
		LBC	27.76±3.61	1.49±0.49	95.9
		Oleo oil	29.73±2.51	6.67±0.48	78.6
		Lard	28.04±4.35	2.36±0.44	92.5

Study	Feeding period	Dietary fat type	Fat intake	Fecal fat excretion	Absorption (%)
Lien et al. [110] (rats)	3 days experimental diet+3 days fat-free diet	Coconut+Palm olein (53:47)		Excretion(%) 3.5±0.3	96.5
		Coconut+randomized palm olein (53:47)		4.5±0.56	95.5
		Corandomized oils (53:47)		1.3±0.23	98.7
		Coconut+palm olein (44:56)		5.0±0.3	95.0
		Coconut+randomized palm olein (44:56)		3.9±0.32	96.1
		Corandomized oils (44:56)		2.1±0.29	97.9
		Coconut+palm olein (35:65)		7.4±0.58	92.6
		Coconut+randomized palm olein (35:65)		3.5±0.57	96.5
		Corandomized oils (35:65)		2.1±0.33	97.9
Quinlan et al. [109] (infants)	7 days	Breast-fed		(% of wet stool) 1.01±0.95 (total Fas) 0.54±0.71 (soap FA)	98.99
		Formula-fed		7.25±2.01 (total Fas) 6.37±2.03 (soap FA)	92.75
Filer et al. [37] (full-term infants)	3 days	Lard	(g/kg/day) 6.37	(g/kg/day) 0.30	99.95
		Randomized lard	6.33	1.79	99.71
Carnielli et al. [112] (preterm-infants)	7 days	Betapol	(g/kg/day) 6.6±0.7	(g/kg/day) 1.36±0.2	81±4
		Control	6.3±0.6	1.5±0.2	76±3
Finley et al. [116] (humans)	7 days	Coconut oil	(g/day) 45	(g/day) 3.3±1.0	92.7
			60	6.3±2.4	89.5
		Salatrim23 CA	45	12.4±4.4	72.4
			60	21.1±4.3	64.8

9. 지방질 대사와 간의 역할

간은 지방의 대사에서 매우 중요한 역할을 담당하는데, 가장 중요한 역할은 지방의 대사에 관여하는 효소와 호르몬의 분비를 조절하는 것이다. 간은 담즙을 합성한 후 담낭에 저장했다가 지방을 섭취하게 되면 분비하는 역할을 담당한다. 지방산은 간에서 lipogenesis에 의해 중성지질을 합성하게 되는데, 합성된 중성지질은 다시 체조직에 축적된다. 간에서는 지방의 합성뿐만 아니라 지방의 사슬 연장에도 관여하는데 stearic acid(18:0)를 oleic acid(18:1)로 전환하고, linoleic acid(18:2)를 arachidonic acid(20:4)로 전환하는 작용을 한다. 간은 지방을 합성하는 역할을 수행할 뿐만 아니라 지방을 분해하는 역할도 담당하는데, 이는 체내 지방의 적절한 수준을 조절하기 위함이다. 즉 에너지를 필요로 할 때에는 lipolysis가 일어나 지방을 분해하여 에너지로 사용되고, 지방의 과잉이 일어나면 lipogenesis가 일어나 이를 이송하여 저장하는 역할을 담당한다.

10. 지방분해효소

Lipase

지방의 소화를 위해 가장 중요한 효소는 췌장에서 분비되는 라이페이스이며, 지방은 라이페이스에 의해 유리지방산으로 분해되어 흡수된다. 이러한 라이페이스가 작용하기 위해서는 담즙액에 의해 지방이 유화물의 상태로 변환되어야 한다. 담즙은 물과 담즙산염, 콜레스테롤, 무기염 그리고 지방질 등으로 구성되어 있으며, 담즙산은 유화작용을 통하여 라이페이스가 작용하는 지방의 표면적을 넓히는 작용을 한다. 담즙액에 함유된 인지질인 레시틴은 극성과 비극성 부분을 모두 가지고 있는데, 비극성 부분이 지방에 녹은 후 극성부분은 바깥쪽을 둘러싸고 있는 물에 녹게 되어 표면장력이 작아지고 지방구들이 여러 개의 작은 입자들로 쪼개어지게 된다.

다시 말해 지방은 불용성이기 때문에 십이지장에 도달할 때까지 큰 입자덩어리를 유지하는데 라이페이스는 수용성 효소이기 때문에 라이페이스는 지방구의 표면 일부만을 분해할 수 있다. 그러므로 담즙액이 콜레스테롤을 포함한 지방을 유회물로 만들어 잘게 부수어 지방의 표면적을 넓게 히고, 물이 많은 양을 치지히는 음식물과 소화액 혼합물 사이에 골고루 분포하게 하여 라이페이스가 지방을 쉽게 분해할 수 있도록 도와주는 것이다.

라이페이스는 중성지방에 작용하여 1번과 3번 탄소에 붙어 있는 지방산을 가수분해하여 2-monoglyceride를 만들고, phospholipase는 인지질의 1번 탄소와 결합한 지방산을 분해하며, phospholipase A2는 인지질의 2번 탄소에 결합한 지방산을 가수분해하여 lysophospholipid를 만든다. 또한 cholesterol esterase는 cholesterol ester를 콜레스테롤과 지방산으로 분해시키는 작용을 한다.

지방 소화효소는 하나의 분자 내에 양전하와 음전하를 모두 가지고 있으므로 전하를 가진 물 분자나 지방 분자와 잘 결합한다. 담즙은 지방의 유화에 작용한 후 지방과 같이 소장에서 흡수되어 간으로 회수되는데 약 98% 이상이 재순환되며 나머지 1~2%는 체외로 배설된다.

또한 담즙은 pH가 높기(7~8) 때문에 산성 음식을 중화하여 라이페이스의 활성을 높게 하는 역할을 한다. 또한 장의 유동작용을 자극하여 장의 활동을 왕성하게 한다.

소화효소의 특징은 크게 ① 생체 내 화학반응의 촉매 역할을 한다, ② 효소의 주성분은 단백질이다, ③ 효소는 생리적온(37℃)에서 활성이 가장 높다, ④ 한 가지 효소는 특정한 물질에만 작용한다, ⑤ 효소는 적절한 pH에서 작용한다 등으로 요약할 수 있다.

라이페이스는 중성지방의 ester 결합을 가수분해하는 효소로서 글리세롤과 지방산을 생성한다. 분해된 글리세롤과 지방산은 소장의 점막세포에 흡수되어 에너지원으로 이용되며, 남은 지방은 monoglycerol 경로를 통해 다시 중성지질로 합성되어 체내에 축적된다.

<표 1-8> 인체의 소화효소(강신성 등, 1991)

효소	분비선	최적 pH	기질	분해산물
아밀라아제	타액선	6.6~6.8	전분, 글리코겐	말토오스 과당류
펩신	위선	1.0~2.0	난백실	폴리펩티드
렌닌(또는 chymosin)	위선	4.0	카제인	응고된 카제인
트립신	췌장	7.0~8.0	폴리펩티드	펩티드
키모트립신	췌장	7.0~8.0		
아밀라아제	췌장	7.0~8.0	전분, 글리코겐	말토오스
리파아제	췌장	7.0~8.0	지방	지방산, 글리세롤
RNase	췌장	7.0~8.0	RNA	뉴클레오타이드
DNase			DNA	뉴클레오타이드
카르복시펩티다아제	장선	7.0~8.0	펩티드	아미노산
아미노펩티다아제	장선	7.5~8.5		
말타아제	장선	7.5~8.5	말토오스	포도당
슈크라아제	장선	7.5~8.5	슈크로오스	포도당, 과당
락타아제	장선	7.5~8.5	락토오스	포도당, 유당

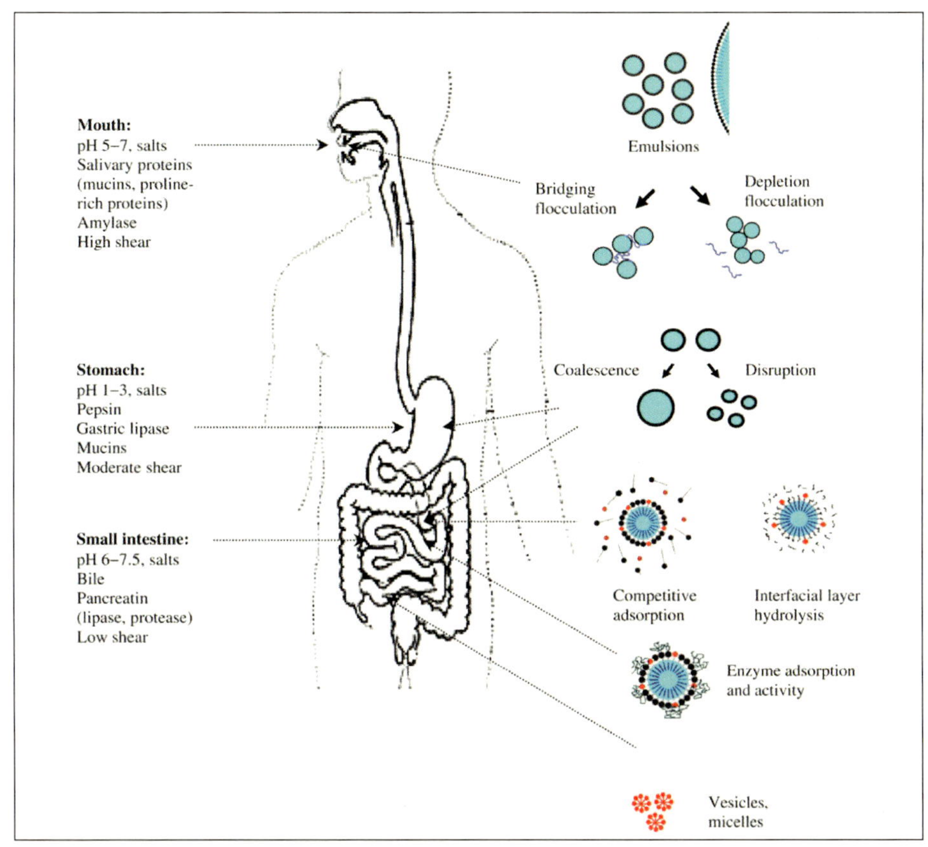

〈그림 1-9〉 식품유화물의 소화(Singh 등, 2009)

식품 유화물은 위의 그림에서처럼 구강에서의 저작 작용으로 인해 잘게 부서지기도 하지만 위 내에서는 서로 응집되기도 한다. 그러나 십이지장에 도달하게 되면 담즙산과 리이페이스의 작용에 의해 가수분해되고 마이셀의 형태로 전환되어 소장 융모를 통해 흡수되게 된다. 지방이 소화되는 동안 잘게 부서진 지방은 빠른 흡수가 일어나지만 서로 응집된 지방은 소화되는 시간이 길어지게 되거니 일부는 소화되지 않고 체외로 배설된다.

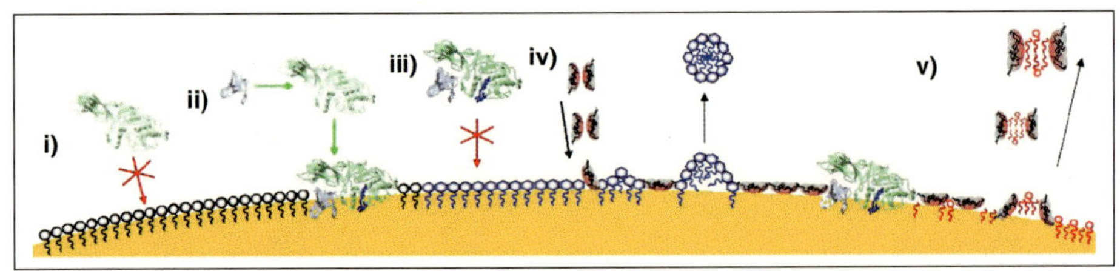

<그림 1-10> 식품의 소화(Golding과 Wooster, 2010)

(지방분해효소들은 지방구 막에 결합하지만(ⅰ, ⅱ), 일부 계면활성제는 지방분해효소가 지방구와 결합하는 것을 억제시키는데(ⅲ), 담즙산염이 이러한 계면활성제를 제거시키고(ⅳ), 지방분해효소가 지방구에 흡착되어 지방산으로 분해하게 된다(ⅴ). 이렇게 분해된 지방산은 소장 벽을 통하여 흡수되게 된다.)

트랜스지방
Studies on Lipid Reduction in Foods
02

1. 트랜스지방의 정의

지방산은 크게 포화지방산과 불포화지방산으로 구분할 수 있다. 포화지방산이란 지방산을 구성하는 탄소와 수소의 전기적인 짝이 일치되어 단일 결합으로 포화된 것을 말한다. 불포화지방산은 탄소와 결합한 수소의 전기적인 짝이 일치되지 않아 이중결합이 존재하므로 불포화되었다고 한다. 자연계에 존재하는 대부분의 불포화지방산에 존재하는 이중결합의 구조는 아래의 그림에서 보듯이 "Cis" 구조로 되어 있어 구조가 일직선이 되지 못하고 약간 꺾인 구조를 하게 된다. 그러나 트랜스지방산은 이중결합의 구조가 트랜스 형태를 하므로 불포화지방산임에도 불구하고 일직선의 구조를 하게 되어 차곡차곡 치밀하게 쌓일 수 있다. 즉 트랜스지방 또는 트랜스지방산이란 불포화지방산에 존재하는 이중결합의 형태가 Cis 형이 아니라 Trans 형을 가진 것을 말한다. 위에서 언급했듯이 불포화지방산은 포화지방산에 비해 융점이 높다. 따라서 실온에서 액체로 존재하게 되는데, 트랜스지방산은 불포화지방산임에도 불구하고 녹는점이 높아 실온에서 고체로 존재한다. 2004년 Codex 회의에서 가공 식품의 트랜스지방에 대한 정의는 "트랜스 구조를 한 개 이상 가지고 있는 불포화지방을 말하며 여기서 불포화지방은 이중결합이 있는 지방을 말하며, 이중결합이 두 개일 때는 에틸렌기에 의해 분리되거나 또는 비공액형의 이중결합을 가지고 있는 지방으로 한정한다"라고 규정하고 있다.

식물성 지방은 이중결합이 많은 다가불포화지방산이 다량 함유되어 있어 액체 상태로 존재한다. 그러나 불포화지방산에 수소를 첨가하여 이중결합의 구조를 Cis 형에서 Trans 형으로 변환시킨 경화유를 개발하여 식품가공에 사용하게 되었는데,

이러한 경화유는 실온에서 고체 상태로 존재하면서 불포화 지방산에 비해 산화에 안정하고 식품을 가공하는 과정에서 취급하기에 용이하다. 또한 경화유는 바삭바삭한 식감과 함께 고소한 맛을 낼 뿐만 아니라 값비싼 버터 대신에 값싼 식물성 기름에 수소를 첨가한 쇼트닝이 개발되어 마가린, 라드 대신에 사용되었다. 트랜스지방산의 섭취가 인체에 미치는 유해성에 관해서는 아직도 논란이 있는 것이 사실이다. 그러나 오랜 기간 다양한 연구에서 트랜스지방산의 섭취는 LDL 콜레스테롤의 증가로 인하여 관상심장질환의 위험을 증가시킬 뿐만 아니라 암을 유발한다는 연구결과도 보고되고 있다. 최근 들어 트랜스지방산이 다양한 질환을 유발한다는 연구 보고들이 잇달아 발표되고 있으며, 우리나라를 포함한 많은 나라에서 가공식품에 포함된 트랜스지방산의 함량 표기를 의무화하고 있을 뿐만 아니라 가공식품에서 트랜스지방산의 함량을 감소시키기 위해 정부와 학계 그리고 산업계가 공동으로 노력하고 있다.

지방산의 분자 구조		
포화 지방산	시스형·불포화 지방산	트랜스형·불포화 지방산
(2개의 수소 원자와 결합된) 두 포화 탄소 원자는 단일 결합을 가진다.	(1개의 수소 원자와 결합된) 두 불포화 탄소 원자는 이중 결합을 가진다. 시스형(cis)	(1개의 수소 원자와 결합된) 불포화 탄소 원자는 이중 결합을 가진다. 트랜스형(trans)

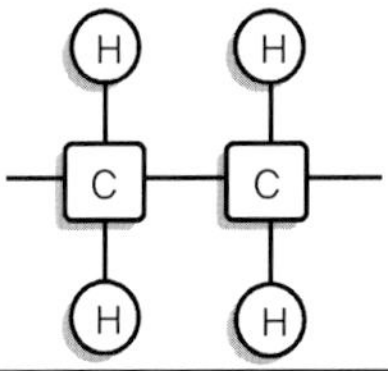

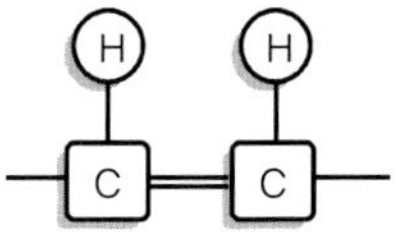

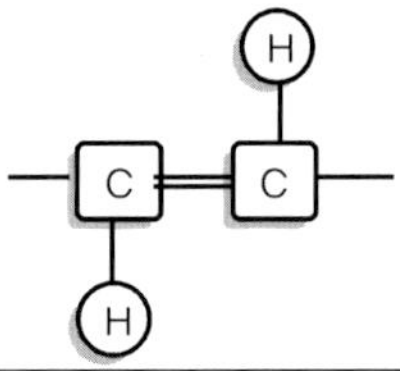

〈그림 2-1〉 불포화지방산의 Cis 형태와 Trans 형태의 차이에 의한 지방산 구조의 차이

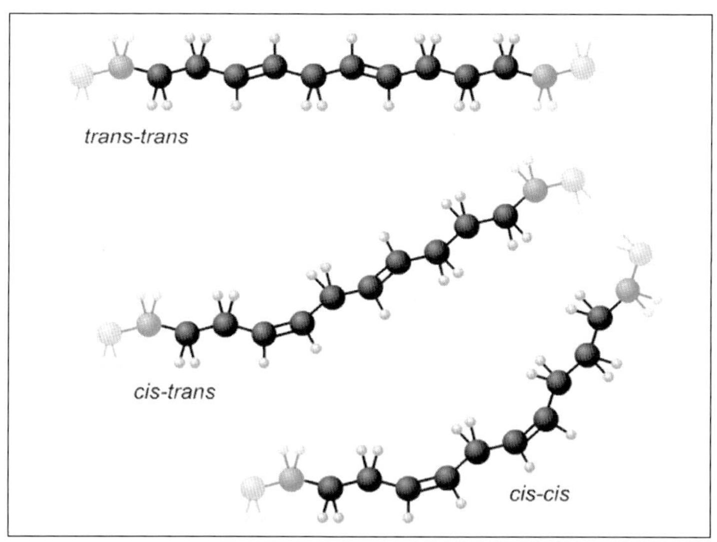

〈그림 2-2〉 불포화지방산의 Cis 형태와 Trans 형태의 차이

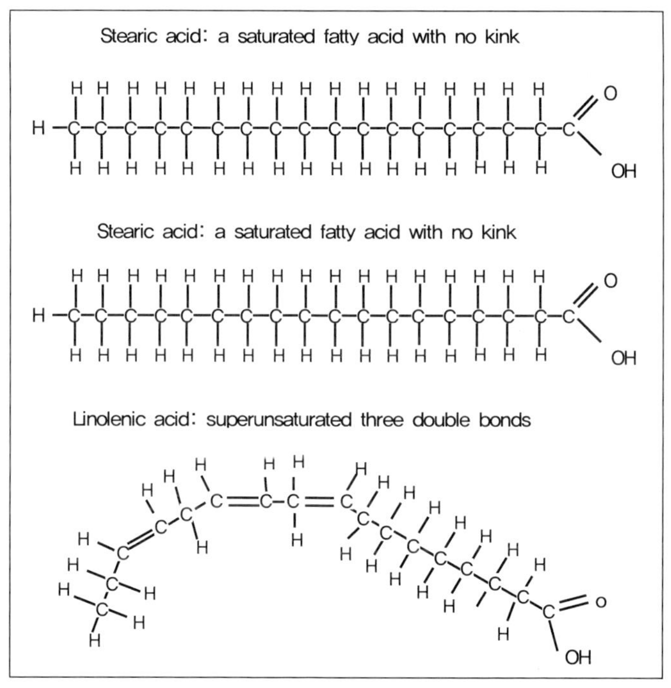

〈그림 2-3〉 지방산의 구조(Ghotra 등, 2002)

〈표 2-1〉 식품에서의 주요 지방산이 건강에 미치는 작용(Eckel 등, 2007)

Fatty Acid	Structure	Physical Property	Functionality Trait	Health Effect
Palmitic	C16:0 Saturated	Solid at room temperature Stable in storage and during frying	Used to from margarines, shortenings, and spreads As a cream base for baked products Desirable smooth mouth feel	Increases LDL cholesterol and elevates the risk for hear disease[6]
Stearic	C18:0 Saturated	Solid at room temperature Stable in storage and during frying Relative large percent converted to oleic acid	Used to form margarines, shortenings, and spreads As a cream base for baked products Promotes more of a grainy mouth feel	Little effect on serum cholesterol levels because a high proportion is desaturated to oleic acid[7]
Oleic	C18:1 Monounsaturated with 1 *cis* double bond	Liquid at room temperature Relatively stable in storage and during frying	High stability generally a positive feature Oils containing very high amounts of oleic acid tend to produce undesirable fried-food flavor, sometimes described as bland or waxy, caused by a lack of breakdown products	Lowers cholesterol and may slow progression of atherosclerosis[8]
Linoleic (omega-6)	C18:2 Polyunsaturated with 2 *cis* double bonds	Liquid at room temperature unstable in storage and during frying	Small amount is acceptable to food flavors	Inverse association between n-6 polyunsaturated fatty acids intake and the risk of coronary heart disease[9]
Linolenic (omega-3)	C18:3 Polyunsaturated with 3 *cis* double bonds	Liquid at room temperature Unstable in storage and during frying	Main source of off-flavors because of its tendency to oxidize and contribute to rancidity in packaged and fried foods	Increased consumption of n-3 fatty acids from fish or fish oil supplements, but not of α-linolenic acid, reduces the rates of all-cause mortality, cardiac and sudden death, and possibly stroke[10]

2. 트랜스지방의 생성

트랜스지방은 식물성 지방에 수소를 첨가하는 인위적인 방법뿐만 아니라 자연계에서도 스스로 생성되는데, 반추동물 제1위 내에 존재하는 미생물(*Butyrivivibrio fibrisolvens*)에 의해 불포화지방산인 리놀렌산이 포화지방산인 스테아르산으로 전환하는 과정에서 트랜스지방이 생성된다. 일반적으로 버터, 치즈, 우유, 양고기, 소고기 등에 약 3~8% 수준으로 존재하고, 가공식품을 대상으로 한 조사에서 트랜스지방산의 함량은 0~60% 수준으로 매우 차이가 큰 것으로 나타났다(Campbell, 2005). 반추동물의 위에 존재하는 미생물에 의해 Cis 형의 불포화지방산이 수소화되기 때문에 트랜스지방산이 생성될 수 있다. 그람음성균에 속하는 일부 세균은 혐기

성 조건에서 자신의 세포막에 함유된 Cis 형의 불포화지방산을 트랜스지방산으로
변환시키는데 이는 온도 상승이나 유기용매, 지용성 화합물 등에 저항할 수 있도
록 막의 유동성을 감소시키는 적응반응의 결과이다(길복임과 노정해, 2007).

〈표 2-2〉 천연식품에서 트랜스지방산의 함량(Wolff 등, 1998)

Items		Trans fat content(g/100g)
Meat and dairy products	Ground beef	1
	Beef tallow	5~6
	Butter	2~7
	Whole milk	0.07~0.1
Processed foods with partially hydrogenated oils	Shortenings	10~33
	Margarine/spreads	3~26
	Breads/cake products	0.1~10
	Cookies and crackers	1~8
	Salty snacks	0~4
	Cake frostings and sweets	0.1~7
Refined edible oils		0.1~3

일반 소비자들의 기대와는 달리 인위적으로 합성한 지방뿐만 아니라 천연지방
에도 소량의 트랜스지방이 존재한다는 사실을 알아야 한다. 식품업계에서 사용하
는 트랜스지방은 식용유에 수소를 첨가시켜 경화시키는 과정에서 주로 생성된다.
유지에 수소를 첨가함으로써 유지 중에 함유된 고체유지의 양이나 융점을 조절함
으로써 지방의 산화안정성과 물성 등을 조절할 수 있으며, 이러한 지방은 식품가
공에서 다양한 형태로 이용이 가능하다. 뿐만 아니라 트랜스지방은 식품을 가공
하는 과정에서도 생성될 가능성이 있다. 특히 높은 온도의 기름으로 식품을 튀기
거나 가열하는 과정에서 정상적인 지방산도 트랜스 형태로 변형될 수 있다.
식품을 가공하는 데 있어 식용유지는 불포화지방산 함량이 높기 때문에 실온
에서 액체 상태로 존재한다. 그러므로 과자나 라면과 같은 고체상태의 가공식품
에 적용하기에는 불편함이 많다. 예컨대 과자나 면 식품에 첨가된 지방이 실온에
서 액체 상태로 존재하는 식용 유지를 쓴다면 제품이 눅눅하게 녹고 바삭한 식감
을 얻기가 어려울 것이다. 때문에 식품업계에서는 식물성 유지 중에 실온에서 고
체 상태로 존재하는 팜유를 가장 많이 사용하는 이유가 바로 여기에 있다.

3. 트랜스지방 현황

식품의약품안전청의 모니터링 결과에 따르면 2006년도 기준으로 시중에 유통 중인 식품 중에서 트랜스지방의 함량과 섭취량은 현재 미국, 캐나다 등 서구 국가에 비해 위험수준은 낮은 것으로 나타났으며, 가공식품 중 트랜스지방의 수준이 전년대비 50% 이상 감소되었다고 보고하였다. 트랜스지방의 섭취량을 조사하기 위한 연구용역사업(수행기관: 국립암센터)에서 전국 3천 명을 대상으로 식품섭취량 조사와 혈중 트랜스지방 농도를 측정한 결과, 트랜스지방의 1일 평균섭취량은 0.37g(성인: 0.18g, 청소년: 0.48g, 어린이: 0.36g)으로 추정하였다. 조사대상 중 세계보건기구 권고수준(하루 섭취열량의 1% 미만, 성인 2,000kcal 기준할 때 2.2g에 해당)을 초과하는 경우는 2.8%에 불과한 것으로 나타났다. 식품의약품 안전청의 조사결과 우리나라의 트랜스지방 섭취에 따른 위험은 크게 우려할 수준은 아니며, 식품산업체의 트랜스지방 저감화 속도가 빠르게 진행되고 있으나 빵이나 과자 등 어린이들이 즐겨먹는 간식류에 트랜스지방이 함유되어 있음을 고려하여 지나친 간식과 기름진 서구식 식사보다는 전통 식사 습관을 갖도록 지도할 것을 당부하였다. 식품의약품안전청의 조사 결과처럼 우리나라 국민들의 트랜스지방 섭취량은 낮고 위험성도 서구국가에 비해 현저히 낮은 것으로 조사되고 있지만 다른 지방질의 섭취가 증가하고 있기 때문에 트랜스지방의 섭취가 낮다고 하더라도 지방질 섭취의 증가에 의한 위험이 줄어든 것은 아니라고 판단된다. 그러나 지방은 신체를 구성하는 중요한 물질일 뿐만 아니라 효율적인 에너지 저장 역할을 하는 매우 중요한 영양소이기 때문에 반드시 필요한 양을 섭취해야 한다. 그러므로 단순히 저지방 식품만을 요구할 것이 아니라 총에너지 섭취량 조절 및 규칙적인 운동과 함께 건강에 해로운 트랜스지방의 섭취를 가급적 피하고 건강에 이로운 지방의 적절한 섭취가 건강을 유지하기 위해 매우 중요하다고 할 수 있다(이상 식품의약품안전청, 2007).

〈표 2-3〉 국내 유통 가공식품 중의 트랜스지방 함량 모니터링 결과(식약청, 2004~2006)

(단위: g/식품 100g)

제품유형		트랜스지방 함량(평균값 ± 표준편차)	모니터링 연도
유지류	식용유지	1.0 ± 0.5	2004
	쇼트닝 · 마가린	14.4 ± 10.2	2004
과자류	비스킷류	1.6 ± 1.8	2006
	초콜릿 가공품	2.1 ± 1.6	2006
	스낵류	0.5 ± 1.2	2006
	전자레인지용 팝콘	11.0 ± 0.1	2004
	팝콘	0.1 ± 0.1	2004
제빵류	빵류	0.6 ± 0.8	2005
	케이크류	2.5 ± 1.7	2005
	도넛	4.7 ± 1.7	2005
패스트푸드류	햄버거	0.4 ± 0.4	2005
	피자	0.4 ± 0.2	2005
	프라이드 치킨	0.2 ± 0.2	2006
	감자튀김	2.0 ± 0.8	2006
	튀김용 냉동감자	3.5 ± 2.4	2005
	튀김류	0.3 ± 0.2	2005
기타	마요네즈	Not detected	2005
	커피프림	Not detected	2005
	인스턴트 수프(분말)	0.2 ± 0.2	2005

〈표 2-4〉 국가별 지방 및 트랜스지방산 섭취량(김한수, 2007)

구분	한국	일본	미국	영국	캐나다	덴마크	스페인
지방섭취량	41.6g	57.4g	79g	86.5g	109g		
총열량에 대한 섭취비율	18.9%	26.5%	33%	35.8%			
트랜스지방산 평균섭취량	0.37g	0.91g	5.3g	2.8g	8.4g	2.6g	2.1g
혈중 트랜스지방산 함량	0.18%		3.8%	2.2%			0.5%
트랜스지방산 표기	0.2g 미만 시 0g		0.5g 미만 시 0g		0.2g 미만 시 0g	유지 내 2% 미만으로 규제	
비고	*주로 식물성 액상유 섭취		*주로 동물성 고체유 섭취 *천연버터, 유제품의 트랜스지방함량: 0.1~6%				

세계보건기구(WHO)는 성인의 하루 트랜스지방 섭취량을 총칼로리의 1% 이내로 제한하고 있는데, 성인 하루 2,000kcal 정도의 열량을 섭취한다고 가정하면 약 2.2g(지방 1g의 열량은 약 9kcal) 정도가 된다. 우리나라의 경우 트랜스지방은 1회 제공되는 식품에서 0.5g 미만은 "0.5g 미만"으로 표시할 수 있으며, 0.2g 미만은 "0"으로 표시할 수 있다. 다만 "식용유지 제품은 100g당 2g 미만의 경우 '0'으로 표시할 수 있다."라고 규정하고 있다.

4. 트랜스지방 저감화 기술

트랜스지방 저감화를 위해서는 트랜스지방을 사용하지 않는 것이 가장 바람직하다. 그러나 식품을 제조하는 과정에서 불가피하게 트랜스지방산이 생성될 가능성도 존재한다. 그러므로 트랜스지방산의 함량을 최소화하는 것과 트랜스지방산의 함량이 낮은 유지를 개발하는 것이 중요하다. 지방은 식품의 풍미에 크게 작용하기 때문에 지방산의 조성이나 특성을 조절하게 되면 제품의 풍미에 영향을 줄 수도 있기 때문에 트랜스지방은 최소화하면서 풍미에는 영향을 미치지 않는 제품을 개발하는 것이 업계에서는 매우 중요한 과제이다. 현재 유지를 이용하여 식품을 제조하는 식품업체에서 많이 이용하고 있는 트랜스지방 저감화 기술은 크게 수소화 반응, 혼합, 분획, 포화지방산 사용, 에스테르 교환, 효소에스테르 교환 등 여섯 가지로 나눌 수 있다(Campbell, 2005).

에스테르 교환반응(Interesterification)

에스테르 교환반응은 유지와 알코올과의 반응(alcoholysis), 유지와 지방산과의 반응(acidolysis), 유지 간의 에스테르 교환반응(transesterification)의 세 가지가 있으며, 식품을 가공하는 데 있어 유지의 물리적 성질을 변화시키기 위해 주로 이용된다. 분자 내 반응일 경우 intramolecular rearrangement, 분자 간일 경우에는 intermolecular rearrangement라고도 한다. 에스테르 교환반응은 기존의 중성지방에 결합되어 있는 지방산의 위치를 교환시켜 지방산 조성은 같지만 글리세롤에 결합된 지방산의 위치를 달리함으로써 지방의 물리적 성질을 변화시키는 방법이다(이상 김인환, 2007). 즉 액체의 유지를 고체형태로 변화시키는 것인데, 이러한 지방을 재구성지방(structured lipids)이라고 한다. 에스테르 교환반응 중 현재 가장 널리 이용되고 있는 방법으로 화학적 촉매를 사용하는 chemical interesterification(CI) 방법과 효소를 촉매로 사용하는 enzymatic interesterification(EI) 방법이 있다. 화학적 촉매를 사용하는 CI 방법은 알칼리 촉매가 주로 사용되며, 효소 촉매를 이용하는 EI 방법은 지방분해 효소인 라이페이스를 가장 많이 사용한다(이상 김인환, 2007). 에스테르 교환반응은 식용유지의 품질특성인 풍미, 열화안정성, 사용편리성, 영양성에 직 · 간

접적으로 영향을 미치며, 그중에서도 가장 중요한 것은 사용목적에 적합한 물리적 성질을 갖는 유지로 개량하는 역할이다(이상 식약청, 2007).

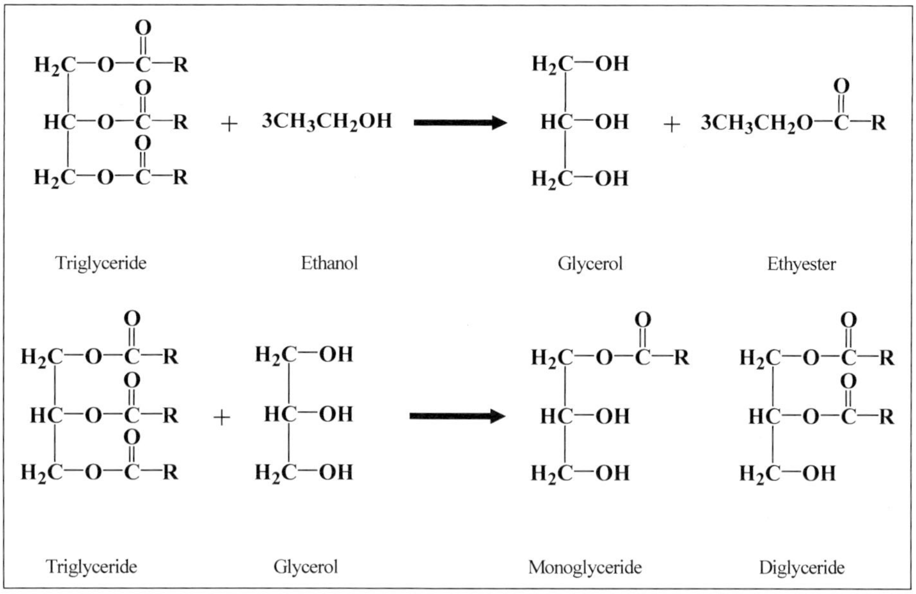

〈그림 2-4〉 에스테르 교환반응(유지와 알코올과의 반응: alcoholysis)

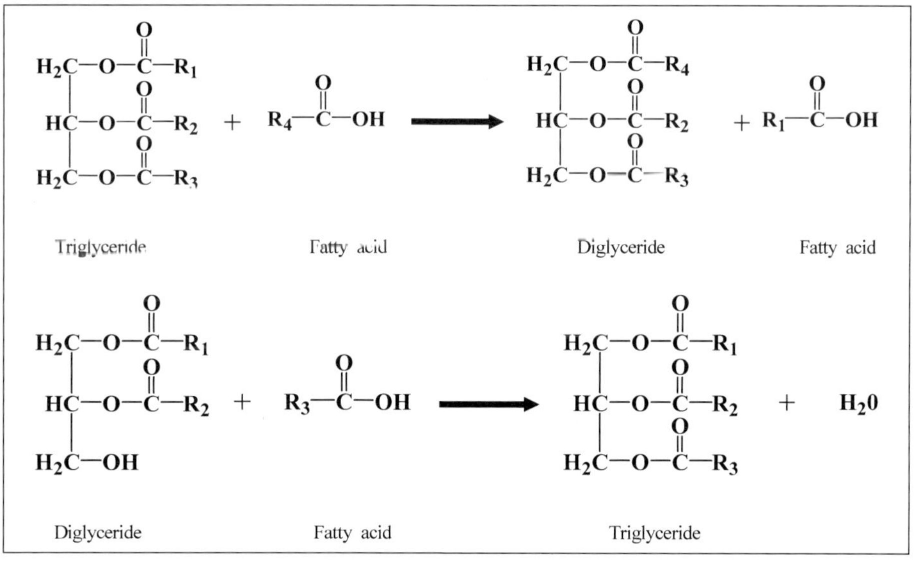

〈그림 2-5〉 에스테르 교환반응(유지와 지방산과의 반응: acidolysis)

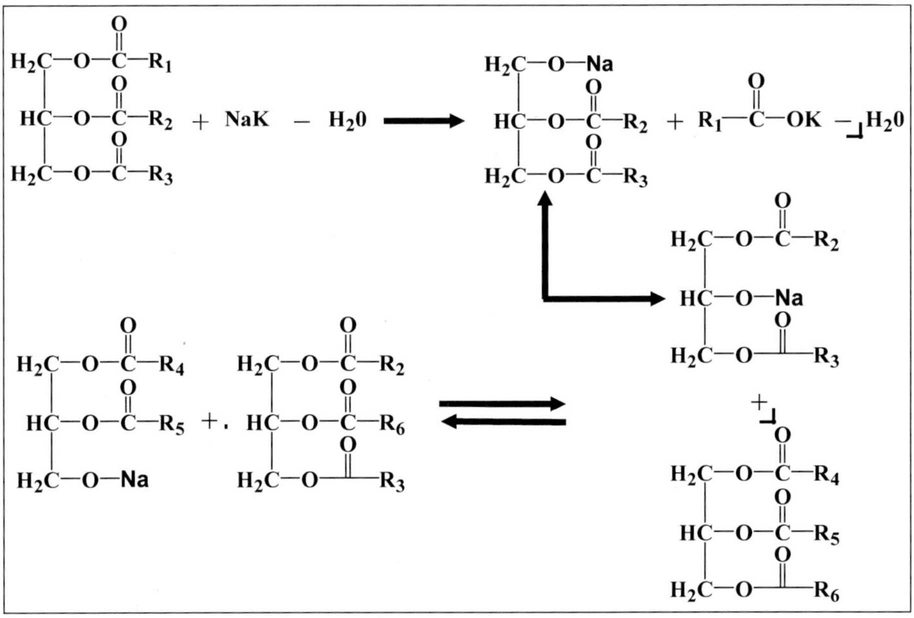

〈그림 2-6〉 에스테르 교환반응(유지 간의 에스테르 교환반응: transesterification)

화학적 촉매를 이용하는 방법은 batch식 반응기에서 반응이 이루어지기 때문에 시설 투자가 적고, 공정이 간단하며, 소량 다품종 형태의 가공유지 생산에 적합하다는 장점을 가지고 있다(이상 김인환, 2007). 이에 반해 효소 촉매 방법은 온도가 낮고, 선택성이 높으며, 공정이 효율적으로 이루어질 경우 free fatty acid, monoacylglyceride, diacylglyceride 등의 생성이 적어 제품의 수율이 높고, 고정화 효소를 사용할 경우 촉내의 재사용이 가능하다. 에스테르 교환반응은 NaK나 $NaOCH_3$ 등의 촉매하에서 글리세리드의 acyl기 간의 교환 재배열이 일어남으로써 글리세리드의 조성이 변하고 융점도 변하게 된다. 그러므로 에스테르 교환반응은 식용유지의 풍미, 열 안정성, 영양성 등에 영향을 미칠 수 있게 됨으로써 식품을 제조하는 데 있어 적절한 물성을 갖는 유지로 개량할 수 있다. 특히 최근 들어 에스테르 교환반응 방법은 식용유지에 의해 생성될 수 있는 트랜스지방의 생성을 감소시키기 위한 방법으로 이용되고 있다(이상 김인환, 2007).

〈표 2-5〉 에스테르 교환반응에 이용되는 다양한 촉매제(Minal, 2003)

Type	Example	Required dosage (% oil weight)	Time
High temperature (120℃-260℃)			
Metal salts	Acetates, carbonates, chloride, oxides of Zn, Fe, *etc*	0.1%-0.2% 0.2%	0.5-6hr under vacuum
Alkali hydroxides	NaOH,KOH,LIOH or Sodium hydroxide+glycerol	0.5%-1.0%	45 min-1.5hr under vacuum
Metal soaps	Sodium stearate+glycerol	0.5%-1.0%	1 hr under vacuum
Low temperature (25℃-270℃)			
Metal alkylates	Sodium methylate	0.1%-1.0%	5-120 min
Alkali metals	Na, K Na/K alloy	0.2%-0.5%	3-120 min
Alkali metal hydrides	Sodium hydride	0.2%-2.0%	30-120 min
Alkali metal amides	Sodium amide	0.15%-2.0%	10-60 min

　　에스테르 교환반응의 특징을 보면 액상유에 단순배합으로 고체지방을 섞게 되면 혼합유의 융점은 두 지방의 융점의 중간 정도의 융점을 갖는 것이 아니라 융점이 높은 지방의 성질에 따라서 혼합유의 융점은 높은 상태로 된다. 따라서 단순히 융점이 다른 두 지질을 혼합하여 지질의 물성을 조절하는 것은 불가능하므로 혼합유를 에스테르화하게 되며, 이는 분자 내 지방산의 재배열이 일어나 융점이 하강하게 되는 원리를 이용하여 여러 가지 물리적 특성을 갖는 고체지방을 생산한다(이상 식약청, 2007).

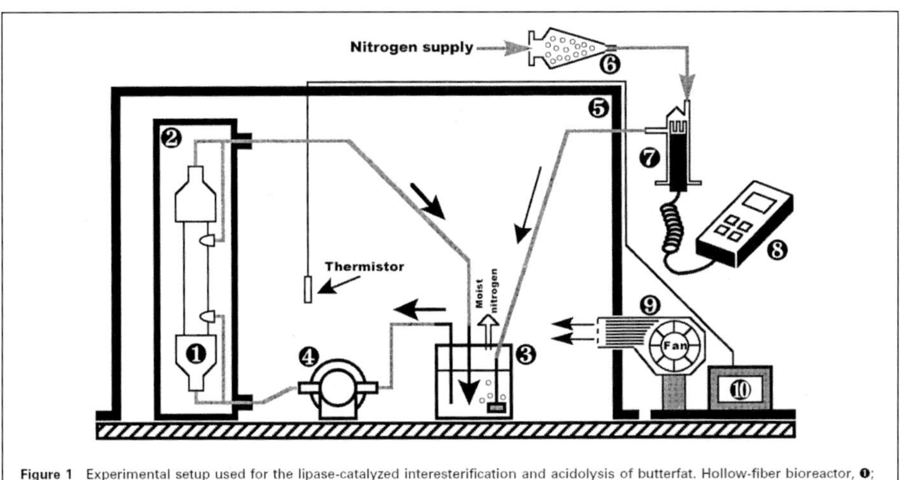

Figure 1 Experimental setup used for the lipase-catalyzed interesterification and acidolysis of butterfat. Hollow-fiber bioreactor, ❶; thermostatted waterbath, ❷; stirred beaker containing melted butterfat, ❸; high precision gear pump, ❹; Perspex dome, ❺; ampoule containing silica gel, ❻; moisture probe, ❼; thermohygrometer, ❽; blower, ❾; electronic control ❿

〈그림 2-7〉 효소 촉매 에스테르 교환반응 장치(Balcão와 Malcata, 1998)

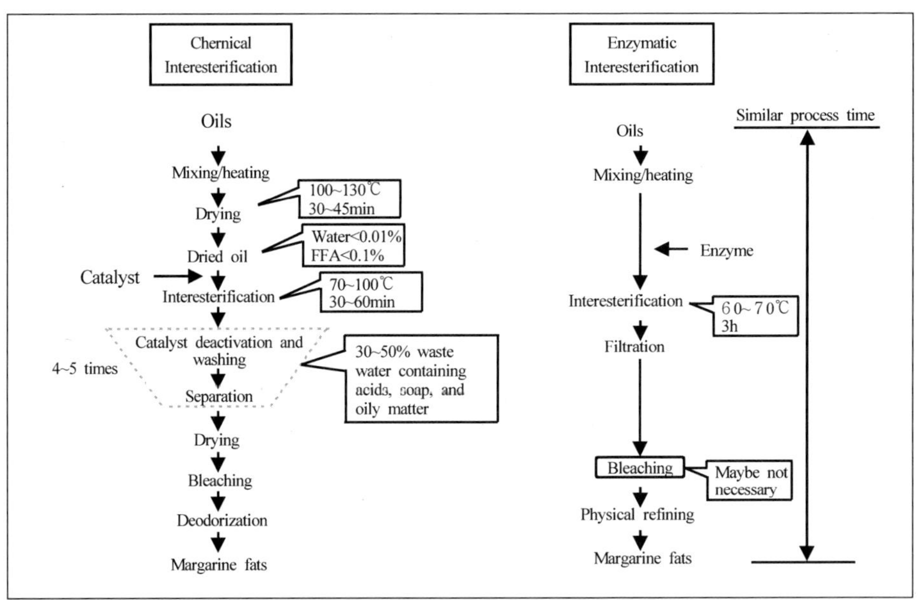

〈그림 2-8〉 화학적 촉매 에스테르 교환반응과 효소 촉매 에스테르 교환반응 공정(김인환, 2007)

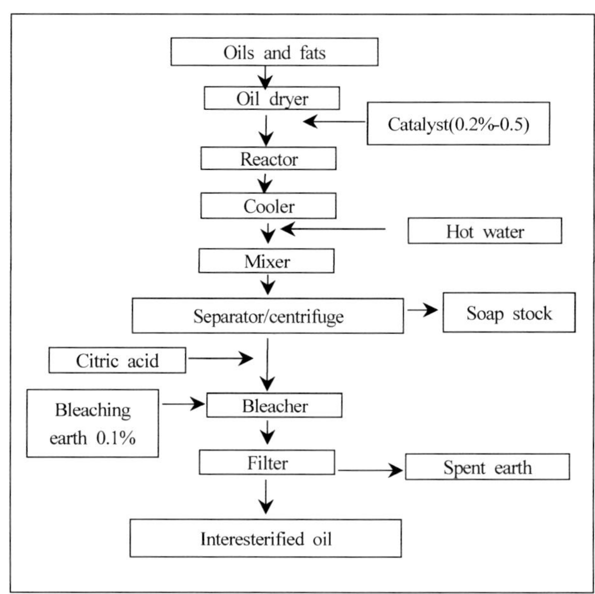

〈그림 2-9〉 화학적 촉매 에스테르 교환반응(Minal, 2003)

〈표 2-6〉 에스테르 교환반응에 의한 지방 융점의 변화(Minal, 2003)

Fat	Melting point(oC)	
	Before	After
*Soyabean oil	-7	5.5
*Cottonseed oil	10.5	34
*Coconut oil	26	27.9
*Palm oil	39.8	47
*Cocoa butter	34.4	52.2
*Tallow	46.4	44.6
*Hyd. cotton oil:coconut oil (40:60)	57.8	41.1
*Hyd. palm oil:hyd. palm kernel oil (25:75)	50	40.3
**Soyabean oil:hyd. palm stearin (40:60)	45	38.6

위의 <표 2-6>에서 보듯이 에스테르 교환반응에 의해 지방의 융점이 변화되는 것을 알 수 있다. 팜유나 대두유를 비롯한 대부분의 식물성유지는 에스테르 교환반응에 의해 융점이 증가하지만 우지의 경우 융점이 감소할 수 있는 것으로 나타났다. 즉 고체의 지방과 액체의 지방을 블랜딩할 경우 비율에 따라 지방의 융점이 감소할 수도 있고 증가할 수도 있다.

<표 2-7> 다양한 비율의 팜유 블랜딩에 따른 지방산 조성의 변화(Soares 등, 2009)

ps[a]/PO[b] ratio	Fatty acids[c] (%)					Iv[d]	SFA[e](%)	PUFA[f](%)	MUFA[g](%)
	14:0	16:0	18:0	18:1	18:2				
100/0	2.4±0.3	64.4±0.1	4.5±0.1	23.8±0.1	4.9±0.0	28.5±0.1	71.3±0.4	4.9±0.1	23.8±0.1
80/20	2.0±0.5	59.5±0.1	4.3±0.2	27.6±0.3	6.6±0.1	38.0±0.7	66.6±0.1	6.6±0.2	27.6±0.3
60/40	1.6±0.4	54.3±0.4	4.2±0.5	32.9±0.8	7.0±0.6	39.2±0.9	60.1±0.5	7.0±0.6	32.9±0.8
50/50	1.5±0.1	50.9±0.5	5.7±0.1	34.6±0.5	7.3±0.1	42.5±0.6	58.1±0.6	7.3±0.1	34.6±0.5
40/60	1.3±0.4	48.9±0.7	5.0±0.5	36.4±0.9	8.4±0.7	47.7±0.9	55.2±0.9	8.4±0.7	36.4±0.9
20/80	1.1±0.2	44.9±0.7	4.6±0.4	40.1±0.5	9.4±0.9	50.0±11	51.2±0.8	9.4±0.9	40.1±0.5
0/100	0.8±0.4	38.0±0.2	5.0±0.8	45.4±0.2	10.2±0.1	56.7±0.1	43.8±0.4	10.2±0.1	45.4±0.2

Values are shown as means±SD of there replications.
[a] PS, palm stearin.
[b] PO, palm olein.
[c] 14:0, myristic acid: 16:0, palmitic acid: 18:0, stearic acid: 18:1, oleic acid and 18:2, linoleic acid.
[d] IV, iodine value (g iodine/100g).
[e] SFA, saturated fatty acids.
[f] PUFA. polyunsaturated fatty acids.
[g] MUFA, monounsaturated fatty acids.

　　팜스테아린과 팜올레인의 비율을 달리하여 블랜딩할 경우 팜스테아린의 함량이 높아질수록 포화지방산 함량은 높아지고 불포화지방산의 함량은 감소하게 된다. 또한 팜스테아린의 함량이 증가할수록 고체지방의 함량도 증가할 뿐만 아니라 지방결정체의 크기는 감소하고 지방결정체의 수는 증가하는 것으로 나타났다.

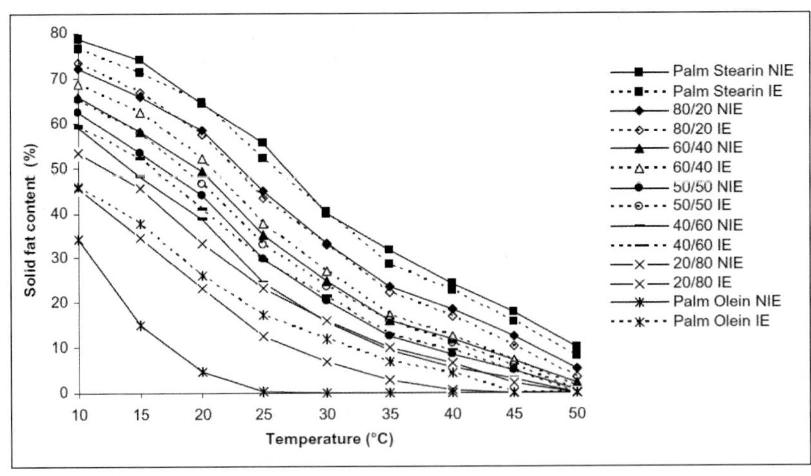

<그림 2-10> 블랜딩에 따른 고체지방의 함량(Soares 등, 2009)

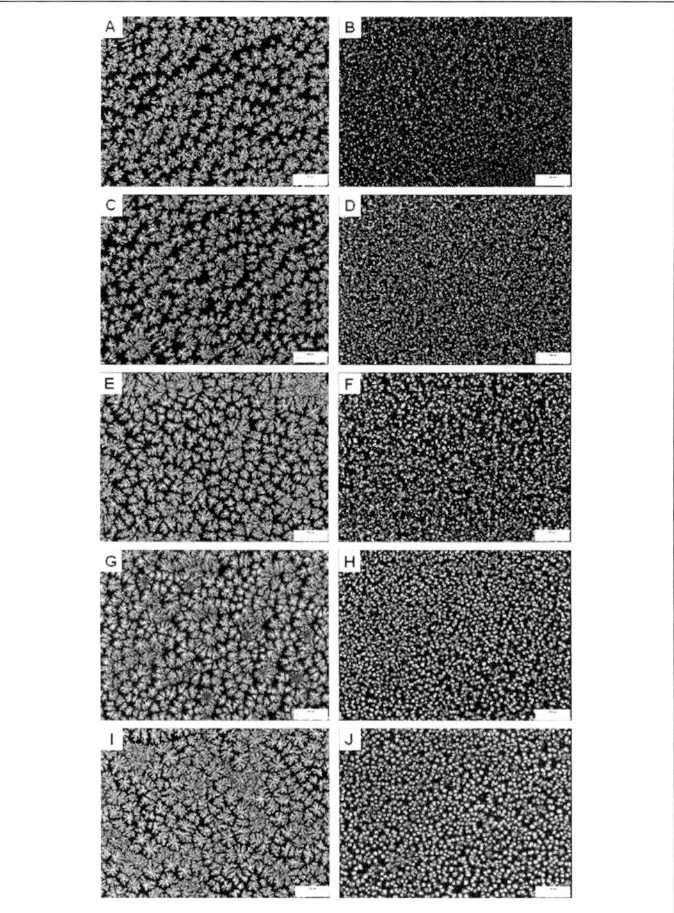

Images of the crystalization of canola oil: fully hydrogenated cottonseed oil blends, before and after chemical interesterification. A: 80:20, B: 80:20-I, C: 75:25, D: 75:25-I, E: 70:30, F: 70:30-I, G: 65:35, H: 65:35-I, I: 60:40, J: 60:40-I. The bar represents 200㎛. I*: interesterified blend

〈그림 2-11〉 카놀리유의 경화면실유 블렌딩에 따른 결정구수의 차이
(Ribeiro 등, 2009)

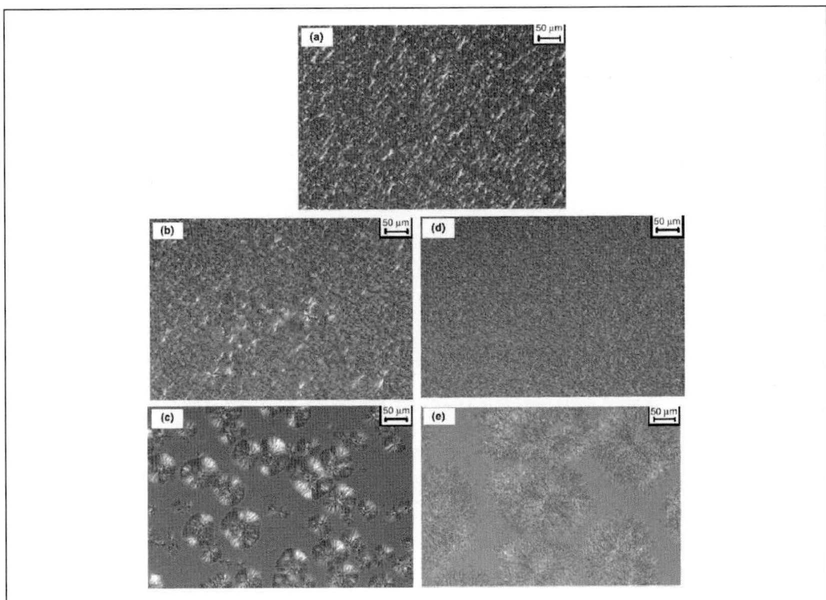

Polarized light microscopy photomicrographs of palm stearin, non-interesterified and interesterified palm stearin and palm kernel olein blends tempered for 30 min at 20°C; (a) palm stearin; (b) NIE80:20; (c) IE80:20; (d) NIE20:80 and (e) IE20:80 Scale bar=50μm; Magnification=200×.

〈그림 2-12〉 팜유 블랜딩에 따른 결정구조의 차이(Norizzah 등, 2004)

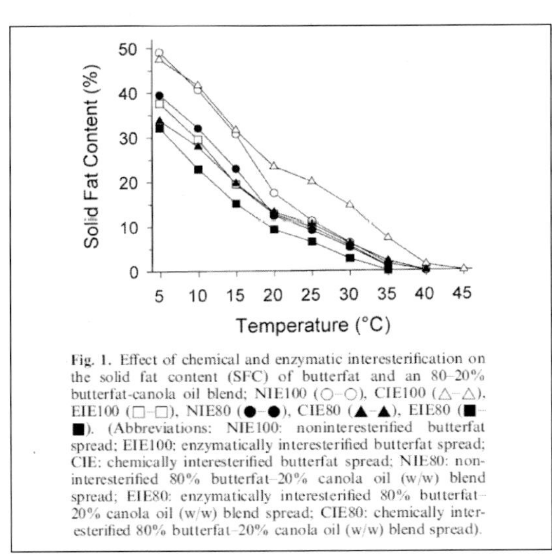

Fig. 1. Effect of chemical and enzymatic interesterification on the solid fat content (SFC) of butterfat and an 80–20% butterfat-canola oil blend; NIE100 (○–○), CIE100 (△–△), EIE100 (□–□), NIE80 (●–●), CIE80 (▲–▲), EIE80 (■–■). (Abbreviations: NIE100: noninteresterified butterfat spread; EIE100: enzymatically interesterified butterfat spread; CIE: chemically interesterified butterfat spread; NIE80: non-interesterified 80% butterfat-20% canola oil (w/w) blend spread; EIE80: enzymatically interesterified 80% butterfat-20% canola oil (w/w) blend spread; CIE80: chemically interesterified 80% butterfat-20% canola oil (w/w) blend spread).

〈그림 2-13〉 에스테르 교환반응에 의한 고체지방의 함량
(Rousseau와 Marangoni, 1999)

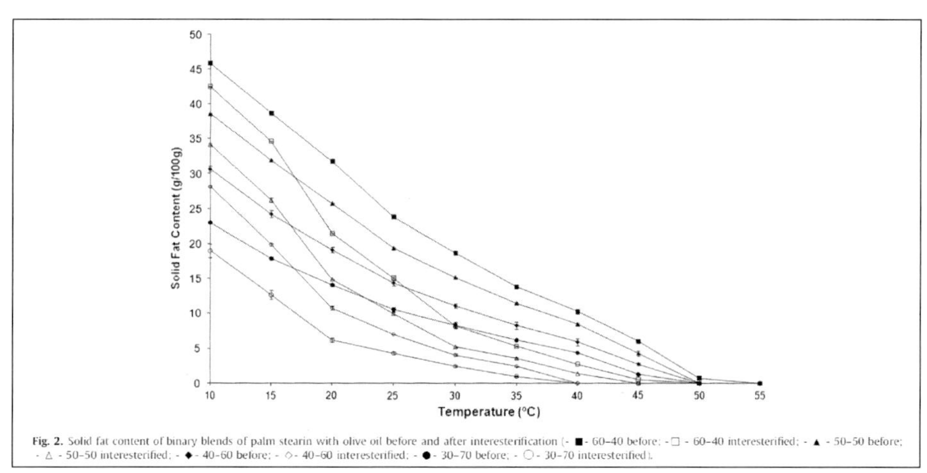

Fig. 2. Solid fat content of binary blends of palm stearin with olive oil before and after interesterification (- ■ - 60–40 before; - □ - 60–40 interesterified; - ▲ - 50–50 before; - △ - 50–50 interesterified; - ◆ - 40–60 before; - ◇ - 40–60 interesterified; - ● - 30–70 before; - ○ - 30–70 interesterified).

〈그림 2-14〉 팜유와 올리브유의 에스테르 교환반응에 의한 고체지방의 함량(Silava 등, 2010)

분별법(Fractionation)

지방은 고체유와 액체유가 공존하는데 온도의 변화에 따라 고체유와 액체유의 비율이 달라진다. 실온에서 고체인 지방도 온도가 상승함으로써 액체유로 변하게 된다. 분별법은 이러한 원리를 이용하여 융점이 높은 부분과 낮은 부분을 물리적으로 분리시키는 기술이다. 즉 유지에 일정한 열을 가하여 온도를 조절하면서 특정 온도에서 용해되는 지방을 제거함으로써 원하는 융점을 가진 지방만을 분리해 내는 방법이다. 예컨대 불포화도가 높은 지방은 융점이 낮기 때문에 낮은 온도에서 분리해 내고, 지방의 포화도가 높을수록 융점이 높기 때문에 높은 온도에서 분리해 낼 수 있다. 융점이 낮은 부분을 olein이라고 하고 융점이 높은 부분을 stearin이라고 하는데, 팜(palm)유와 야자유는 실온에서 고체 상태로 존재하기 때문에 고체유지를 필요로 하는 식품에서 사용되고 있으며, 트랜스지방의 저감화를 위해 가장 널리 이용되는 유지이다(이상 김인환, 2007).

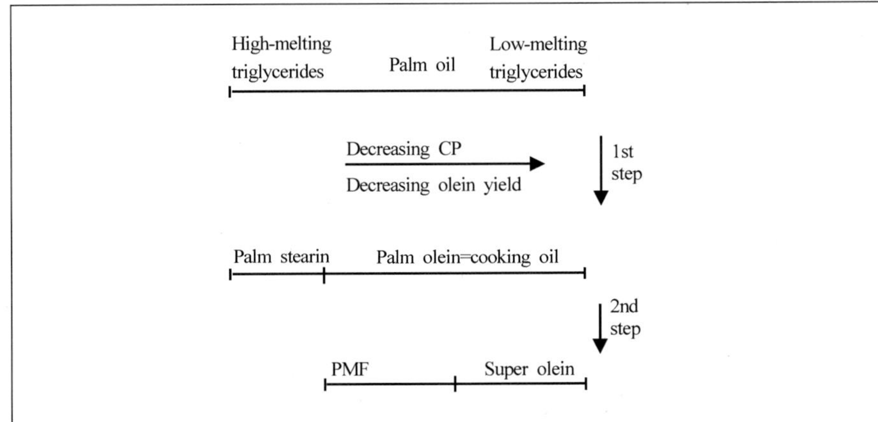

Typical fatty acid compositions of palm, palm kernel and their fracions as established by gas-liquid chromatography

	C_{12}	C_{14}	C_{16}	C_{18}	$C_{18.1}$	$C_{18.2}$	IV range
Palm oil	-	1.0	44.4	4.1	39.3	10.0	50-55
Palm oil(olein)	-	1.0	39.8	4.4	42.5	11.2	56 min
Palm oil(stearin)	-	1.5	55.8	4.8	29.6	7.2	48 max
Palm kernel oil	48.2	16.2	8.4	2.5	15.3	2.3	14-19
Palm kernel(olein)	42.6	12.4	8.4	2.5	22.3	3.4	25-31
Palm kernel(stearin)	55.2	19.9	8.1	3.3	6.9	0.8	6-9

〈그림 2-15〉 팜유의 분별법 원리와 지방산의 조성(Wassell과 Young, 2007)

　　<그림 2-15>는 팜유의 초임계 유체추출 장치의 구조이며, 이를 통해 추출된 지방산의 조성을 나타낸 것이다. 이 장치는 추출용기를 항온수조에 넣어 온도 조절을 하고 back-pressure 소설 상치를 통하여 시스템 압력을 조질하는 구조로 되어 있다. 가장 먼저 포화지방산과 가벼운 유리지방산이 분별되고 불포화지방산이 분별되었다. 가장 먼저 분별되어 나오는 지방은 밝은색을 나타내었고 고체 상태를 나타내었으며, 뒤에 나온 지방은 탁하고 액체 상태를 나타내었다(Markom 등, 2001).

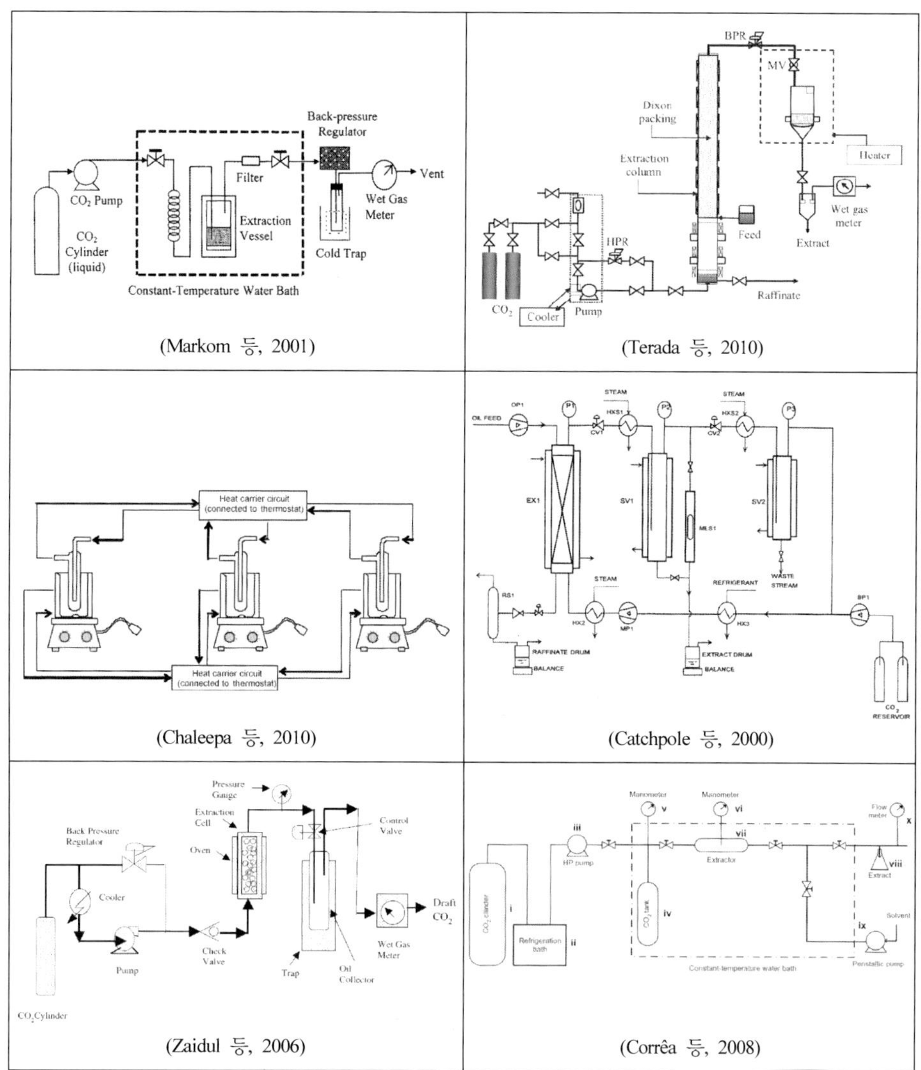

<그림 2-16> 다양한 형태의 지방 분별장치

<표 2-8> 온도조건에 따른 팜유의 지방산 조성(Zaliha 등, 2004)

Sample	Fatty acid composition(%)								
	12:0	14:0	16:0	16:1	18:0	18:1	18:2	18:3	20:0
R BDPO	0.3	1.1	44.2	0.1	4.0	40.4	9.8	0.3	-
St18(℃)	0.5	1.4	51.0	0.2	30.8	3.7	7.4	0.3	4.7
St15(℃)	0.2	1.2	54.3	0.2	32.0	4.5	7.6	0.2	6.5
St13(℃)	0.3	1.3	54.4	0.1	32.3	3.7	7.5	0.3	-
St11(℃)	0.2	1.1	50.0	0.1	35.3	4.5	7.9	0.4	7.5
St9(℃)	0.2	1.1	48.9	0.2	36.0	4.6	8.2	0.4	0.4
Ol18(℃)	0.4	1.0	37.9	0.1	3.7	44.0	11.1	0.3	0.7
Ol15(℃)	0.4	1.0	37.0	0.1	3.6	44.5	11.4	0.4	0.7
Ol13(℃)	0.4	1.0	36.5	0.1	3.4	45.4	12.3	0.3	0.4
Ol11(℃)	0.4	1.1	34.4	0.1	3.3	45.3	12.2	0.1	1.0
Ol9(℃)	0.4	1.1	34.4	0.1	3.2	46.1	12.9	0.7	0.3

All the readings were based on means of three measurements (RBDPO, refined bleached and deodorized palm oil: St, stearin fraction: Ol, olein fraction).

<표 2-9> 온도조건에 따른 팜유의 지방산 조성(Fatouh, 2007)

Fatty acid	BO	Fraction			
		F_1	F_2	F_3	F_4
$C_{4:0}$	1.42±0.61c	3.49±0.04a	1.95±0.07b	1.19±0.03c	0.19±0.04d
$C_{6:0}$	2.21±0.46c	3.52±0.02a	2.87±0.04b	1.97±0.07c	0.22±0.06d
$C_{8:0}$	1.09±0.15c	1.64±0.04a	1.41±0.16b	0.99±0.02c	0.16±0.01d
$C_{10:0}$	2.21±0.14c	3.23±0.03a	2.62±0.19b	2.10±0.03c	0.55±0.01d
$C_{12:0}$	2.63±0.14c	3.72±0.10a	2.94±0.27b	2.52±0.19c	1.00±0.04d
$C_{14:0}$	12.23±0.37c	14.80±0.08a	13.32±0.21b	11.47±0.10	6.46±0.08d
$C_{16:0}$	31.89±0.71c	32.85±0.33ab	33.55±0.22a	32.20±0.17bc	26.74±0.56d
$C_{18:0}$	17.04±0.75b	13.26±0.09d	15.17±0.29c	17.30±0.20b	24.90±0.22a
$C_{18:1}$	25.87±0.94b	20.66±0.13d	23.02±0.15c	26.65±0.07b	35.26±0.59a
$C_{18:12}$	2.70±0.17bc	2.21±0.06d	2.51±0.03c	2.82±0.09b	3.38±0.15a
$C_{18:13}$	0.71±0.10bc	0.62±0.07c	0.64±0.04bc	0.79±0.13b	1.14±0.03a
USFA[b]	29.28±1.04c	23.49±1.71e	26.17±1.15d	30.26±1.17b	39.78±1.58a
SFA[b]	70.72±1.03c	76.51±1.20a	73.83±1.37b	69.74±1.55c	60.22±1.29d
C_4-C_8	4.72±1.21c	8.65±0.09a	6.23±13b	4.15±0.03c	0.57±0.11d
C_{10}-C_{14}	17.07±0.59c	21.75±0.16a	18.88±0.21b	16.09±0.32d	8.01±0.12e
C_{16}-$C_{18:3}$	78.21±1.70b	69.60±0.34d	74.89±0.41c	79.76±0.27b	91.42±1.00a

Fractions were obtained at different temperature and pressure conditions of supercritical carbon dioxide, F_1 at 50℃/10.9 MPa; F_2 at 50℃/15.0 MPa; F_3 at 70℃/22.3 MPa; F_4 at 70℃/40.1 MPa.
Different letters within the same row are significantly different ($P<0.05$).
[a]Mean±S.D., $n=3$.
[b]USFA, unsaturated fatty acids; SFA, saturated fatty acids.

〈표 2-10〉 압력조건에 따른 어유의 지방산 조성(Perretti 등, 2007)

FAEE(%)	FAEEs fed	FCFC		
		100[a], δ=0.582g/ml	140[b], δ=0.763g/ml	150[b], δ=0.782g/ml
C16:0	6.59	5.37	2.18	0.36
C16:1	1.66	1.19	0.48	0.04
C17:0	0.03	0.00	0.00	0.00
C17:1	0.13	0.00	0.00	0.10
C18:0	2.89	2.47	2.20	1.16
C18:1	8.69	5.87	3.76	1.94
C18:2	0.94	0.71	0.52	0.25
C20:0	0.64	1.03	1.26	0.26
C18:3	0.57	0.82	0.81	0.39
C20:1	1.12	0.15	0.25	1.29
C22:0	0.00	0.00	0.00	0.15
C18:4	5.13	4.26	2.90	1.03
C22:1	2.13	1.71	1.78	0.83
C20:4(ω-6)	0.52	0.94	1.08	1.36
C20:4(ω-3)	0.84	0.17	0.18	0.42
C20:5	39.55	40.75	39.44	32.39
C22:4	0.09	0.10	0.11	0.45
C22:5(ω-6)	0.53	0.48	0.80	2.56
C22:5(ω-3)	1.79	1.84	2.66	3.61
C22:6	24.54	24.18	32.55	49.57

FCFC: fracion collected from the column
[a] CO_2 flow rate 3.5kg/h
[b] CO_2 flow rate 5kg/h

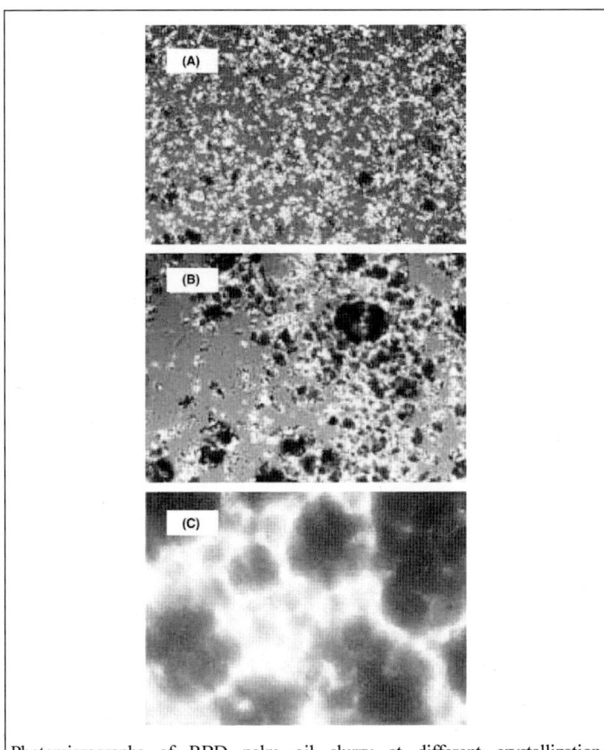

Photomicrographs of RBD palm oil slurry at different crystallization temperatures during fractionation process at 200 magnification. (A) Crystals at 18°C. (B) Crystals at 15°C. (C) Crystals a 9°C.

〈그림 2-17〉 온도변화에 따른 지방의 결정(Zaliha 등, 2004)

경화법(Hydrogenation)

식물유지에 수소를 첨가히어 고체화시키는 기술로 부분적으로 경화시킨 경화유는 불포화지방산이 포화지방산으로 전환되는 과정에서 생성되는 트랜스지방의 함량이 높게 나타난다. 그러나 완전히 경화된 경화유는 트랜스지방의 함량이 매우 낮기 때문에 트랜스지방의 저감화에 많이 이용되고 있으며, 주로 야자유나 대두유 등의 식물성 유지가 많이 이용된다. 이러한 경화공정에 필요한 온도나 촉매제의 농도를 조절하여 트랜스지방의 생성을 줄일 수 있다. King 등(2001)은 이산화탄소와 수소 티켈 촉매제를 이용하여 트랜스지방의 생성을 최소화할 수 있는 수소화 과정을 개발하였으며, Wright 등(2003)은 저온조건에서 혼합 금속 촉매(니켈과 팔라듐)를 이용하여 카놀라유의 수소화 과정에서 생성되는 트랜스지방의 생성량을 줄일 수 있다고 보고하였다. 또한 Lalvani와 Mondal 등(2003)은 식용유를 수소화할 때 전기화학적인 방법을 도입하여 낮은 온도에서 개미산을 전기 촉매제로 사용하고 니켈과 팔라듐을 촉매제로 사용할 경우 트랜스지방의 생성이 10% 이하로 감소된다고 보고하였다(이상 김인환, 2007). 지방의 경화는 고압의 수소가스를 유지에 첨가할 때 일어나는데, 경화공정을 위해서는 열과 금속 촉매제 및 고압의 수소가스를 필요로 한다. 금속촉매제는 수소가스가 유지에 삽입되는 작용을 하며, 탄소원자와 결합한 후 수소원자를 지방산에 결합시키는 작용을 한다. 이때 열은 원소 간의 결합력을 증가시킨다. 즉 수소가스에 포함된 수소원자가 불포화지방산에 결합함으로써 불포화지방산은 포화되게 된다.

육종에 의한 유자원 개발

육종에 의한 유자원 개발이란 유전공학 기술을 이용하여 콩이나 해바라기 또는 옥수수에 포함된 지방의 함량과 지방산의 조성을 변화시키는 것을 말한다. 예컨대 몸에 좋다고 알려진 올레익산(oleic acid)의 비율이 높은 대두나 옥수수를 육종개량한 후 유지를 추출하는 방법 등이 있다. 러시아에서는 해바라기의 육종개량을 통해 유지의 함량을 기존의 30~35%에서 40~50%로 증가시켰으며, 올레익산(oleic acid)의 함량이 높은 해바라기를 개발하였다. 그러나 유전공학 기술에 의해 개발된 유지도 다른 저감화 기술과 혼합하여 사용할 때 그 이용성이 높아질 수 있다. 육종에 의한 유자원의 개발은 가장 기초적인 트랜스지방 저감화 기술이며, 품종이 개발된 이후에는 추가 연구 또는 개발 비용의 발생이 없는 장점은 있으나, 유전자변형 작물(Genetically modified organisms: GMO)에 대한 소비자들의 기부감 때문에 때로는 그 이용이 매우 제한적이라는 단점이 있다. 트랜스지방 저감화를 위한 다양한 방법들이 개발되어 사용되고 있고 또한 현재에도 다양한 방법들이 개발되어지고 있지만 어떠한 방법도 근본적으로 트랜스지방을 완전히 제거할 수 있는 방법은 없다(이상 김인환, 2007).

카놀라유는 9~11%의 linolenic acid(18:3)를 함유하고 있으며, 7% 이하 수준의 포화지방산을 함유하고 있기 때문에 건강측면이나 영양학적인 측면에서는 매우 유익하다. 그러나 가공하는 과정에서 산화나 이취의 발생이 일어날 수 있고 수소를 첨가하는 경화공정 과정에서 트랜스지방산의 생성이 많아진다. 이러한 이유 때문에 캐나다의 Manitoba 대학과, Dow AgroSciences, Cargill Specialty Canola Oils, Dupont/Pioneer와 같은 기업은 유전자 조작을 통하여 linolenic acid(18:3)의 함량을 낮춘 카놀라유를 생산하는 방법을 개발하였으며, 또한 미국 Iowa 주립대학과, Monsanto, Pioneer 그리고 Cargill과 같은 기업은 유전자 조작을 통하여 linolenic acid(18:3)의 함량을 3% 수준으로 낮춘 대두유를 생산하는 방법을 개발함으로써 트랜스지방산의 생성을 감소시켰다. 뿐만 아니라 Dupont사는 유전자 조작을 통하여 포화지방산인 palmitic acid(16:0)와 stearic acid(18:0)의 함량이 높은 식용 유지를 개발하였다.

포화지방산을 이용한 트랜스지방의 저감화

우지나 돈지와 같이 실온에서 고체로 존재하는 동물성 지방을 이용함으로써 트랜스지방을 대체하는 방법인데, 최근 산업체에서는 식물성 유지임에도 실온에서 고체로 존재하는 팜유나 코코넛유를 널리 사용하고 있다. 팜유는 palmitic acid(16:0)의 함량 높으며, 정제와 추출하는 데 비용이 적게 드는 장점이 있으며, 1990년 초에는 전 세계에서 유통되는 식용유지의 약 39%를 차지하기도 하였다.

Campbell(2005)은 불포화정도에 따른 식용유지의 특성을 보았을 때 stearic acid(18:0)와 oleic acid(18:1)가 가장 안전하고 건강에 유익한 지방산이라고 보고하였다. 앞서 언급한 방법들을 이용하여 트랜스지방산을 제거하거나 최소화할 수 있을 뿐만 아니라 여러 가지 방법을 혼합하여 사용할 경우 매우 다양한 물리적 특성을 가진 지방을 제조할 수 있다.

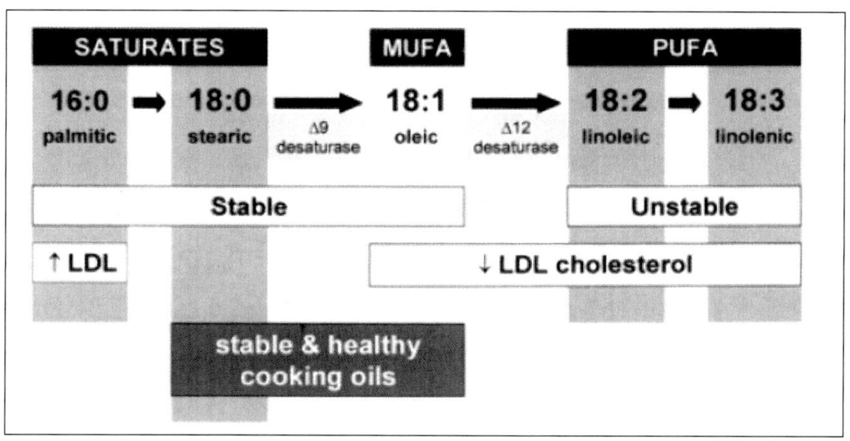

〈그림 2-18〉 불포화도에 따른 식용유의 특성

실온에서 고체로 존재하는 동물성 지방을 부분적으로 이용할 경우 식품의 가공적성을 높일 수 있겠지만 식물성 지방에 비해서는 산화에 더욱 민감하기 때문에 식품을 가공하는 데 있어 여러 가지 제약이 따를 수 있다. 일반적으로 식용 유지를 이용하여 제품을 튀기는 공정의 경우 매번 새로운 유지를 교체하여 사용하는 것이 아니라 제품을 튀기는 과정에서 제품에 함유되어 감소되는 유지의 양만큼 새로운 유지를 첨가하는 형태를 통하여 식용유지의 신선도를 유지한다. 그러므로 이러한 가공방식에 있어서 동물성 지방의 사용은 지방산화의 측면에서 적절하지 않을 수 있다. 따라서 동물성 지방을 이용할 경우 인공 또는 천연 항산화제 첨가가 필요할 것이다.

5. 지방대체재를 이용한 트랜스지방산과 지방의 억제

미국심장학회는 "지방에 의한 열량의 섭취를 식품으로 섭취하는 총열량의 30%를 넘지 않고 포화지방산에 의한 열량의 섭취는 총열량의 10%를 넘지 않는 것이 좋다"라고 권고하고 있다. 이렇듯 건강과 관련하여 지방의 섭취를 줄이는 일은 매우 중요한 과제가 되고 있는데 식품에 존재하는 지방을 줄이기 위한 목적으로 매우 다양한 형태의 지방대체재가 전 세계적으로 연구 및 개발되고 있다. 또한 식품의 지방을 줄이기 위한 지방대체재의 사용은 지방뿐만 아니라 트랜스지방산을 줄이는 효과를 나타내게 된다.

현재까지 식품에 존재하는 지방을 억제하기 위해 매우 다양한 방법이 개발되고 있는데, 동물성 식품의 경우 경제동물을 사육하는 과정에서 지방의 축적을 감소시킬 수 있는 사양방법을 통해 지방을 감소시킬 수 있다. 즉 저지방 고단백질 사료를 급여하거나 지방의 함량을 감소시키는 물질을 급여하여 고기나 계란 또는 우유의 지방 함량을 감소시킬 수 있다. 우리나라의 경우 지방침착이 많은, 즉 마블링이 좋은 고기를 선호하기 때문에 지방축적을 높이는 방향으로 가축을 육종하고 있는 반면 서구권 국가들은 지방함량이 적고 적육의 함량을 높이는 방향으로 가축을 육종하고 있다. 그러나 가공식품의 경우 우리나라뿐만 아니라 많은 다른 나라에서도 식품을 제조 또는 가공하는 동안 첨가되는 또는 함유되는 지방을 다른 물질로 대체하는 방법을 많이 이용하고 있으며, 현재까지 약 200여 종 이상의 지방대체재가 상업적으로 이용되고 있는 것으로 나타났다. 지방대체재는 크게 "지방대체재" 또는 "지방변환재", "지방모방재", "저열량 지방" 또는 "지방증량재" 등의 용어로 사용되고 있다.

"지방대체재"는 가장 보편적인 이름으로 지방을 대체하기 위해 사용되는 모든 물질을 일컬어 사용되지만 정확한 정의는 생체 내에서 소화되지 않거나 대사 작용에 거의 영향을 주지 않는 것으로서 Olestra나 Sorbestrin과 같은 물질을 말한다. 또한 지방대체재는 지방과 유사한 풍미를 가진다는 특징이 있다.

"지방모방재"는 전분, 셀룰로오스, 검류, 덱스트린과 같은 탄수화물과 유청단백질 또는 난백과 같은 단백질로서 에너지가가 지방보다 낮은 장점이 있지만 수분함량 등에 크게 영향을 받고 풍미에 영향을 줄 수 있다.

"저열량 지방"은 중간사슬 지방산, Caprenin 또는 Salatrim 등을 들 수 있다.

저지방 제품을 개발하기 위해서 여러 가지 방법이 사용되고 있는데, 첫 번째 방법은 지방을 첨가하여 제조하는 식품에서 지방의 첨가량을 줄이는 방법이고, 두 번째 방법은 지방 전체 또는 지방의 일부를 유사한 기능을 가진 다른 물질로 대체하는 방법이다. 두 가지 방법 모두 섭취하는 식품의 열량은 감소시킬 수 있지만 지방 고유의 풍미가 감소하는 단점이 있을 수 있다. 특히 가열해서 섭취하는 식품의 경우 지방을 가열하는 과정에서 발생하는 고유의 풍미를 유사하게 제조하는 것이 매우 어려운 일이다. 그러나 다음의 표에서 보듯이 지방의 일부를 비지방계 물질로 대체함으로써 지방의 함량과 함께 섭취하는 에너지의 열량도 크게 감소하는 것을 알 수 있다.

〈표 2-11〉 일반식품(lunch)과 지방대체 식품(lunch)의 열량과 지방함량 비교

Food	Regular		Fat-replaced	
	kcals	fat, g	kcals	fat, g
2 slices bread	130	2	130	2
1oz cheese -or- reduced fat cheese product	105	9	75	4
2oz bologna-or-low-fat mayo	180	17	40	0
1 tbs mayo-or-low-fat mayo	100	11	25	1
Banana	105	0	105	0
2 chocolate cookies-or-reduced fat chocolate cookies	140	6	120	3
Totals	760	45	495	10

International Food Information Council Foundation. "Uses and Nutritional Impact of Fat Reduction Ingredients." April, 2000.

일부 연구에서는 에스테르 교환반응을 통하여 제조한 재구성 지방은 생체 내 흡수율이 높은 것으로 나타났는데, 이러한 이유는 포화지방이 소화되는 동안 유화과정이 더 쉽게 일어나기 때문이라고 보고하였다(Sakono 등, 1997). 그러나 이러한 재구성 지방의 생체 내 흡수율의 증가가 간과 혈청에서의 콜레스테롤 함량에는 영향을 주지 않는 것으로 나타났다.

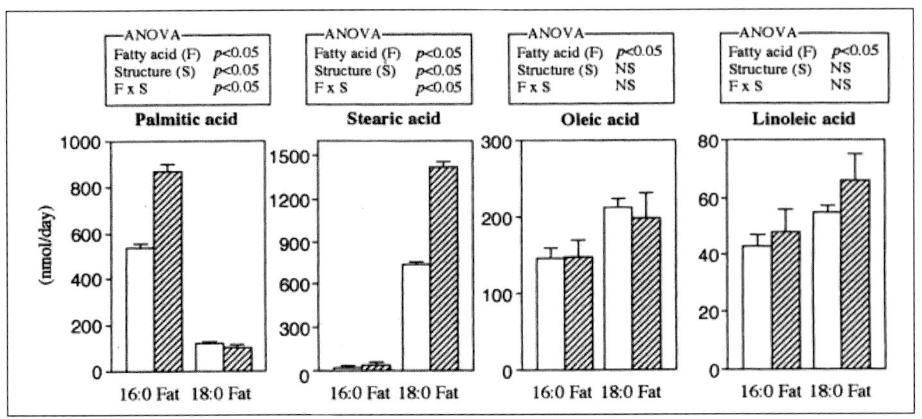

〈그림 2-19〉 재구성 지방과 혼합지방의 지방산 체외 배출(Sakono 등. 1997)

　　지방이 함유된 식품을 제조 가공하는 과정에서 사용되는 지방을 대체하는 물질로는 지방계 지방대체물질과, 섬유소를 비롯한 탄수화물계 지방대체물질, 단백질계 지방대체물질, 합성계 지방대체물질 등으로 크게 구분할 수 있다.

　　지방대체물질을 이용하여 식품을 개발하는 것은 비교적 간단하다고 할 수 있다. 대부분의 연구 개발에서는 식품을 제조 시에 지방의 일부를 지방대체재로 대체한 후 가공하여 품질특성과 저장성 등을 평가하고 있으며, 지방을 다른 물질로 대체할 경우 중성지방이나 콜레스테롤의 함량을 낮출 뿐만 아니라 섭취했을 경우 섭취열량의 감소를 가져올 수 있기 때문에 저지방 식품을 생산할 수 있다.

　　많은 연구에서 포화지방산은 비만과 과체중 및 각종 성인병의 주요 원인이 되는 것으로 나타나고 있는데, 식품에 존재하는 포화지방산을 같은 열량의 탄수화물로 대체했을 경우 체지방과 고콜레스테롤 및 비만이 감소한다(Fernández de la Puebla 등, 2003). 또한 어유를 섭취할 경우 체지방의 함량을 감소시키지만 포화지방산을 섭취할 경우 체지방의 함량을 증가시킨다. 또한 섭취하는 지방산의 종류에 따라 체지방 조성이 다르게 나타날 수 있다(Fernández de la Puebla 등, 2003). 그러므로 식품에 함유된 지방을 다른 물질로 대체할 경우 체지방의 함량과 지방산의 조성변화를 가져올 수 있을 것이다.

　　저지방 육제품을 제조하기 위해 많이 이용되는 방법은 비육물질로 지방을 대체하는 방법이다. 저지방 제품을 제조하기 위해 널리 사용되는 비육물질로는 대두단백, surimi, 유단백, 결체조직 단백질, 혈장, 글루텐, 알부민, 검류, 전분, 말토덱스트린, 셀룰로오스, 가라기난, 아라비아검, 구아검, 산탄검, 식물성 기름 또는 합성물질이다(Colmenero, 1996). 저지방 육제품 제조를 위해 첨가하는 대두단백은 첨가되는 함량에 따라 가열감량, 풍미에 영향을 미칠 수 있으며, 연도나 다즙성을 감소시킬 수 있다. 검류(아라비아검, 구아검, 산타나검 등)는 0.1~1% 정도 첨가하는 경우가 많으나 그 효능은 검의 종류에 따라 다르게 나타나고 있다. 곤약가루와 펙틴의 혼합물은 관능적인 특성이 지방과 유사하게 나타나고 있어 지방 대체물질로 이용되기도 하며, 셀룰로오스는 햄버거 패티, 소시지 등의 제품에 지방을 대체하여 사용되기도 한다. 산업계에서는 저지방 샐러드드레싱을 제조하기 위해 지방을 수용성 검류로 대체하는 방법을 많이 이용하고 있다. 그러나 대부분의 산업계에서는 여러 가지 다른 성분들이 혼합되어 있는 지방대체재를 사용하고 있다. Gum Technology의 Coyote Brand^{TM}에서 제조하는 유지방 대체재는 셀룰로오스젤, 곤약, sodium alginate 그리고 산탄을 혼합하여 제조하며, 치즈 소스나 치즈케이크의 지방대체재는 셀룰로오스젤, 유청단백질, sodium alginate 그리고 산탄을 혼합하여 제조한다. 그리고 마요네즈 지방대체재로는 셀룰로오스젤, 곤약, 산탄을 혼합하여 제조한다. 또한 지방의 일부를 대체하여 물을 첨가하는 방법이 있는데, 이러한 방법은 보수력과 지방의 결합력이 감소하는 단점이 발생할 수 있다(Colmenero, 1996).

〈표 2-12〉 단백질계와 지방질계 지방대체재의 종류와 제품(www.diet.com)

Protein-based fat replacers	Brand names	Foods
Microparticulated protein	Simplesse®	Dairy products(ice cream, butter, sour cream, cheese, yogurt), salad dressing, margarine-and mayonnaise-type products, baked goods, coffee creamer, soups, sauces
Modified whey protein concentrate	Dairy-Lo®	Milk/dairy products(cheese, yogurt, sour cream, ice cream), baked goods, frostings, salad dressing, mayonnaise-type products
Other	K-Blazer®, ULTRA- BAKE^{TM}, ULTRA-FREEZETM, Lita®	Frozen desserts and baked goods
Lipid-based fat replacers	Brand names	Foods
Emulsifiers	Dur-Lo®, ECTM-25	Cake mixes, cookies, icing, dairy products

Protein-based fat replacers	Brand names	Foods
Salatrim	Benefat[TM]	Confections, baked goods, dairy, other applications
Esterified propoxylated		Consumer and commercial applications, including formulated products, baking, frying
Olestra	Olean®	Salty snacks and crackers
Sorbestrin		Fried foods, salad dressing, mayonnaise, baked goods

〈표 2-13〉 탄수화물계 지방대체재의 종류와 제품(www.diet.com)

Carbohydrate-based fat replacers	Brand names	Foods
Cellulose	Avicel® cellulose gel, Methocel[TM], Solka-Floc®	Dairy-type products, sauces, frozen desserts, salad dressings
Dextrins	Amylum, N-Oil®	Salad dressings, puddings, spreads, dairy-type products, frozen desserts
Fiber	Opta[TM], Oat Fiber, Snowite, Ultracel[TM], Z-Trim	Baked goods, meats, spreads, extruded products
Gums	KELCOGE®, KELTROL®, Slendid[TM]	Reduced-calorie and fat-free salad dressings, other formulated foods, including desserts, processed meats
Inulin	Raftiline®, Fruitafit®, Fibruline®	Yogurt, cheese, frozen desserts, baked goods, icings, fillings, whipped cream, dairy products, fiber supplements, processed meats
Maltodextrins	CrystaLean®, Lorelite, Lycadex®, MALTRIN®, Paselli®D-LITE, Paselli®EXCEL, Paselli®SA2, STAR-DRI®	Baked goods, dairy products, salad dressings, spreads, sauces, frostings, fillings, processed meat, frozen desserts, extruded products, beverages
Nu-Trim		Baked goods, milk, cheese, ice cream
Oatrim (Hydrolyzed oat flour)	Beta-Trim[TM], TrimChoice	Baked goods, fillings and frostings, frozen desserts, dairy beverages, cheese, salad dressings, processed meats, confections
Polydextrose	Litesse®, Sta-Lite[TM]	Baked goods, chewing gums, confections, salad dressings, frozen dairy desserts, gelatins, puddings
Polyols	many brands available	Reduced-fat and fat-free products
Starch and modified food starch	Amalean®I & II, Fairnex[TM]VA15, & VA20, Instant Stellar[TM], N-Lite, OptaGrade®, Perfectamyl[TM]AC, AX-1, & AX-2, PURE-GEL®, STA-SLIM[TM]	Processed meats, salad dressings, baked goods, fillings and frostings, sauces, condiments, frozen desserts, dairy products
Z-Trim		Baked goods, burgers, hot dogs, cheese, ice cream, yogurt

〈표 2-14〉 탄수화물계 지방대체재의 종류와 제품(Cho와 Prosky, 1999)

Trade Name	Manufacturer/Developer	Product Components
AF Fiber[R]	ITD Corp.	Almond hemicelluloses
Amalean I[TM], Amalean II[TM]	American Maize Products Co.	Modified high amylose maize starch
Avicel[R]	FMC Corp.	Microcrystalline cellulose + carboxymethylcellulose gel
Avicel[R] RCN-30	FMC Corp.	Cellulose + maltodextrin + xanthan gum
Avicel[R] RCN-15, Avicel[R] RCN-10	FMC Corp.	Cellulose + guar gum
CentuTex	Woodstone Foods	Golden pea fiber
C*pur 01906	Cerestar	Potato maltodextrin
Fibercel	Alpha-Beta Technology	β-Glucan from yeast
Fibrex[R]	Delta Fibre Foods	Sugarbeet fiber
Fibrim[R]	Protein Technologies International	Soy hemicelluloses
Fibruline	Cosucra	Inulin
Frutafit	Suiker Unie	Inulin
Kelcogel	Kelco	Carrageenan
Kelcogel BF	Kelco	Gellan gum
Kel-Lite	Kelco	Xanthan/Guar gum blend
Litesse[R] Litesse[R] II	Pfizer Food Science	Polydextrose
Natureal	Alko	Oat starch, oat fiber
N-Lite[TM]	National Starch and Chemical Co	Starch
Novagel[TM] NC 200	FMC Corp	Microcrystalline cellulose+ carageenan
Nutricol[R]	FMC Corp	Konjac flour gel
Paselli Excel	Avebe	Maltodextrin
Pretested Colloid No Fat 102	TIC Gums	Gum arabic, modified starch, and alginate blend
Raftiline[R]	Orafti	Inulin
Raftin creaming[R]	Tiense Suikkerraffinaderij Serviccs	Inulin
Slendid[TM]	Hercules	Pectin gel
Solka Floc[R]	James River Corp	β-1,4-Glucan polymer
Stellar[TM]	Amylum	Maize starch
Trim Choice (Oatrim)	A. E. Staley Manufacturing Co. (ConAgra Specialty Grain Products)	β-Glucans(dextrins) from oat flour
Vitacel	J. Rettenmaier and sohne	Microfibrillated wheat fibers + maltodextrin

〈표 2-15〉 난소화성 올리고당(Roberfroid, 1999)

Name (abbreviation)	Chemical structure	Osidic bond	Origin	Trade name
Fructooligosaccharides (FOS)				
Inulin	Glucosyl (fructosyl)$_n$ fructose(n = 2 → 20) Glucosyl (fructosyl)$_n$	$\beta 1 \rightarrow 2$	Plant	Raftiline® Fibrulin®
Oligfructose	Fructose (fructosyl)$_m$ fructose (n = 1 → 6, m = 2 → 7)	$\beta 1 \rightarrow 2$	Plant and enzymatic hydrolysis of inulin	Raftilose®
Neosugar	Glucosyl (fructosyl)$_n$ fructose (n = 1 → 3)	$\beta 1 \rightarrow 2$	Enzymatic synthesis from sucrose	Neosugar® Actilight®
Galactooligo-saccharides (GOS or TOS)	Glucosyl (galactosyl)$_n$ galactose (n = 1 → 3)	$\beta 1 \rightarrow 6$	Enzymatic synthesis from lactose	Oligomate®
Transgalacto-oligosaccharides	(Glucosyl)$_n$ galactose (n = 2)	$\alpha 1 \rightarrow 6$	Enzymatic synthesis from lactose	Cup-oligo®
Isomaltooligo-saccharides (IMO)	(Galactosyl)$_n$ glucose (n = 2 → 7)	$\alpha 1 \rightarrow 4$	Enzymatic rearrangement of maltose	Isomalto®
Palatinose Condensates(PC)				
Polydextrose	Randomly branched + citric acid (n = 2 → 100?)		Glucose Pyrolysis-citric acid	Polydextrose®
Pyrodextrins	Complex mixture		Pyrolysis of com or potato starch	
Sololigosaccharides (SOS)	Rafficose + stachy-ose (n = 3 → 4)		Enzymatic synthesis + Pyrolysis	Soya-Oligo®
Xylooligosaccharides (XOS)	(Xylosyl)$_n$ xylose (n = 2 → 4)	$\beta 1 \rightarrow 4$		Xylooligo®

위의 <표 2-15>에서 보듯이 지방대체재의 종류가 많고 다양한 식품에서 이용되고 있다는 것을 알 수 있다. 지방대체재로 이용되는 다양한 물질들은 탄수화물계 물질이 가장 많고 이어서 단백질계 지방질계 순서로 많이 이용되고 있다는 것을 알 수가 있다. 응용되는 식품의 종류는 지방의 함량이 높은 육제품이나 유제품과 같은 동물성 식품이나 스낵, 크래커, 마요네즈, 샐러드 그리고 기름에 튀기는 제품 등에서 지방대체재가 사용되고 있는 것을 알 수 있다.

미국 Kraft사는 1930년대에 지방대체재로 전분 젤을 이용하여 Miracle Whip이라는 샐러드드레싱을 개발하였다. Nabisco사는 RBD(refined, bleached, deodorized) 기술을 이용한 대두유를 개발하여 트랜스지방산의 함량을 낮춘 크래커 Snackwells를 개발하였다. 또한 제품을 제조한 이후 원심분리 공법으로 지방을 제거한 크래커 Ritz를 개발하였으나 맛과 품질은 다소 감소한 것으로 평가받고 있다. 한편 미국의 경우, 지방대체재 기술 또는 저지방 기술을 이용하여 애완동물용 식품도 개발되어 판매 중에 있다는 것도 매우 흥미로운 사실이다.

〈그림 2-20〉 현재 국내·외 시판 중인 지방대체재 기술 또는 저지방 기술을 이용한 제품

현재까지 상업적으로 개발된 지방대체재 기술을 이용하여 식품을 제조할 경우 조직감이나 풍미의 감소를 피할 수 없기 때문에 지방의 일부분을 지방대체재로 사용하는 경우가 대부분이다.

Olestra

지방을 대체하기 위한 대표적인 물질로서 상품명 Olean으로 알려진 Olestra가 있다.

Olestra는 1968년 미국의 P&G 연구소의 Mattson과 Volpenhein에 의해 우연히 발견되어졌으며, 맛이나 느낌이 일반 지방과 매우 유사하며, 일반적인 지방산의 기능과 유사하여 지용성 비타민을 용해할 수 있다. 보통 중성지방은 하나의 글리세롤에 세 개의 지방산이 결합한 형태를 가지고 있으나 Olestra는 수크로오스에서 합성되었기 때문에 하나의 글리세롤에 6~8개의 지방산이 결합한 형태를 가지고 있다. Olestra는 방사형으로 나열된 구조를 가지기 때문에 소장 내에서 소화, 흡수가 어려워지게 되므로 저지방 식품을 제조하는 데 많이 이용되었으며, 특히 튀김용 기름으로 현재까지 이용되고 있다. 또한 지용성 비타민뿐만 아니라 콜레스테롤과 결합하는 작용이 있어 콜레스테롤을 저하시키는 약품으로 허가받았다. 뿐만 아니라 다이옥신과 결합하여 체외로 배출하는 효능이 발견되기도 하였다.

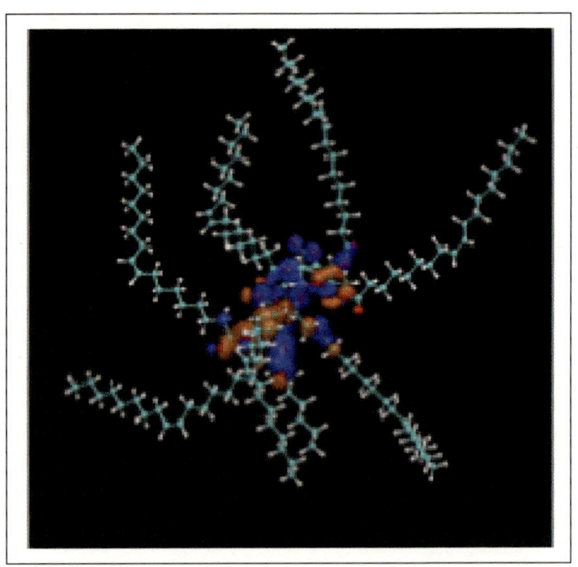

〈그림 2-21〉 Olestra의 구조(Wikipedia, 2010)

Olestra는 1996년 FDA 승인을 받았으며 감자칩을 튀기는 용도로 가장 먼저 이용되었으며, 과자제조 업체인 Frito-Lay에서는 감자칩을 튀기는 기름으로 현재까지 이용하고 있으나 그 사용량은 점차 줄어들고 있는 추세이다.

Olestra는 일부 영양소나 비타민의 흡수를 방해하기 때문에 지용성 비타민을 첨가하여 사용하고 있으며, 설사나 지방변과 같은 부작용으로 인하여 사용 초기에 FDA에서는 복통이나 설사의 위험이 있다는 경고 문구를 삽입하게 하였으나, 2003년부터 Olestra 사용에 대한 경고문구의 표기의무를 해제했다. 그러나 영국이나 캐나다를 비롯한 많은 나라에서는 아직도 Olestra의 사용을 금지하고 있다(이상 Wikipedia, 2010). Olestra의 예에서처럼 난분해성 또는 난흡수성 지방이 함유된 식품만을 과량 섭취 시에는 지용성 비타민의 섭취가 감소할 수 있기 때문에 지용성 비타민이 부족하지 않도록 해야 하며, 다량의 지방이 소화되지 않고 배설될 경우 소화불량과 함께 지방이 과량 함유된 지방변을 배설하는 부작용이 생길 가능성이 존재한다.

〈표 2-16〉 지방대체재의 기능과 지방대체재를 사용한 식품(Wylie-Rosett, 2002)

Type of Fat Substitute	Nutrient Source (Engrgy Density)	Functional Properties	Use in Food
Derived from carbohydrate			
Poly dextrose	Water-soluble polymer of dextrose (1 cal/g)	Bulking and retaining moisture	A wide range of foods, including baked goods, confections, frozen desserts, and salad dressings
Modified food starch	A variety of starch sources (1-4 cal/g)	Modifying texture, gelling, thickening, and stabilizing	Processed meats, salad dressing, baked goods, frozen desserts, etc.
Dextrin and maltodextrins	A variety of starch sources (4 cal/g)	Modifying texture and bulking	Baked goods, dairy products, salad dressing, sauces, spreads, and other products
Gums and pectin	Zanthan, guar, locust bean, carrageenan, alginates, and fruit (virtually noncaloric)	Retaining moisture and modifying texture and mouth feel	Wide range of products, including baked goods, sauces, and salad dressings
Cellulose	Various plant sources (virtually noncaloric)	Modifying mouth feel, texture, and pouring qualities	Dairy products
β-Glucan	Soluble fiber extracted from oats (sometimes barley)(1-4 cal/g)	Adding body and texture	Baked goods and a variety of other food products
Derived from protein			
Microparticulated protein and modified whey	Denatured or microparticulated protein from egg or milk (1-4 cal/g)	Modifying mouth feel	Dairy products, spreads, and bakery products
Derived from fat			
Olestra	Sucrose poly ester with triglycerides (not absorbed) (noncaloric)	Modifying texture and mouth feel	Savory snacks (stable for fried foods)
Caprenin and salatrim	Caprylic, capric, and behenic acid and glycerine, or triglyceride of short- and long-chain fatty acids (5cal/g)	Simulating properties of cocoa butter	Confections, baked goods, and dairy foods
Mono- or diglycerides	Derived from vegetable oil and emulsified with water (9 cal/g; reduces quantity of fat needed)	Adding moisture and modifying texture and mouth feel	Baked goods, vegetable dairy replacers

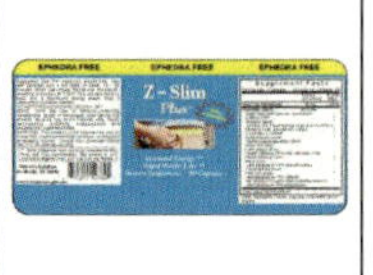

〈그림 2-22〉 Z-Trim 로고 및 제품

Z-Trim

USDA의 Dr. George Inglett는 난분해성 옥수수 섬유를 이용하여 Z-Trim이라는 지방대체재를 개발하였는데, 부피나 수분함량, 조직감 또는 구조 등이 지방과 매우 흡사하며 젤의 형태를 가지고 있어 여러 식품에 이용될 수 있다. 그러나 대부분의 식품에서는 지방의 일부를 대체하는 목적으로 사용되고 있으며, 50% 이상의 지방대체 효능이 있는 것으로 알려져 있다. Z-Trim을 사용하고 있는 식품으로는 버터, 크림치즈, 케이크, 샐러드드레싱, 딥핑소스, 마요네즈, 초콜릿 또는 쿠키 등이 있다. Z-Trim은 96%의 수분과 옥수수 껍질에서 추출한 4%의 섬유소를 이용하여 제조한 젤 형태의 제품이며, 파우더로 제조하여 사용하기도 하는데, 자신보다 25배 이상의 많은 수분을 보유하는 능력을 가지고 있다. 수분을 함유하는 능력이 큰 Z-Trim으로 지방을 대체할 경우 식품에 함유되는 수분의 함량을 높일 수 있는 장점이 있다. Z-Trim 그 자체는 향이나 맛이 거의 없으므로 지방을 대체하여 첨가하기에 매우 용이하고 열에 강하지만 튀김용으로 사용하기에는 적당하지 않다. Consumer Reports의 조사결과에 의하면 Z-Trim으로 지방을 대체한 제품과 일반 제품과의 풍미의 차이가 크지 않은 것으로 나타났는데, 75%의 지방을 Z-Trim으로 대체한 마요네즈에서도 소비자들은 맛의 차이를 감별하지 못한 것으로 조사되었다. 뿐만 아니라 Z-Trim은 난분해성 물질로 열량이 매우 낮고 섭취에 의한 부작용은 없는 것으로 알려지고 있다.

Inulin

Inulin은 금불초, 민들레, 마, 뚱딴지, 치커리, 우엉, 양파, 마늘, 야콘 또는 용설

란과 같은 식물의 뿌리나 줄기 등에 존재하는 다당류의 한 종류로서 다양한 식품에 이용되고 있다. Inulin은 소장에서 소화가 되지 않지만 대장에서 젖산균에 의해 발효된다. 뿐만 아니라 대장에서의 유익한 박테리아의 성장을 촉진하고 칼슘과 마그네슘의 흡수를 촉진시키는 작용을 하며, 혈중 콜레스테롤과 중성지질의 함량을 감소시키는 효능을 가진다. 다양한 연구에서 inulin은 변비개선, 장질환 예방, 혈중 콜레스테롤 및 지방 감소 또는 혈당강하작용 등이 보고되고 있다. Inulin은 사람의 소화효소에 의해 소화가 되지 않기 때문에 최근 고지방 식품에서 지방대체재로 많이 이용되고 있으며, 젤을 형성하는 능력으로 인해 지방과 비슷한 조직감과 식감을 가지고 있다. 그러나 약간 단맛도 가지고 있으며 설탕 대체재를 제조할 때 이용되기도 한다. 저지방 소시지나 요구르트를 제조할 때 지방을 대체하여 inulin을 첨가하면 관능적 품질에 영향을 주지 않으며, 다음의 그림에서처럼 저지방 및 저열량 제품을 생산할 수 있을뿐만 아니라, 수분을 함유하는 능력으로 인해 최종제품의 수율을 높일 수 있는 장점도 있다. 다음의 그림에서는 microfluidizer를 이용하여 inulin의 사이즈를 감소시켰을 때 inulin의 점성이 증가함으로 인해 요구르트나 마가린에서 지방 대체재로 사용될 수 있는 것을 볼 수 있다. Inulin의 사이즈나 함량의 조절을 통하여 지방과 가장 유사한 이화학적 성질을 가지는 inulin을 제조할 수 있을 것이다.

Photographic representation of inulin dispersions at a concentration lf 15%(w/w). Left side: microfluidized inulin dispersion after two passes at 30 MPa and one hour rest. Right side: non-microfluidized inulin dispersion after one hour rest.

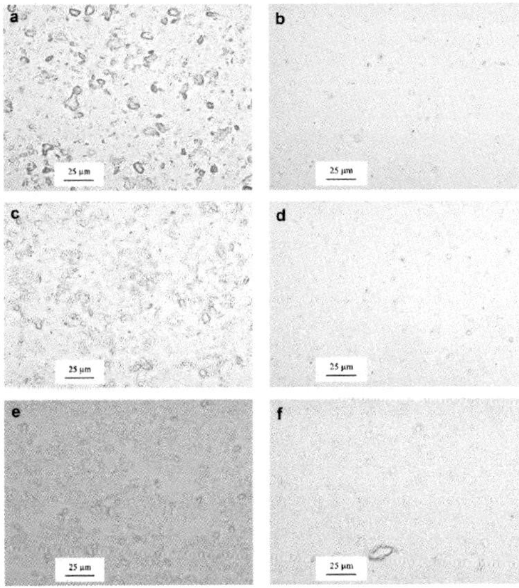

Optical microscopy photos of non-microfluidized (a, c, e) and microfluidized (b, d, f) inulin dispersions (5 passes at 30 MPa) at a concentration of 2 (a, b). 7 (c, d) and 15% (w/w) (e, f). The scale bar represents 25 μm.

〈그림 2-23〉 Microfluidizer의 이용 유무에 따른 inulin의 물리적 성질(Ronkart 등, 2010)

<표 2-17> Inulin을 첨가한 소시지의 성분함량, 지방감소량 및 열량(Mendoza 등, 2001)

Batch	Days	Water	Protein	Fat	Ash	Carbohydates		Fat reduction	Caloric value (kcal/100g)
						Sausage[a]	Soluble dictctic fibre		
Control high fat	0	62.0	14.9	18.5	3.3	1.3			
	21	36.1	24.0	31.6	5.2	3.1			392.2
Control low fat	0	70.3	17.5	7.4	3.4	1.4			
	21	36.9	36.2	16.3	7.1	3.5		48.5	305.7
R1	0	65.7	16.1	6.4	3.1	1.7	7.0		
	21	34.5	33.5	11.0	6.1	3.0	11.8[b]	65.3	257.1
R2	0	67.5	12.4	6.6	2.7	1.8	6.0[c]		
	21	34.5	34.1	12.0	5.8	4.3	9.3[b]	55.9	271.0
R3	0	61.4	13.6	6.8	3.0	1.7	11.5		
	21	35.5	27.3	11.2	5.1	4.0	16.9[b]	64.6	242.9
R4	0	66.6	12.0	6.0	2.1	1.4	10.0[c]		
	21	35.7	27.6	12.6	5.5	3.0	15.6[b]	60.1	251.5

[a] Calculated by difference.
[b] Calculated according to the loss of water.
[c] Added in aqueous solution.
R1 = 7% inulin, R2 = 6% inulin, R3, 11.5% inulin, R4 = 10% inulin.

Salatrim

Salatrim은 에스테르 교환반응시킨 triacetin, tripropionin 또는 tributyrin을 수소화 반응시킨 카놀라유, 대두유, 면실유, 해바라기유와 혼합하여 제조하는데, Salatrim은 글리세롤에 결합된 지방산의 사슬 길이가 일정하지 않기 때문에 장 내에서 흡수가 잘 일어나지 않는다는 장점이 있다. 지방산의 구성은 그 변이가 매우 크며, 약 30~67% 수준의 단쇄지방산과 33~70%의 장쇄지방산을 가지는데, 장쇄지방산 중에서 가장 많은 양을 차지하는 지방산은 stearic acid이다. Salatrim은 실온에서 고체로 존재하지만 융점은 16~71℃로 지방산 사슬의 구조에 따라 매우 편차가 크다. 또한 Salatrim은 지방산의 구조에 따라 열량의 차이가 크기는 하지만 대략 5~8Kcal/g 정도의 열량을 나타내어 9Kcal/g인 일반 지방이나 유지에 비해 열량이 낮다. 일반적으로 Salatrim에 사용되는 단쇄지방산은 acetic acid, propionic acid 또는 butyric acid 등으로 열량은 각각 3.5, 4.9 그리고 5.9Kcal/g이다(Christophe, 1998). 중쇄지방산과 장쇄지방산은 stearic acid, arachidic acid, oleic acid, behenic acid 또는 lignoceric acid 등으로 열량은 각각 9.3, 9.5, 9.4, 9.7 그리고 9.8Kcal/g이다(Christophe

등, 1998). 즉 지방산을 구성하는 탄소의 개수가 적을수록 열량이 낮은 경향을 나타내게 되는데 Salatrim은 단쇄지방산이 많아 일반적인 중성지방과 비교했을 때 약 55% 정도 열량이 낮은 것으로 보고되고 있다. 예컨대 85~90%의 지방을 Salatrim으로 교체할 경우 38~40%의 열량이 감소하는 결과를 가져온다. 특히 Salatrim에 함유된 acetic acid, propionic acid 또는 butyric acid와 stearic acid는 체내 소화율이 낮은 지방산으로 알려져 있다. FDA는 초콜릿칩과 캔디와 같은 과자에 사용하도록 허가하고 있으며 사용량을 제한하지 않고 있다. Salatrim은 Nabisco, P&G, Hershey사의 초콜릿 캔디 제품에 많이 이용되고 있는데 대표적인 제품이 Nabicos사의 Snack Well's이며, Hershey사는 저지방 칩과 쿠키에 적용하고 있다. 일본에서는 구운 빵에 많이 이용하고 있고 타이완은 아이스크림에 사용하고 있다. 현재까지 Salatrim 섭취에 의한 큰 부작용은 보고되지 않았으나 일부 동물실험에서 약한 독성이 보고되기도 하였고, 약간의 위장 불쾌감이나 간 기능 효소의 작용에 영향을 미치는 것으로 보고되고 있다. 그러나 유럽연합의 SCF(Scientific Committee on Foods)와 영국의 ACNFP(Advisory Committee on Novel Foods and Processes)의 조사결과 일일 30g 수준으로 섭취했을 때 특별한 불쾌감 등은 나타나지 않아 일일 30g 이하의 수준으로 섭취할 것을 권장하고 있다. 또한 Salatrim은 Olestra와 달리 체외로 지방이 배설되는 설사증상이나 지용성 비타민의 흡수를 방해하는 작용이 없는 것으로 알려져 있다.

<표 2-18> Salatrim의 종류와 지방산의 구성(www.inchem.org)

Salatrim family	Short-chain source	Long-chain source	Molar ratio
4CA	Tributyrin	Hydrogenated canola oil	2.5:1
4SO	Tributyrin	Hydrogenated soya bean oil	12:1
23CA	Triacetin, tripropionin	Hydrogenated canola oil	11:1:1
23SO	Triacetin, tripropionin	Hydrogenated soya bean oil	11:1:1
32CA	Tripropionin, triacetin	Hydrogenated canola oil	11:1:1
43SO	Tributyrin, tripropionin	Hydrogenated soya bean oil	11:1:1
234CS	Triacetin, tripropionin, tributyrin	Hydrogenated cottonseed oil	4:4:4:1
234CA	Triacetin, tripropionin, tributyrin	Hydrogenated canola oil	4:4:4:1
234SO	Triacetin, tripropionin, tributyrin	Hydrogenated soya bean oil	4:4:4:1

영국의 조사결과에 의하면 유제품이나 크래커에서는 1~2g/100g 수준으로 사용되고 있으며, 마가린의 경우 80g/100g 수준으로 Salatrim을 사용하고 있는 것으로 조사되었다. 또한 Salatrim의 일일 평균 섭취량은 11~13g/kg이며, 성인에 비해 초콜릿을 비롯한 과자의 섭취량이 높은 청소년이나 어린이에서 Salatrim의 섭취량이 높은 것으로 조사되었다(www.inchem.org). Salatrim은 소장 내에서 흡수가 느리고 열량이 낮기 때문에 지방대체재로 많이 이용되고 있으나 현재 국내에서는 사용되는 예가 거의 없는 것으로 알려지고 있다.

〈표 2-19〉 Salatrim을 비롯한 다양한 지방의 소화율(Livesey 등, 2000)

Source	Species	Intake (g/d)	Apperent digestibility[a](%)	Reference
Stearic acid from various sources				
Corn oil	Men	2.6	57	Mitchell et al. (1989)
Olive oil	Men	3.7	68	Denk and Grundy (1991)
Mixed triglycerides	Men	4.2	60	Olubajo et al. (1986)
Palm oil	Men	4.5	94-98	Dougherty, Allman and Iacono (1995)
Mixed triglycerides	Men	6	82	Olubajo et al. (1986)
Mixed triglycerides	Men	8	85	Olubajo et al. (1986)
Butterfat	Men	12.4	90	Denk and Grundy (1991)
Mixed triglycerides	Men	13.4	87	Olubajo et al. (1986)
Mixed triglycerides	Men	14.2	88	Olubajo et al. (1986)
Shea butter	Men	23	86-93	Dougherty, Allman and Iacono (1995)
Beef tallow	Men	24	94	Denk and Grundy (1991)
Salatrim 23CA A014	Women	26	72	Finley et al. (1994a)
Salatrim 23CA A014	Men	34	64	Finley et al. (1994a)
	Mean	30	68	Finley et al. (1994a)
Tristearin	Men	11-14	34-96	Emken (1994)[b]
Cocoa butter	Men	41	92	Denk and Grundy(1991)
Cocoa butter	Men	44	81	Mitchell et al.(1989)
Mixed triglycerides from traditional foods				
Meat, eggs, spreads	Men and women	Various[c]	95	Merill and Watt(1955)
Cereals, vegetables	Men and women	Various[c]	95	Merill and watt(1955)

[a]Apparent digestibility coefficients at low intakes may be unrepresentative of the stearic acid source because of confounding by losses of en-dogenous stearate
[b]Approximaations based on Plasma measurements
[c]As applicable to mixed diets with fat intakes of~60-120 g fat daily.

Component	Relative mass in Salatrim (g per g total fatty acid)	Digestibility (g/g component)	Available weight (g/g total fatty acid)	Available weight as LCT equivalents/g total fat
(Water of condensation)	-0.122		-0.122	-0.041
Water of condensation in faecal fatty acids	0		-0.015	-0.015
Glycerol	0.208	1.00	0.208	0.069
C22:0	0.011	0.288	0.003	0.003
C20:0	0.029	0.416	0.012	0.012
C18:1	0.010	0.94	0.009	0.009
C18:0	0.663	0.68	0.451	0.451
C16:0	0.030	0.85	0.026	0.026
C4:0	0.000	1.00[a]	0.000	
C3:0	0.032	1.00[a]	0.032	
C2:0	0.225	1.00[a]	0.225	
Total(g/g total fatty acids)	1.086	–	0.829	0.515
Total(g/g Salatrim)	1		0.76[b]	0.47[c]

[a] Data assumed as shown, other data from Finley et al. (1994b).
[b] Mass digestibility of Salatrim 23CA = 0.78 g/g Salatrim 23CA.
[c] Mass digestibility of Salatrim 23CA = 0.49 g LCT equivalents/g Salatrim 23CA.

Caprenin

Caprenin은 Salatrim과 유사한 형태로 중성지방에서 글리세롤에 결합된 세 개의 지방산 중 두 개의 지방산이 중간사슬 지방산이고 세 번째 지방산은 behenic acid로 구성되어 있다. Caprenin은 behenic acid를 약 50% 정도 함유하고 있는데, 산화에 비교적 안정하고 소장 내에서 흡수가 잘 되지 않으며 약 4~5kcal/g 정도의 열량을 가진다. Caprenin은 P&G사에서 코코아 버터의 지방대체재로 이용되었으나 혈중 콜레스테롤 함량을 일부 증가시키는 작용을 하기 때문에 산업체에서 이용이 제한적이다.

〈표 2-20〉 Caprenin의 소화율(Livesey 등, 2000)

Component	Relative mass in Caprenin (g/g total fatty acid)	Digestibility (g/g component)	Available weight (g/g total fatty acid)
(Water of condensation)	-0.093		-0.083
Water of condensation in faecal fatty acids	0		-0.019
Glycerol	0.142	1.00	0.142
C24:0	0.007b	0.148[b]	0.001
C22:1	0.002b	0.940[b]	0.002
C22:0	0.450b	0.288[b]	0.130
C20:0	0.040b	0.416[b]	0.017
C18:0	0.003b	0.550[c]	0.003
C12:0	0.003b	0.98[d]	0.003
C10:0	0.263b	0.98[d]	0.258
C8:0	0.231b	0.98[d]	0.226
Total (g/g total fatty acids)	1.058		0.682
Total (g/g Caprenin)	1		0.65

[a] Mass digestibility of Caprenin= 0.65 g/g Caprenin.
[b] Data from Peters et al. (1991).
[c] Value interpolated from a plot of digestibility vs saturated fatty acid chain length using the above data.
[d] Value based on the observations of Dougherty et al. (1995).

Simplesse

Simplesse는 유청단백질로 제조한 저열량 지방대체재로 분말형태이며, 콜로이드 형태를 가지기 때문에 유제품에서 지방과 유사한 형태와 작용을 가진다. 주로 유제품이나 샐러드드레싱, 마가린, 커피크림 또는 수프 등에 지방을 대체하여 이용된다. Simplesse는 마이크로 사이즈(0.1~2μm)의 미립자이기 때문에 단백질이 응집되는 것을 방지하고 지방구와 유사한 사이즈를 가지기 때문에 물리적인 작용두 비슷하다. 제품에서는 유청단백질, 유단백질 등으로 표기한다.

<표 2-21> Simplesse 첨가에 따른 치즈의 관능적 특성의 변화(Koca와 Metin, 2004)

		Meltability		Sensory Properties			
		Flow distance (mm)	Schreiber test	Appearance	Texture	Flavour	Overall acceptability
Treatment ($n=15$)	FF[1]	115.7^a	7.13^c	4.08^a	3.96^c	3.92^c	3.96^a
	LF	74.6^b	1.71^{ab}	3.65^b	2.88^a	2.97^a	2.93^c
	SM	55.1^b	2.05^{ab}	4.14^a	3.46^b	3.51^b	3.49^b
	DL	67.2^b	1.57^a	3.90^{ab}	3.14^{ab}	2.97^a	2.96^c
	RF	89.0^{ab}	2.79^b	3.66^b	3.42^b	3.32^{ab}	3.29^b
Significance of F		0.000*	0.000*	0.000*	0.000*	0.000*	0.000*
Storage time ($n=15$)	1.	66.6	2.08^a	3.8.3	3.29	3.35^{ab}	3.32^{ab}
	7.	94.0	3.33^b	3.97	3.48	3.41^{ab}	3.43^a
	30.	89.7	3.39^b	3.99	3.56	3.62^b	3.55^a
	60.	77.5	3.48^b	3.94	3.32	3.26^{ab}	3.25^{ab}
	90.	71.3	2.97^{ab}	3.70	3.21	3.07^a	3.08^b
Significance of F		0.196	0.006*	0.125	0.121	0.004*	0.005*

[abc]Means within a column without a common superscript differ ($p<0.01$). Lack of superscripts in a column indicates no significant differences among means ($p>0.01$)

[1]FF: full-fat cheese, LF: low-fat cheese, SM: low-fat cheese with Simplesse®D-100,DL: low-fat cheese with Dairy-Lo™, RF: low-at cheese with Raftiline®HP.

*$P<0.01$

기타 식품에서 지방대체재 연구

Frankfurter 제조 시에 돼지고기 지방 300g을 4g carrageen, 40g cassava starch, 160g whey protein 그리고 60g oat bran으로 대체했을 때 총지방의 함량이 각각 70%, 69.5%, 71.7% 그리고 70.6% 수준으로 감소되었으며, 콜레스테롤 함량도 감소하였으나, 관능적인 품질에는 일부 영향을 미칠 수 있는 것으로 나타났다(Sampaio 등, 2004).

요구르트 제조 시에 유지방을 대신하여 whey protein, microparticulated whey protein, tapioca starch를 첨가하였으며(Sandoval-Castilla 등, 2004), exopolysaccharide를 첨가하여 모짜렐라 치즈를 제조하였다(Ziau와 Shah, 2005).

쿠키를 제조할 때 사용되는 쇼트닝을 10%, 20% 그리고 30%의 사과찌꺼기에 추출한 수용성 펙틴 함유물로 대체했을 때 표면의 색이 밝고 연도가 증가하는 것으로 나타났다(Min 등, 2010).

지방의 2%를 감귤 섬유소로 대체하여 소시지를 제조했을 때 에너지가는 증가하였으나 콜레스테롤 함량은 감소하는 것으로 나타났다(Cengiz와 Gokoglu, 2005).

약 20%의 지방 중 13%를 귀리 섬유소로 대체하여 우육 패티를 제조하였을 때 지방 보유력과 수분함량이 증가되었으며 귀리 섬유소 첨가에 의한 관능적 특성에도 차이를 나타내지 않는 것으로 나타났다. 그러나 콜레스테롤 감소효능은 없는 것으로 나타났다(Piñero 등, 2008).

15%의 돼지 등지방을 33.5%, 50% 그리고 66.5% 수준의 올리브유로 대체하여 살라미를 제조하였을 때 살라미의 수분활성도와 조직감을 제외한 이화학적 특성과 관능적 특성에 영향을 미치지 않았고, 15%의 지방 중에서 33.5%를 올리브유로 대체한 살라미의 품질이 가장 좋은 것으로 나타났다(Severini 등, 2003).

10%의 지방 중 5%를 올리브유로 대체하여 Frankfurter 제조 시 포화지방산의 함량이 감소하고, 다가불포화지방산의 함량이 증가하였으며, 콜레스테롤 함량도 낮은 것으로 나타났다(López-López 등, 2009).

대두유 82.19%를 25, 50% 그리고 75%의 베타 글루칸으로 대체하여 마요네즈를 제조했을 때 베타 글루칸 대체에 의해 에너지 함량이 낮게 나타났고, 저장안정성은 높은 것으로 나타났다. 그러나 대두유 82.19%를 50% 이상의 베타 글루칸으로 대체했을 경우 관능적 품질이 감소하는 것으로 나타났다(Worrasinchai 등, 2006).

10%의 돼지고기 등지방을 첨가하여 우육 패티를 제조 시 돼지고기 등지방의 50%와 100%를 올리브유로 제조한 유화물로 대체하였을 때 올리브유 유화물의 첨가는 우육 패티의 조직감, 외관 및 다즙성을 개선시키는 것으로 나타났다(López-López 등, 2010).

지방의 함량을 20%, 12% 및 9%로 각각 조질한 frankfurter에서 지방의 5%를 올리브유와 산탄검 0.5%와 0.6%로 대체하었을 때 산탄검의 첨가는 frankfurter의 수분결합력과 제품수율 및 유화안정성을 증가시키고, 가열감량과 유수분리를 감소시키는 효능이 있는 것으로 나타났다. 그러나 올리브유를 대체했을 경우에는 이러한 효능은 없는 것으로 나타났으며, 연도와 부착성을 감소시키는 것으로 나타났으나 전체적인 기호성에는 올리브유 대체에 의한 차이가 없는 것으로 나타났다(Lurueña-Maritínez 등, 2004).

우육 meatball을 제조 시 5%, 10% 그리고 20%의 지방을 0%, 2% 그리고 4%의

whey protein으로 대체시켰을 경우 수분과 지방의 보존력을 증가시켰으며, whey protein의 대체에 의해 관능적 특성에도 차이가 없는 것으로 나타났다(Serdaroğlu, 2006).

돈육반죽을 제조 시에 첨가되는 지방 20%와 30%를 0%, 5%, 10% 그리고 15%의 포도씨유와 2%의 쌀겨섬유로 대체하였을 때 가열감량이 감소할 뿐만 아니라 유화안정성도 증가하여 포도씨유와 쌀겨섬유는 돈육 등지방을 대체할 수 있는 것으로 나타났다(Choi 등, 2010).

저지방 우육 frankfurter 제조 시 첨가되는 지방을 0.3%, 0.5% 그리고 0.7%의 카라기난과 20%의 펙틴젤로 대체하였을 때 제품의 수율과 보수력 및 유화안정성이 증가되었으며, 수분의 손실과 콜레스테롤 함량이 감소되는 것으로 나타났다(Candogan과 Kolsarici, 2003).

〈표 2-22〉 산업계에서 트랜스지방 저감화를 위해 사용되는 지방(Tarrago 등, 2006)

Product	Description	Recommended applications	TFA (%)	SFA[a] (%)	PUFA[b] (%)	Oleic (%)	Linoleic (%)	Linolenic (%)	Reference
Modification of chemical hydrogenation process									
Elite Vream RighT[c]	Partially hydrogenated shortening from soybean/Cottonseed Oils	Multiple uses	<6	25-29	NA[d]	NA	NA	NA	58
Elite Vreamay RighT[c]	Partially hydrogenated shortening from soybean/cottonseed Oils	Cakes and icings	<6	25-29	NA	NA	NA	NA	58
Elite Victor RighT[c]	Low *trans* margarine from soybean/ Cottonseed oils	All purpose marine	<6	25-29	NA	NA	NA	NA	58
Modification of fatty acid profile of oilseeds by plant breeding orgenetic engineering									
Clear Valley/Odyssey mid/high-oleic Canola Oils[e]	Mid/high-oleic canola Oil	High stability oils for industrial frying, baking, and blending With other fats	<1.5	6	NA	65-75	12-22	<3.0	76

| Product | Description | Recommended applications | Fatty acid profile | | | | | | Reference |
			TFA (%)	SFA[a] (%)	PUFA[b] (%)	Oleic (%)	Linoleic (%)	Linolenic (%)	
Clear Valley/Odyssey high-oleic sunflower oils[e]	High-oleic sunflower oil	High stability oils for industrial frying, baking, and blending with other fats	<1.5	8	NA	79	11	<0.5	76
NuSun[f]	Mid-oleic sunflower Oil	High stability oil for industrial frying, baking, and blending with other fats. Contains 66% RDA[g] for vitamin E	Trace	9	NA	65	25	<1.0	77
Natreon canola oil[h]	Mid-Oleic canola oil	High stability oils for industrial frying, baking, and blending with other fats	~1	7	18	74	NA	NA	83
Natreon high oleic sunflower oil[h]	High-oleic sunflower oil	High stability oils for industrial frying, baking, and blending with other fats	~1	10	7	>80	NA	NA	83
Trisun[i]	High-oleic sunflower oil	High stability oil for industrial frying, baking, and spray coating of cereals and dried fruits	Trace	8	NA	81	9	0.1	84
Nutrium Low Lin soybean oil[j]	Low linolenic soybean oil	High stability oil	0	NA	NA	NA	NA	<3	85
Vistive soybeans[k]	Low linolenic soybeans	NA	0	NA	NA	NA	NA	<3	86
Tropical oils									
Sans Trans 55[l]	palm oil bead flake shortening	Dry cake mixes, icing, and heat stabilizer	0	73	NA	NA	NA	NA	88
Sans Trans 50[l]	Palm oil flake shortening	Structuring fat for icing and bakery dry mixes	0	65	NA	NA	NA	NA	88
Sans Trans 45[l]	Palm oil plastic shortening	Cookies, crackers	0	55	NA	NA	NA	NA	88
Sans Trans 39[l]	Palm oil soft plastic shortening	Cakes, vegetable dairy products	0	50	NA	NA	NA	NA	88
Sans Trans Fry[l]	Palm oil soft plastic shortening	Frying	0	55	NA	NA	NA	NA	88
Sans Trans Liquid Fry[l]	Palm oil liquid shortening	Frying	0	45	NA	NA	NA	NA	88
Flake shortenings[m]	Palm and Palm kemel Oil shortenings	Baked goods (biscuits, cookies, Pizza dough)	0	NA	NA	NA	NA	NA	89
Zero-Trans Nutresca APS-96[n]	Palm and Palm kemel oil shortening	All-Purpose shortening	0	74	3	17	NA	NA	90
Palm Oil 81-20-R BD[n]	Refined Palm Oil	Baking, frying pasta shortenings, margarines	0.4	47	9	38	NA	NA	90
Nutreolin 64[n]	Prefractionated palm Oil with vitamins A and E	Baking, frying, shortenings coloring agent for margarines	0	43	14	43	NA	NA	90
Nutreolin 70[n]	Prefractionated palm Oil with vitamins A and E	Cooking, baking salad dressings	0	36	14	50	NA	NA	90

| | | | | Fatty acid profile | | | | | |
Product	Description	Recommended applications	TFA (%)	SFA[a] (%)	PUFA[b] (%)	Oleic (%)	Linoleic (%)	Linolenic (%)	Reference
NovaLipid line[o]	Palm oil, palm kernel oil, coconut oil Palm oleine, Palm stearine-based oils and shortenings	Ice cream, chocolate coating and filling, margarines, frying, bakery	0	NA	NA	NA	NA	NA	91
Interesterification									
Novalipid line[o]	Shortenings made from interesterified Soybean oil with fuly hydrogenated soybean and cottonseed oils	Wide range of baking applications (pastries,) cakes, cookies, breads)	<1	NA	NA	NA	NA	NA	91
Benefat Salatrim[p]	Low-energy triglyceride blend made by intersterification of acetic/propionic/ butyric triglycerides (short-chain), with long-chain triglycerides (stearic acid) derived from fully hydrogenated vegetable oil	Reduced-calorie baked Products, confectionery, chocolate coating, biscuit filling, nutrition bars	0	33-66	NA	NA	NA	NA	96
Enova[oq]	Edible oil with 80% diacylglycerides made by interesterification of soybean/canola oil-derived-unsaturated fatty acids with glycerol	Baking, grilling, frying, salads	0	4	50	36	NA	NA	99
Neobee MCT[r]	Medium-chain triglycerides oils/shortenings made by estenification of a blend of C8[s] and C10[t] acids fractionated from coconut and Palm kemel oils with glycerol	Nutritional Products, carrier for flavors, vitamins essential oils and color; baking, confectionery, margarines, spreads; coatings of dried fruits; beverages	0	100	0	0	0	0	101

Product	Description	Recommended applications	TFA (%)	SFA[a] (%)	PUFA[b] (%)	Oleic (%)	Linoleic (%)	Linolenic (%)	Reference
Neobee MLT-B[f]	Shortening made from interesterified medium-chain triglycerides, triestearin, and fully hydrogenated soybean oil	Baking, margarines, coatings, salad oils	0	100 C8: 30% C10:20% C16u:25% C18v: 25%	0	0	0	0	101
Vivola[w]	Edible oil made from medium-chain triglycerides, n-3 n-6, and	Cooking, baking,and salad dressing	0	65	NA	NA	NA	NA	103
Other fats									
Trans End 350[e]	Soft solid shortening made from high-oleic canola oil and fully hydrogenated cottonseed oil	Cookies, crackers, breads, pizza dough, cake mixes scones	<2	10-14	NA	NA	NA	NA	76
Trans End 370[e]	Shortening made from high-oleic canola oil and fully hydrogenated cotton seed oil	Cookies, biscuits, dough mix, doughnuts	<2	13-17	NA	NA	NA	NA	76
Trans End 390[e]	Solid shortening made from high-oleic canola oil and fully hydrogenated cottonseed oil	Pastries, biscuits, pie crusts	<2	18-22	NA	NA	NA	NA	76
Essence[n]	Nonhydrogenated shortening blends	Blending with other oils Cookies, pie crust, cakes, crackers, Pizza crust	<1	20-33	NA	NA	NA	NA	90

[a]SFA=saturated fatty acids
[b]PUFA=polyunsaturated fatty acids.
[c]Bunge Oils Inc (St Louis, MO).
[d]NA=not available.
[e]Cargill Inc (Minneapolis, MN).
[f]National Sunflower Association (Bismarck, ND).
[g]RDA=Recommended Dietary Allowance.
[h]Dow AgroSciences (Indianapolis, IN).
[i]Humko Oil Products (Cordova, TN).
[j]Dupont (Wilmington, DE) and Bunge Oils Inc (St Louis, MO).
[k]Monsanto Co (St Louis, MO).
[l]Loders Crocklaan (Channahon, IL).
[m]Golden Foods (Louisville, KY).
[n]Aarhus United (Port Newark, NJ).
[o]ADM (Decatur, IL).
[p]Danisco (Denmark).
[q]Kao Corp (Tokyo, Japan).   .
[s]C8=caprylic acid.
[t]C10=capric acid.
[u]C16=palmitic acid.
[v]C18=stearic acid.
[w]Forbes-Med Tech Inc (Vancouver, Canada).

Product	Manufacturer	Fat ingredients to reduce TFA	Reference
Frito Lay snack chips	Frito-Lay (Plano, TX)	High stability vegetable oils (eg NuSun)	81,104,105
Zero gram *trans*-fat Crisco shortenning	Smuckers (Orville, OH)	Blend of fully hydrogenated cottonseed oil, high stability Sunflower oil (NuSun), and soybean oil	82
Promise Light and Promise margarines	Lipton (Englewood Cliffs, NJ)	Interesterification of liquid vegetable oils with Palm and Palm kemel stearines	106
Land O'Lakes spreadable butter and soft baking butter	Land O'Lakes (St Paul, MN)	Blend of canola oil and cream	107
Goldfish crackers	Pepperidge Farm (Norwalk, CT)	Nonhydrogenated canola and sunflower (NuSun) oils	82
Fleischmann's margarine with olive oil	Fleischmann's (Omaha, NE)	Blend of olive oil, soybean oil and fully hydrogenated soybean oil	106
New, Improved Reduced-Fat Oreo, Golden Oreo Original, and Golden Uh Oh! cookies; Honey Maid Low-Fat Cinnamon Grahams, Newton Fat-Free Fig Chewy Cookies; Triscuit Whole Wheat Baked Crackers; SnackWell Fat-Free Devils Food Cookie Cakes; SnackWell Cracked pepper crackers	Kraft (Glenview, IL)	NA[a]	107
Zero *trans*-fat UTZ snacks	UTZ (Hanover, PA)	NA	108

[a]NA=not available

지방억제 식품의 연구

Studies on Lipid Reduction in Foods

03

1. 지방의 소화억제 기작

지방은 고에너지원으로서 인간이 생명을 유지하는 데 있어 필수불가결한 물질이다. 그러나 소득수준의 향상과 식단의 서구화로 인한 과도한 지방의 섭취는 심혈관 질환, 비만, 당뇨, 고지혈증 등 각종 생활습관병을 유발하는 원인이 되고 있다. 뿐만 아니라 미용 측면에서의 다이어트 열풍은 많은 사회적 비용을 지출하는 주요 원인이 되고 있다. 식품에 함유된 지방은 식품의 풍미에 크게 작용하기 때문에 식품을 생산하는 데 있어 지방의 함량을 줄이는 일은 결코 쉬운 일이 아니며, 지방을 효과적으로 대체할 만한 물질의 개발 또한 현재까지 그 한계가 분명히 나타나고 있다. 그러므로 지방의 함량을 줄이거나 지방을 대체할 수 있는 물질의 개발뿐만 아니라 지방의 생체 내 소화를 억제하는 것 또한 건강 측면에서 매우 중요할 것이다. 그러나 지방의 생체 내 소화를 억제시키는 것은 영양학적인 측면에서 때로는 위험을 초래할 가능성도 늘 내포하고 있다. 음식에 함유된 지방의 생체 내 소화, 흡수를 억제함으로써 과도한 지방의 체내 축적을 억제시킬 수 있으나 반대로 소화기 장애를 가져올 가능성도 배제할 수 없고, 때로는 영양소 섭취의 불균형을 초래할 수 있기 때문에 음식에 따라 신중하게 접근해야 할 필요가 있다. 현재까지 많은 학자들이 지방을 대체할 수 있는 대체 재료를 찾는 연구를 수행해 왔다. 그러나 지방이 갖는 이화학적인 특징을 모두 만족시킬 수 있는 대체재를 찾기란 매우 힘든 일이다. 뿐만 아니라 지방은 음식의 맛을 내는 가장 중요한 성분의 하나로서 지방의 함량을 조절할 경우 가공식품의 풍미가 감소하는 경우가 매우 많다. 음식은 영양소의 섭취라는 원초적인 목적뿐만 아니라 음식의 풍부한 맛은 우리의 삶을 윤택하게 하는 가장 기본적인 역할을 담당하고 있다. 따라서 지방을 완벽하게 대체할 수 있는 대체물질을 개발할 수 없다면 차라리 지방의 흡수를 줄여 체외로 배출하게 함으로써 지방의 체내 축적을 억제할 수 있다는 것이 식품에 함유된 지방의 소화를 억제시키는 가장 큰 이유이다.

인류는 오랜 기간 연구를 통하여 지방이 분해되고 흡수되는 기작을 밝혀왔다. 그러나 지방의 흡수를 억제시키는 효율적인 방법은 아직도 개발되지 못하고 있으며, 많은 연구자들에 의해 계속해서 연구되어지고 있다. 그러나 사실 지방의 체내 흡수를 억제시키는 기본적인 기작은 매우 간단하다. 즉 지방이 분해, 흡수되는 기작의 반대 기작이 바로 지방의 생체 내 흡수를 억제시키는 기작이 될 수 있을 것이다. 섭취한 음식물의 생체 내 소화 및 흡수를 억제하는 매우 다양한 방법이 존재할 수 있지만 위 내에서 음식물이 소화, 흡수되지 않고 오랜 시간 머무를 수 있게 하는 것이 가장 기본이 되는 방법이다. 장 내에 존재하는 소화물이 장 내에서 흡수되지 않고 더 오랜 시간 머무르게 하는 기본적인 원리로는 음식물의 농도를 높이는 방법, 팽창시키는 방법, 다공성 하이드로 겔을 형성하는 방법, 소화물의 상층으로 부유시키는 방법, 점착성을 높이는 방법 등이 있다.

첫 번째는 소화액의 농도를 높이는 방법으로 위 소화액보다 농도를 높여 소화물을 위장의 아래 부분으로 가라앉히는 것인데, 아래 부분으로 가라앉은 음식물은 소화액과의 혼합이 늦어지고 소화효소가 작용할 수 있는 기회가 감소하게 된다. 두 번째는 소화물의 사이즈를 확장시켜 위에서 흡수가 되지 못하게 하는 것으로, 음식물의 사이즈가 증가하게 되면 소화효소가 분해하는 시간이 길어지게 된다. 세 번째 다공성 하이드로 겔을 형성하는 방법은 모세관 현상에 의해 수분을 흡수함으로써 부풀어 오르게 하여 하이드로 겔을 형성시키는 방법이며, 하이드로 겔이 형성되는 정도는 드라이 겔의 함량에 따라 달라질 수 있다. 네 번째 소화물 상층으로 부유시키는 방법은 소화물의 농도를 위 소화액보다 가볍게 하여 음식물 상층으로 부유하게 하는 방법이다. 이렇게 소화물이 위 소화액 상층으로 부유하게 되면 소화효소와 접촉하는 면적이 줄어들기 때문에 위 내에서 소화가 감소하는 결과를 가져온다. 물론 이론적으로는 매우 간단하지만 실제로 지방의 생체 내 흡수를 억제시키는 기술의 개발은 매우 어렵다고 할 수 있다.

현재 시중에 판매되고 있는 체중조절용 식품의 많은 양이 과학적 효능이 완전하게 검증되지 않은 것들로서 소비자들의 건강을 위협할 뿐만 아니라 많은 경제적 지출을 유발하고 있다. 그러나 지금 현재에도 많은 연구자들에 의해 지방저감화 식품이나 기능성 물질의 효능에 관한 연구가 진행되고 있고, 앞으로 이러한 식품에 대한 연구를 지속함으로써 좀 더 안전하고 효능이 높은 식품이 개발될 수 있을 것이다. 본 장에서는 지방의 생체 내 흡수를 억제시키는 다양한 물질과 그 기작에 관해 살펴보고자 한다.

⟨표 3-1⟩ 체지방 억제 효능을 가진 기능성 소재(Pittler와 Ernst, 2004)

Reference	Design and Jadad score[2]	Intervention	Daily dose	Control	Duration	Subjects[3]	Body weight results (intergroup) (differences)	Adverse events in intervention group(no. of cases)	Control of lifestyle factors
Paranjpe et al (13)	Parallel, 3	Gokshuradi guggul Sinhanad guggul Chandraprabha vati	750 mg 300 mg 750 mg	Placebo	3 mo	70/48	$P < 0.05$ for all intervention groups	Diarrhea and nausea (8)	Patients received advice on diet and exercise dietary intake was not controlled
Wuolijoki et al (14)	Parallel, 3	Chitosan	2.4 g	Placebo	8 wk	51/51	NS	Constipation (5), diarrhea (1), swollen heels or wrists (2), headache (1)	Patients were instructed not to change their eating habits
Schiller et al (15)	Parallel, 5	Chitosan	3 g	Placebo	8 wk	69/59	$P < 0.0001$	Gastrointestinal discomfort including flatulence, stool bulkiness, bloating, nausea, heartburn	Patients were instructed not to change their eating or exercise habits
Pittler et al (16)	Parallel, 5	Chitosan	2 g	Placebo	4 wk	34/30	NS	Constipation (6)	Patients were instructed not to change their eating habits
Ho et al (17)	Parallel, 3	Chitosan	3.1 g	Placebo	12 wk	88/68	NS	Gastrointestinal symptoms (7)	No dietary restriction
Girola et al (18)	Parallel, 5	Chitosan *Garcinia cambogia*, and chrome	480, 110 and 38 mg	Half-dose or placebo	4 wk	150/144	$P < 0.01$	Nausea (3), headache(1)	Patients received a diet
Crawford et al (19)	Crossover, 3	Chromium niacin-bound	600 μg	Placebo	2 mo	20/18	NS	None	Patients received dietary consultation and exercised for 60 min $\geq$ 3 times/wk

Reference	Design and Jadad score[2]	Intervention	Daily dose	Control	Duration	Subjects[3]	Body weight results (intergroup) (differences)	Adverse events in intervention group(no. of cases)	Control of lifestyle factors
Heymsfield et al (20)	Parallel, 5	*G, cambogia*	3 g	Placebo	12 wk	135/135	NS	Headache (9) upper respiratory tract symptoms (16), gastro-intestinal symp-toms (13)	Patients were provided with a high-fiber 5040-KJ/d diet plan and asked not to change exercise habits
Ramos et al[4]	NR; NA	*G. cambogia*	1.5 g	Placebo	8 wk	40/NR	$P < 0.05$	NR	Patients were provided with a low-fat, 4200-6300-kJ/d diet
Mattes and Bormann (21)	Parallel, 4	*G. cambogia*	2.4 g	Placebo	12 wk	167/89	$P = 0.03$	NR	Patients were advised to consume a 5000-kJ/d diet; exercise was encouraged
Thom (22)	Parallel, 3	Hydroxycitric acid(*G. cambogia*)	1.32 g	Placebo	8 wk	60/NR	$P < 0.001$	Stomach pain (1)	Patients consumed a low-fat, 5000-kJ/d diet and were instructed to exercise 3 times/wk
Rothacker and Waitman (23)	Parallel, 3	*G. cambogia*. caffeine and chromium Polynicotinate	2.4 g. 150 mg, and 120 µg	Placebo	6 wk	50/48	NS	None	Patients were advised to consume a 5000-kJ/d diet
Kaats et al[4]	NR; NA	*G. cambogia* chromium Picolinate and L-carnitine	1.5 g, 600 µg, and 1.2 g	Placebo	4 wk	200/NR	Body weight not reported; $P < 0.01$ for fat	NR	Patients were Provided with a low-fat, high-fiber diet
Antonio et al (24)	Parallel, 4	*G. cambogia* calcium Phosphate, guggul extract, and L-tyrosine	750, 750, 750, and 750 mg	Placebo or no treatment	6 wk	20/18	NS	None	All patients were provided with a 7500-kJ/d diet Plan and exercised 3 times/wk
Thom (25)	Parallel, 5	*G. cambogia*, *Phaseolus vulgaris*, and inulin	0.3, 1.2, and 1.2 g	Placebo	12 wk	40/40	NR; $P = 0.001$ compared with base line	None	Patients were advised to consume a low-fat 5000-kJ/d diet
Walsh et al (26)	Parallel, 3	Glucomannan fiber	3 g	Placebo	8 wk	20/NR	$P < 0.005$	None	Patients were advised not to change their eating or exercise habits
Nissen et al (27)	Parallel, 3	β-Hydroxy-β-methylbutyrate	3 g	Placebo	4 wk	40/40	$P < 0.05$ for fat mass decrease and lean mass increase	NR	Patients exercised 3 d/wk

Reference	Design and Jadad score[2]	Intervention	Daily dose	Control	Duration	Subjects[3]	Body weight results (intergroup) (differences)	Adverse events in intervention group(no. of cases)	Control of lifestyle factors
Vukovich et al (28)	Parallel, 2	β-Hydroxy-β-methylbutyrate	3 g	Placebo	8 wk	31/NR	$P=0.04$ for fat mass decrease and $P=0.06$ for lean mass increase	NR	Patients exercised 2 d/ wk
Rodriguez-Moran et al (29)	Parallel, 4	Plantago Psyllium	15 g	Placebo	6 wk	125/123	NS	Good tolerance of Psyllium	Patients were advised to consume a 105-kJ $kg^{-1} \cdot d^{-1}$ diet
Kalman et al (30)	Parallel, 4	Pyruvate	6 g	Placebo	6 wk	26/26	NR; $P<0.001$ compared with baseline	NR	Subjects exercised 3 d/wk and were instructed to consume an 8400-kJ/d diet
Kalman et al (31)	Parallel, 3	Pyruvate	6 g	Placebo or no treatment	6 wk	53/51	NS	None	Subjects exercised 3 d/w k and were instructed to consume an 8400-kJ/d diet
Andersen and Fogh (32)	Paralle l, 3	Yerba mate guarana, and damiana	672, 570, and 216 mg	Placebo	45 d	47/47	Decrease of 5.1 kg (treatment) and 0.3 kg (palcebo); P NR	NR	Patients were instructed not to change their eating habits
Kucio et al (33)	Parallel, 2	Yohimbine	20 mg	Placebo	3 wk	20/20	$P<0.005$	None	Patients were advised to consume a 4200-kJ/d diiet
Sax (34)	Parallel, 4	Yohimbine	16-43	Placebo	6 mo	47/33	NS	Impaired sleep (3) nervousness (1) headache (1) arthralgia (1)	Patients were advised to consume a 7500-kJ/d diet and exercise 3 times/wk
Berlin et al (35)	parallel, 2	yohimbine	18 mg	Placebo	8 wk	19/19	NS	Undesirable events similar to those during inter-vention with Placebo	Patients were advised to consume a 4200-kJ/d diet

2. 식이섬유를 이용한 지방의 억제

식이섬유란 체내에서 소화가 되지 않는 탄수화물과 리그닌을 포함한 복잡한 물질을 말하지만 생물학적인 기원, 분자구조, 물리화학적인 특성 및 물리적인 효과에 따라 매우 다양한 방법으로 분류할 수 있다. 많은 연구에서 식이섬유의 섭취가 혈중 콜레스테롤이나 지방의 농도를 낮추는 효과가 있다고 보고되고 있다. 그러나 식이섬유의 종류와 특성에 따른 효능의 차이는 매우 크게 나타나고 있을 뿐만 아니라 식이섬유가 지방을 억제하는 기작도 정확히 밝혀지지 않고 있다. 일부 연구에서 불용성 식이섬유는 가용성 식이섬유에 비해 콜레스테롤 저하효과가 적은 것으로 보고되고 있다. 가용성 식이섬유의 종류에 따라 콜레스테롤 저하효과가 다르게 나타나는데 산탄검이 구아검에 비해 콜레스테롤 저하효과가 크며, 펙틴이 구아검에 비해 콜레스테롤 저하효과가 더 큰 것으로 보고되고 있다. 식이섬유에 의해 콜레스테롤을 포함한 지방이 감소하는 기작은 식이섬유가 담즙산과 결합함으로 인해 담즙산이 지방을 분해하는 역할을 감소시키는 것으로 요약할 수 있다. 뿐만 아니라 체내에서 소화되지 않는 식이섬유가 지방과 결합하거나 지방을 둘러싸게 되므로 지방이 지방분해 효소와 접촉할 수 있는 면적이 줄어들게 되기 때문에 지방의 분해와 흡수가 감소하고 체외로의 지방 배출이 증가되게 된다.

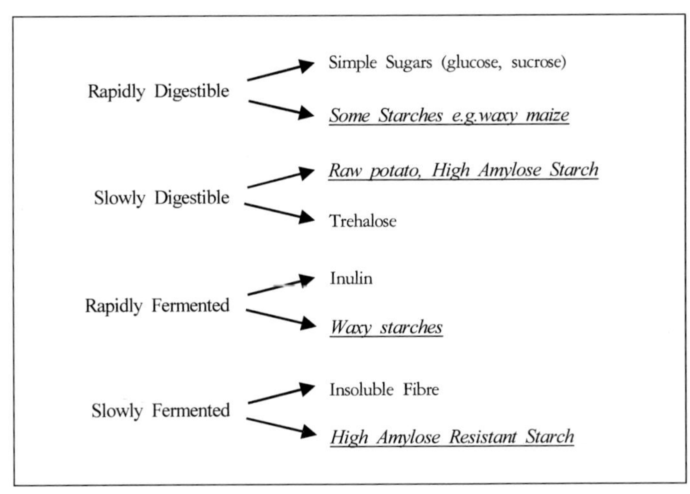

〈그림 3-1〉 탄수화물의 소화(Jeffcoat, 2007)

펙틴은 low methoxyl(LM)과 high methoxyl(HM) 펙틴으로 구분하는데 LM 펙틴은 칼슘의 존재하에서 HM 펙틴에 비해 콜레스테롤 저하효과가 큰 것으로 보고되고 있으며, 이는 LM 펙틴이 HM 펙틴에 비해 점도가 높기 때문이다. 또 다른 기작으로는 칼슘 이온이 펙틴의 전하(-COO-)와 담즙산의 전하(BA-) 사이에 염결합(salt bridges) 작용을 통해 담즙산과의 결합작용을 증가시키기 때문이다(Pandolf와 Clydesdale, 1992). 이와 반대로 칼슘이 존재하지 않는 경우 HM 펙틴이 LM 펙틴에 비해 담즙산과의 결합이 증가하는데, 이는 담즙산의 비극성 꼬리 부분이 더 친수성이기 때문에 담즙산과 펙틴 사이의 전기적 반발력이 적기 때문이다(Dongowski, 1997). 즉 펙틴에 의한 콜레스테롤 감소 효능은 펙틴이 담즙산과 결합하여 담즙산의 작용을 억제한 결과 지방의 분해가 감소하기 때문이며, 콜레스테롤뿐만 아니라 중성지방의 함량도 같은 기작을 통하여 감소시킬 수 있다. 또한 식이섬유의 점도가 증가할수록 지방 소화효소, 담즙산 또는 혼합된 마이셀 분자의 확산이 감소되고, 이러한 확산의 감소는 지방구 표면에 효소들의 이동이 감소되어 결과적으로 지방 또는 콜레스테롤의 장 내 흡수를 감소시키게 된다. 또한 소화기관 내에서 분자들의 확산 억제는 생고분자 물질의 그물조직과 그물조직의 세망 크기에 관련이 있다. 그물조직의 세망 크기에 따라 지방을 흡착하는 비율이 달라질 수 있기 때문에 지방이나 콜레스테롤을 흡수하거나 결합하는 정도에 차이가 발생할 수 있으며, 지방억제 효능은 식이섬유의 조직적 특성에 크게 영향을 받는다.

가용성 식이섬유가 지방을 저하시키는 가장 중요한 기작은 담즙산의 제거인데, 가용성 식이섬유가 담즙산의 마이셀과 복합체를 형성하여 흡수되지 않고 체외로 방출되기 때문이다. 그러므로 식이섬유에 의한 지방의 제거는 분변에서의 지방 함량을 증가시키는 기작에 의해 지방의 한 종류인 콜레스테롤 함량 또한 줄어들 수 있다. 좀 더 자세하게 설명하자면 식이섬유에 의해 담즙산이 체외로 배출되게 되면 간에 존재하는 콜레스테롤이 담즙산으로 전환되기 때문에 자연스럽게 콜레스테롤의 수치는 감소하게 되는 것이다. 즉 간에서는 콜레스테롤을 이용하여 담즙산을 합성하고, 이렇게 합성된 담즙산은 지방을 분해하는 데 이용된 후 다시 간으로 되돌아오게 되는데, 식이섬유에 의해 담즙산이 체외로 배출되면 간에서는 새로운 담즙산을 합성하기 위해 더 많은 콜레스테롤을 이용하므로 결국 콜레스테롤 함량이 줄어든다는 것이다.

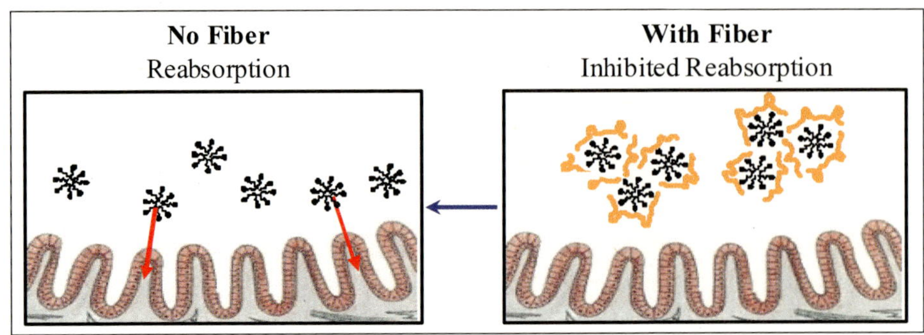

〈그림 3-2〉 식이섬유와 담즙산의 결합

그러므로 담즙산의 배출은 결국 담즙산과 식이섬유의 결합력에 달려 있고, 담즙산과 결합능력이 높은 식이섬유일수록 콜레스테롤 저하 효과는 크게 나타날 수 있다.

담즙산은 지방 표면에 작용하는 음이온과 소수성 부분으로 이루어져 있으며, 이는 식이섬유의 양이온($-NH_3^+$) 또는 비극성 그룹(aromatic or aliphatic)과 결합한다. 예컨대 키토산은 강한 양이온을 띠는 다당류이므로 정전기적 이끌림에 의해 담즙산과 쉽게 결합한다(Thongngam과 McClements, 2005). 이에 반해 메칠셀룰로오스는 친수성과 소수성을 모두 가지고 있는 다당류이므로 소수성 이끌림에 의해 담즙산과 결합한다(Clas, 1991).

음이온의 담즙산은 자신이 가지고 있는 양이온 염에 의해 음이온인 식이섬유와 결합할 수 있고, 칼슘 이온은 염의 결합을 통하여 양이온 펙틴과 양이온 담즙산을 결합시킬 수 있다. 즉 담즙산과 전기적 극성이 같아서 상호결합하지 못하는 식이섬유라 하더라도 칼슘과 같은 극성이 다른 물질의 존재에 의해 서로 결합할 수 있다. 아래의 그림에서 보듯이 담즙산을 식이섬유가 둘러싸게 됨으로써 담즙산이 지방을 분해하는 작용이 감소하게 된다.

식이섬유의 섭취에 의한 지방감소 효능은 식이섬유의 점도와 관련이 있다. 즉 식이섬유의 점도가 증가할수록 지방이나 콜레스테롤의 감소효능이 크게 나타날 수 있다. 식품의 점도가 증가하면 위나 소장에서 음식물의 이동 속도가 감소하게 되고, 분자와 효소, 담즙산 혹은 혼합된 마이셀과 같은 다른 성분들의 확산이 감

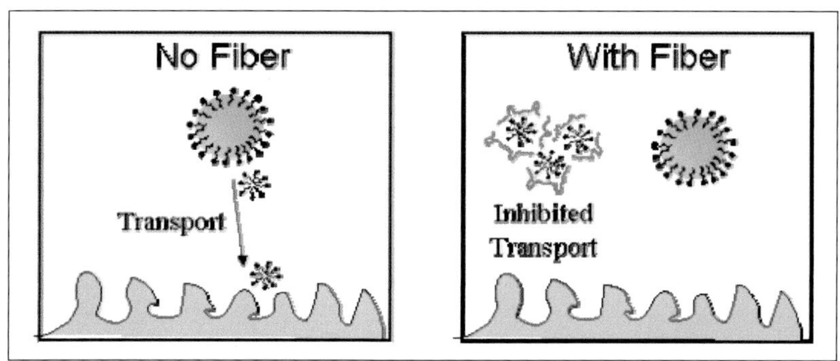

〈그림 3-3〉 식이섬유에 의한 지방의 억제

소되는 원인이 될 수 있다. 식이섬유에 의한 음식물 확산의 감소는 지방분해 효소가 지방구 표면으로 이동하는 비율을 감소시키고, 지방구 마이셀이 장 내 벽으로 이동하는 속도를 감소시키기 때문에 지방이나 콜레스테롤의 흡수가 감소하게 된다. 위의 그림에서 보듯이 식이섬유가 담즙산이나 지방을 감싸게 되어 지방이나 콜레스테롤의 장 내 흡수가 억제된다. 인슐린은 지방산이나 콜레스테롤, VLDL의 생성과 분비 또는 지질단백 분해효소의 활성과 발현의 항상성을 유지하는 데 중요한 작용을 하는데, 식이섬유는 식후 소장에서 글루코스의 유동성을 변화시켜 인슐린의 작용을 변화시킴으로써 당이 지방산이나 콜레스테롤로 전환되는 것을 억제시킨다.

수용성 식이섬유의 섭취는 경우에 따라 위나 소장에서 수분의 함량을 증가시키는데 수분의 증가는 소화물이 장 내에서 머무르는 시간을 감소시켜 지방의 소화를 억제시키는 작용을 한다. 즉 소화물이 장 내에서 머무르는 시간이 길어질수록 지방이 소화될 수 있는 기회가 증가되므로 수분의 증가에 의해 소화물이 장 내에 머무르는 시간이 감소되면 지방의 분해 및 흡수가 감소하게 된다. 이와 반대로 식이섬유에 의해 음식물이 소화기 내에서 소화되지 않고 오랜 기간 존재함으로써 지방의 소화를 억제시키는 경우도 있다. 이러한 효능의 차이는 식이섬유의 종류와 식이섬유의 함량 또는 식이섬유와 함께 섭취하는 음식물의 특성에 따라 차이가 발생할 수 있다.

일부 식이섬유는 장 내에서 지방구를 서로 응집시키는 작용을 하게 되는데 이렇게 서로 응집된 지방구는 지방분해 효소나 담즙산에 노출되는 면적이 감소한다. 또한 식이섬유는 지방구 표면을 감싸게 되어 지방구가 지방분해 효소나 담즙산에 노출되는 표면적이 감소하게 된다. 그러므로 식이섬유의 지방억제 효능은 지방구를 응집시키는 정도와 지방구 표면에 흡착되는 정도에 크게 영향을 받으며, 이러한 응집과 흡착은 전하, 분자량 또는 식이섬유의 구조에 의해 좌우된다(McClements, 2005). 실험동물과 임상실험에서 오트밀, 보리, 펙틴, 검, 소맥 등의 섭취는 지방의 분비를 2~4배 이상 증가시키는 것으로 나타났다.

〈표 3-2〉 과일과 곡류 부산물의 수분결합력(WHC: water holding capacity)과 지방결합력(OHC: oil holding capacity) 및 팽창력(SW: swelling)(Elleuch 등, 2011)

	WHC (g water/g)	OHC (g oil/g)	References
Orange dietary fibre concentrate	7.3	1.27	Grigelmo-Miguel and Martina-Belloso (1999b)
Peach dietary fibre concentrate	12.1	1.09	Grigelmo-Miguel and Martina-Belloso (1999a)
Date dietary fibre concentrate	15.6	9.75	Elleuch et al. (2008).
Lime peel	6.96−12.84	−	Ubando et al. (2005)
Defatted rice bran	4.89	4.54[a]	Abdul-Hamid and Luan (2000)
Sugarcane bagasse[b] (>0.3mm)	7.5	11.3	Sangnark and Noomhorm (2003)
Mango dietary fibres concentrate	11	1	Vergara-Valencia et al. (2007)
Carrot dietary fibre	18,6	5.5	Eim et al. (2008)
Asparagus by-products	11.4−20.3	5.28−8.53	Fuentes-Alventosa et al. (2009)

[a] ml/g fibres.
[b] Sugarcane bagasse: treatment with alkaline hydrogen peroxide (AHP).

Sources of fibres	Treatments	WHC (g water/g)	OHC (g oil/g)	SW (ml/g)	References
Wheat bran	Ground	2.8	1.6	−	Caprez et al. (1986)
	Coarse	2.7	1.2	−	
	Boiled (ground)	3.6	5	−	
	Autoclaved (ground)	2.8	2.3	−	
Winter cabbage	Ground	9.7	−	−	MacConnell, Eastwood, and Mitchell (1974)
	Coarse	12.7	−	−	
Algae (*Laminaria digitata*)	Particle size(μg) : 500-1000	17.4	13.8	−	Fleury and Lahaye (1991)
	125-250	20.8	15.6	−	
Carrot insoluble fibre	−Control(123μm)	12.5	1.92	18	Chau et al. (2007)
	−After micronisation Ball milling (12.4μm)	13	1.99	18.3	
	Jet milling(28.3μm)	12.6	3.22	25.7	
	High-pressure micronisation (7.23μm)	42.5	56	62.2	

Sources of fibres	Treatments	WHC (g water/g)	OHC (g oil/g)	SW (ml/g)	References
Coconut fibre	Paricle size(μm)				Raghavendra et al. (2006)
	−1127	5.56	3.83	17	
	−550	7.21	4.41	20	
	−390	4.42	4.81	18	
Sugar beet fibre	Native Series of extraction	26.5	−	11.5	Bertin et al. (1988)
	OEF	32	−	25.2	
	AEF	27.5	−	16.7	
	BEF	35.4	−	50.8	
Sugarcane bagasse	Native	4.98	3.26	−	Sangnark and Noomhorm
	AHB	9.76	5.06	−	(2003)
Pea hulls	AIR	7.4	−	5.2	Weightman et al. (1995)
	Depectinated	9.2	−	12.6	

AHB: alkaline hydrogen peroxide; OEF: oxalate extraction fibre; AEF: acid extraction fibre; BEF: basic extraction fibre; AIR: alcohol insoluble residue

뿐만 아니라 pH, 이온강도 및 온도 또한 식이섬유와 담즙산 또는 지방구의 응집과 흡착에 영향을 미친다. 아래의 그림에서 보듯이 pH 변화에 따라 키토산과 지방의 응집력이 매우 다른 것을 볼 수 있다.

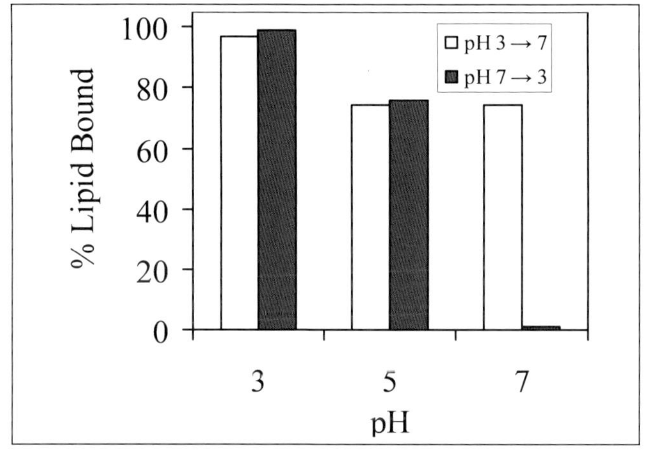

〈그림 3-4〉 pH 변화에 따른 키토산과 지방의 응집력

식이섬유의 섭취에 의한 콜레스테롤과 지방억제 기작을 요약하면 식이섬유와 담즙산과의 결합, 식이섬유에 의한 점도의 증가, 식이섬유에 의한 소화효소의 확산 억제, 식이섬유에 의한 수분과의 결합 억제, 식이섬유에 의한 흡수 및 분해 억

제 등이 있다. 펙틴을 비롯한 식이섬유가 지방을 억제하는 또 다른 기작은 섭취된 식이섬유가 대장에서 미생물에 의해 발효가 되어 짧은 사슬 지방산을 생성하기 때문에 간에서의 콜레스테롤 합성을 억제하는 기작이다(Jalili 등, 2006). 앞에서 설명한 펙틴이나, 구아검, 산탄검 또는 키토산뿐만 아니라 천연 식품에 존재하는 다양한 식이섬유 또한 담즙산과의 결합 능력을 가지므로 콜레스테롤 저하효과가 있다(Dongowski, 1997). 또한 식이섬유의 섭취는 위의 포만감을 오래 유지시켜 음식의 섭취를 줄일 수 있고, 특히 지방함유 식품을 섬유소와 함께 섭취 시에는 소화효소의 분비가 감소하는 효능이 있다. 일반적으로 지방이 함유된 음식물을 섭취하게 되면 cholecystokinin 호르몬이 담낭을 자극하여 담즙의 분비를 촉진시키는데 식이섬유를 섭취하게 되면 지방의 섭취를 인지하는 작용이 약화되어 소화효소의 분비가 감소하게 되므로 지방을 소화시키는 능력이 감소하게 된다.

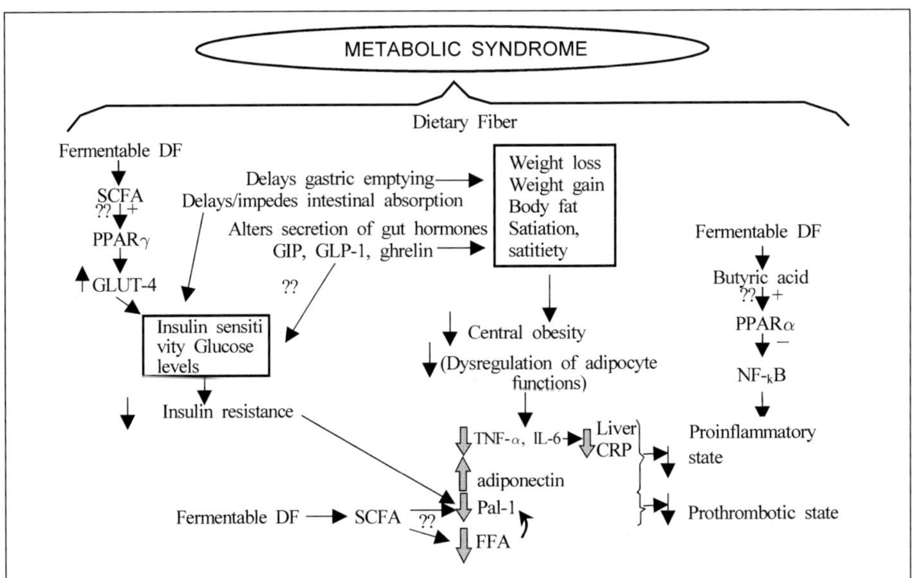

Fig. 2. Effects and possible mechanisms of dietary fiber on central obesity, insulin resistance, and proinflammatory and prothrombotic states involved in the metabolic syndrome, DF, dietary fiber; FFA, free fatty acid; NF-κB, nuclear factor-κB. ?? indicates mechanisms that have been proposed mainly in experimental models but that deserve further studies

〈그림 3-5〉 식이섬유의 섭취가 대사장애에 미치는 기작(Galisteo 등, 2008)

식이섬유의 지방 억제 효능 연구

농촌진흥청과 고려대 의대의 공동연구에서는(조경환과 이성준, 2009) 보리빵이 트랜스지방의 혈중농도를 1/2 수준으로 감소시키는 것으로 나타났다. 이 실험에서는 서울시에 거주하는 건강한 성인남녀 39명(남자 29명, 여자 10명)을 대상으로 일일 트랜스지방 6g과 밀가루 90g을 빵의 형태로 투여하는 1군과 트랜스지방 6g과 보릿가루 90g을 빵의 형태로 투여하는 2군으로 나누어 6주간 급여한 후 밀가루와 보릿가루가 혈중 지질에 미치는 영향을 조사하였다. 연구결과 트랜스지방산은 패스트푸드 식사 두 시간 후에 가장 높은 수준을 나타내었으나 보리빵 급여 군에서는 트랜스지방산의 증가가 낮은 것으로 나타났다. 또한 동맥경화를 촉진하는 물질로 알려진 E-selectin의 상승을 억제하는 효과가 있는 것으로 나타났다. 밀가루빵 섭취군은 E-selectin의 농도가 3.24% 증가하였으나 보리빵 섭취군은 2.5% 감소한다고 보고하였다. 이러한 결과는 보리에 함유된 β-glucan이 트랜스지방의 체내 흡수율을 저하시키거나 흡수속도를 느리게 하기 때문이며, 장기간에 걸쳐 트랜스지방산의 체내 흡수를 다소 저하시키기 위해서는 밀가루빵보다는 β-glucan이 함유된 보리빵의 형태로 섭취하는 것이 트랜스지방산을 비롯한 포화지방산의 체내 흡수를 감소시킬 수 있는 바람직한 방법이라고 보고하였다. 포화지방산의 체내 영향에 대해서는 함께 섭취하는 식이섬유의 종류에 따라 체내에 미치는 영향이 달라질 수 있는데, 펙틴, 구아검, 쌀겨 등의 수용성 식이섬유는 혈중 콜레스테롤 농도를 낮추어 심혈관질환 및 대장암의 발병을 감소시키는 것으로 알려져 있다(조경환과 이성준, 2009). 이러한 이유는 수용성 식이섬유가 수분을 흡수하기 때문에 겔을 형성하는 특성이 있어 음식물이 위에 머무는 시간을 증가시켜 영양소의 소화와 흡수를 지연시키고, 담즙산과 결합하여 콜레스테롤 재흡수를 방해하며, 혈중 콜레스테롤을 감소시킨다고 알려져 있다(조경환과 이성준, 2009). 이에 반해 불용성 식이섬유는 내장 내 미생물의 영향을 적게 받아 식이섬유의 뼈대가 유지되므로 팽만효과가 크기 때문에 배변량을 증가시키는 효과가 있다(조경환과 이성준, 2009). 그러나 탄수화물의 함량이 높은 쌀이나 밀의 경우 과도한 섭취는 오히려 혈중 콜레스테롤 수치를 높일 가능성이 존재하는데, 이는 설탕이나 당분의 과도한 섭취가 비만이나 콜레스테롤 증가의 원인이 되는 것과 같은 원리일 것이다. 그러므로 탄수화물의 함량이 높은 곡류보다 섬유질의 함량이 높은 곡류의 섭취가 콜레스테롤이나 트랜스지방과 같은 지방류의 저감화에 더 효과적일 것으로 판단된다.

보리에서 발견되는 β-glucan은 특이적으로 점질성이 있는 수용성 식이섬유의 비율이 높고, 체내 콜레스테롤을 저하시키는 효과가 있다(강순아 등, 2002). 보리의 β-glucan을 식이로 섭취 시 소장 내에서 전분, 단백질, 지질 등의 영양분과 결합하여 이들의 흡수를 방해하고, 담즙산과 지질의 흡수를 제한할 뿐만 아니라, 장내 미생물에 의하여 발효되어 콜레스테롤의 합성을 억제하는 것으로 보고되고 있다(강순아 등, 2002). 그러나 보리의 콜레스테롤 저하효과는 β-glucanase를 식이에 첨가했을 때 소실됨을 확인하여 보리의 콜레스테롤 저하효과는 β-glucan의 점도, 수용성 비율, 분자량 등에 따라 다르다고 보고되었다(강순아 등, 2002). 강순아 등(2002)은 글루코스의 중합체인 β-glucan의 에너지 대사조절에 미치는 영향과 항비만 효과를 조사하였다. 6주간 고지방 섭취로 비만이 유도된 쥐에게 β-glucan을 식이의 1%와 5%로 6주간 공급하였고, 체지방 형성 및 분포와 지방세포의 크기 및 혈중 지질함량을 분석하였다. 연구결과 체중 증가량과 식이효율은 고지방 식이군에서 높았으며, β-glucan 군에서는 고지방 식이군과 비교 시 감소한다고 보고하였다. β-glucan 급여군에서는 내장지방의 무게와 복막지방의 무게가 감소하였으며, 지방세포의 크기 또한 β-glucan 급여에 의해 감소한다고 보고하였다.

펙틴이나 구아검과 같은 수용성 식이섬유소는 불용성 식이섬유소보다 혈중 콜레스테롤을 저하시키는 효과가 높게 나타나며, 이러한 기작은 수용성 식이섬유소가 소장에서 담즙의 유용성을 감소시켜 지질의 유화를 충분히 시키지 못하게 함으로써 지방의 흡수를 억제하기 때문이다(권진영 등, 2005). 또한 Garcia-Diez 등(1996)은 콜레스테롤을 공급하지 않은 식이에서 펙틴의 콜레스테롤 저하 기작은 담즙 배설 증가에 따른 간에서의 담즙생성 촉진 현상 때문이라고 설명하였으며, 펙틴을 7% 함유한 식이를 섭취한 쥐에서 분변의 담즙 농도는 1.5배 증가하였으며, 담즙의 생성에 관여하는 cholesterol 7α-hydroxylase의 활성은 콜레스테롤 생합성 효소인 HMG-CoA reductase 활성보다 현저하게 증가되었다(권진영 등, 2005). 수용성 식이섬유는 불용성 식이섬유에 비해 보수력이 커서 겔 형성으로 점도를 높이고, 그로 인해 음식물이 위에 머무르는 시간이 길어져 포만감을 주며, 영양소의 소화 및 흡수를 지연시킨다(이선우 등, 2006). 반면 불용성 식이섬유는 배설물의 보수성을 향상시켜 변의 용적 및 무게를 증가시키고 배변량 및 그 횟수를 증가시킴으로써 정장 작용을 돕고, 펙틴, 구아검 등의 수용성 식이섬유를 5%와 7% 첨가 시 콜레스테롤 농도를 낮추는 것으로 나타났다(이선우 등, 2006). 그러나 실험에 사용된 식이섬유의 종류와 대상에 따라 서로 다른 생리활성 효과를 나타낼 뿐만 아니라 구성하는 식품의 조성에 따라 일부 상반된 효과들이 보고되고 있다(이선우 등, 2006). 식이섬유소의 비만 억제 효과는 주로 불용성 식이섬유소를 중심으로 연구되어 왔으나 최근의 보고에 의하면 수용성 식이섬유소는 불용성 식이섬유소보다 식욕을 감퇴시키는 효과가 큰 것으로 나타나고 있는데, 이는 수용성 식이섬유소가 소장 내에서 단쇄 지방산으로 분해되어 에너지를 생산하기 때문에 에너지 및 수분 섭취량이 줄어 체중이 감소하였기 때문이며, 수용성 식이섬유소 중 펙틴은 구아검보다 체중을 저하시키는 효과가 크고 이는 펙틴은 장 내에서 100% 분해되고 구아검은 76%만 분해되어 에너지를 생성하기 때문이다(권진영 등, 2005).

권진영 등(2005)은 펙틴의 비만억제 효과 및 지질저하 효과를 3T3-L1 adipocyte cell culture system과 20% 고지방 식이를 섭취시킨 흰쥐에서 살펴보았다. 연구결과 펙틴을 첨가한 3T3-L1 adipocyte cell에서 음식섭취를 억제하고 에너지 소비를 증가시켜 비만조절 역할을 하는 leptin의 농도가 감소하였으며, adipose 세포에 지방이 축적되는 것이 억제되는 것으로 나타났다. 동물실험에서 고지방 식이에 펙틴을 10%와 20% 첨가시킨 군에서는 체중이 각각 12%와 16% 감소하였고, 내상지방의 함량도 감소하였다. 뿐만 아니라 고지방 식이에 의해 상승된 혈장 중성지질, 총콜레스테롤 및 LDL-콜레스테롤 농도가 펙틴의 섭취에 의해 감소하였고, 특히 분변에서 지질배설 현상이 펙틴 첨가에 의해 증가하는 것으로 나타났다. 권진영 등(2005)은 이러한 펙틴의 비만 억제 효과는 펙틴의 섭취에 의해 내장지방의 축적이 억제되고, 펙틴이 소장에서 지질의 흡수를 방해하여 분변으로의 지질 배설을 촉진시키기 때문이라고 보고하였다. 펙틴의 콜레스테롤 저하 효과는 소장에서 지질의 소화 및 흡수를 억제하는 기전 이외에도 간에서 콜레스테롤 항상성을 조절함으로써 혈장 LDL을 낮추기 때문이며, 펙틴의 첨가량에 비례하여 간의 ACAT 활성은 억제되고 HMG-CoA reductase의 활성은 증가될 뿐만 아니라, apoprotein B/E receptor의 발현 역시 증가하였다(권진영 등, 2005). 이러한 펙틴의 효과는 식이로 공급한 콜레스테롤 농도가 내인성 콜레스테롤 농도를 능가하고, 펙틴의 농도가 10%를 넘었을 때 현저하게 나타나 펙틴이 체내의 콜레스테롤 항상성에 영향을 미치는 역치 농도가 있으므로 식이에 첨가되는 펙틴의 농도가 중요하다(권진영 등, 2005).

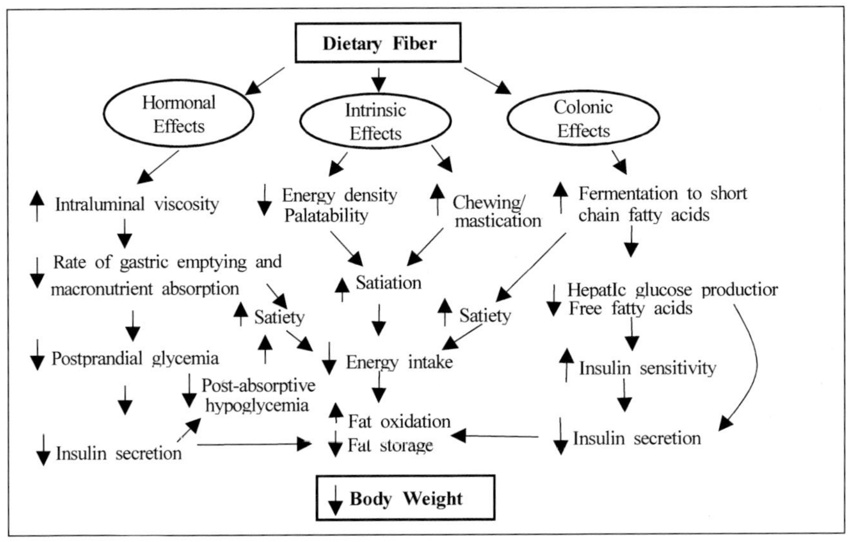

〈그림 3-6〉 식이섬유의 체지방 감소 기작(Slavin, 2005)

이선우 등(2006)은 건강한 여자 대학생을 대상으로 식이섬유 제한식을 대조식이로 하고 셀룰로오스와 펙틴을 1일 1인당 27g과 일반식품을 통한 식이섬유 3g을 섭취시킨 후 실험 식이 급여 직전 및 급식 후 30, 60, 90, 120 및 180분에 각각 혈액을 채취하여 혈당, 중성지방 및 총콜레스테롤 함량을 측정하였다. 연구결과 셀룰로오스와 펙틴의 섭취는 혈당농도를 낮추었고, 셀룰로오스와 펙틴 급여구 간의 차이는 나타나지 않았다고 보고하였다. 그러나 콜레스테롤 함량은 펙틴 급여구와 대조구 간의 차이가 나타나지 않았고, 셀룰로오스 급여구는 대조구에 비해 콜레스테롤 함량이 높게 나타났다고 보고하였다. 이선우 등(2006)은 셀룰로오스와 펙틴이 식후 혈당과 혈장 지질 농도에 미치는 영향은 두 식이섬유 모두 소화흡수율을 지연시켜 빠른 혈당 상승을 조절하는 것이라고 보고하였으며, 식이섬유가 인체의 체내에서 생리적인 효과를 나타낼 수 있고 그 효과는 섬유소의 종류에 따라 다르게 나타날 수 있다고 보고하였다. 이규성 등(2001)은 식이 콜레스테롤과 식이섬유가 혈중 콜레스테롤 농도에 미치는 영향을 검증하기 위하여 생활통제가 가능한 20대 남자 22명으로 운동선수집단, 통제집단 각 11명씩을 대상으로 조사하였다. 식이 콜레스테롤 섭취를 위하여 하루에 계란 4개(860mg)를 섭취하였으며, 펙틴 20g을 2주간 급여하였다. 연구결과 혈중 총콜레스테롤 함량은 콜레스테롤 섭취에 의해 증가하였고, 식이섬유의 섭취에 의해 총콜레스테롤 함량은 감소했다고 보고하였다. 그러나 혈중 총지방 함량은 차이가 나타나지 않았다고 보고하였다.

〈표 3-3〉 다양한 식이섬유의 효능(Papathanasopoulos와 Camilleri, 2010)

Type of dietary fiber	Gastric emptying	Satiety	Glucose homeostasis	Intestinal hormones	Body weight-energy regulation
Guar gum	Delayed in most studies; possible threshold at 5 g	Enhanced in most studies; effect is viscosity dependent, abolished by partial hydrolysis of guar, and modulated by meal fat content	Decreased postprandial glucose levels in most studies Gastric emptying delay: main factor Delayed absorption contributes	Decrease in GIP, increase in GLP-1, increase in CCK postprandially[31]	WMD, -0.04 kg; CI, -2.2 to 2.1 Gastrointestinal adverse effects limit guar use for weight loss[28]
Psyllium	Minor effecf	Enhanced in most studies; threshold in the range of 5.2-8.5 g	Variable	↔ GLP-1[32]	Body mass index reduction of -2.0 ± 0.3kg/m2 at 6 months[33] No effect[34]
pectin	Delayed with >10g	Enhanced possibly through direct gastric effect	Decreased postprandial glucose level when >10g Possible dose-response relationship	↔ CCK, PP[35] ↔ CCK, GIP[36]	No effect when supplemented to ad libitum diet[37] Reduced energy intake (alginate-pectin combination)[38]
Alginate (limited literature)	Unaffected in healthy normal weight[39] Delayed in stale diabetic patients[40]	Enhanced only by strong-gelling form Independent of gastric emptying	Decrease in correlation to gastric emptying effect[40]	Not reported	Strong-gelling from:135-kcal (7%) reduction in mean daily energy intake over 7 weeks[41] Reduced energy intake (alginate-pectin) (combination)[38]
Glucomannan	No effect[42]	Enhanced satiety, combination with psyllium[43]	No effect[42]	↔ GIP[42]	WMD, -0.79; CI, -1.53 to -0.05[44] Weight loss 2.5 kg greater than with placebo at 8 weeks[45] 3.8 ± 0.9kg weight loss more than with hypocaloric diet alone over 5 weeks in healthy overweight subjects[46]

Type of dietary fiber	Gastric emptying	Satiety	Glucose homeostasis	Intestinal hormones	Body weight-energy regulation
CM3	No effect[14]	No effect[14]	Not reported	Not reported	3-4 kg weight loss greater than with placebo[47]
Cellulose	Minor effects (unmodified) Delayed (water soluble)	Enhanced (EHEC)[48]	"Second meal effect" in combination with amylopectin/amylose[49]	↔ PP, CCK (EHEC)[48]	No effect (methylcellulose) on ad libitum diet[37]
Wheat fiber	Unaltered in most studies; delayed by undiluted[50] and coarse[51] bran	Enhanced in most studies; inverse correlation with degree of refinement	Variable effects	Increase in GIP, ↔ GLP-1[52]	Modest reductions Interpretation of results difficult because wheat grain was coadministered with other dietary fiber sources in most studies[53-55]

NOTE, The literature is limited for glucomannan, CM3, and cellulose.
WMD, weighted mean difference relative to placebo in meta-analysis; Cl, 95% confidence interval; CCK, cholecystokinin; GIP, glucose stimulated insulinotropic peptide; pp, pancreatic polypeptide; EHEC, ethyl hydroxyethyl cellulose ("liquid fiber")

3. 키토산을 이용한 지방의 억제

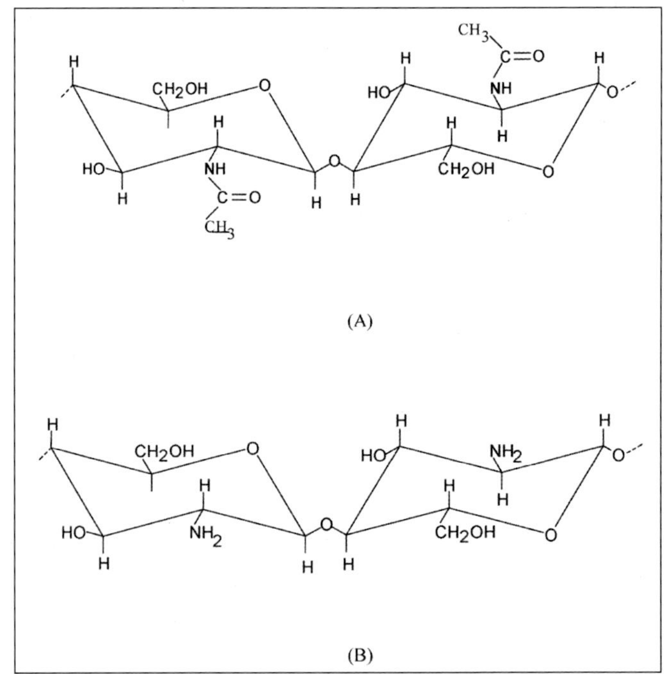

〈그림 3-7〉 키틴(A)과 키토산(B)의 구조(Hejazi와 Amiji, 2003)

키토산의 원료가 되는 키틴은 N-acetyl-D-glucosamine이 β-1,4 결합한 다당류(poly-β-1,4-acetyl-D-glucosamine)로 게, 새우 등의 갑각류의 껍질이나 곤충류의 표피, 오징어 등 연체동물의 뼈, 버섯이나 박테리아의 세포벽, 식물세포의 벽 등에 널리 분포되어 있는 천연고분자 물질이다. 키틴은 D-glucose가 β-1,4 결합한 cellulose와 유사한 구조를 가진 곁사슬이 없는 매우 긴 사슬구조의 고분자 물질로 2번 탄소에 히드록시기(hydroxyl group) 대신에 아세틸 아미노기(acetyl amino group)를 가지고 있다(이상 김길남 등, 2005). 키토산은 아세틸아미노기를 가진 키틴을 고온에서 강염기로 탈아세틸화 과정을 거쳐 얻어진 양이온성 다당류로서 키틴에 비하여 양전하를 띤 유리 아미노기를 많이 가지고 있으며, 키틴이 물과 산 모두에서 불용성인 반면 키토산은 산에 녹으며 저분자량의 키토산은 물에도 용해성이 있어 그 활용성이 매우 높다. 키토산은 양전하를 띤 자유 아미노기를 가지게 됨으로써 금속이온과 결합하여 중금속 오염 등을 제거하는 데 이용이 가능할 뿐만 아니라 음전하를 띤 지방과 결합하여 지방의 소화와 흡수를 저해함으로써 동물 혈액 내 지방성분을 낮추는 작용을 하는 것으로 보고되고 있다. 키토산의 혈중 콜레스테롤 감소효과는 식물성 식이섬유에 비하여 우수하고 고콜레스테롤증 및 동맥경화증의 예방에 효과가 높은데, 이는 키토산의 지방 흡착 능력이 식물성 식이섬유보다 훨씬 강하기 때문에 장 내 지방성분의 재흡수를 효과적으로 차단하는 데 따른 것으로 밝혀져 있다. 뿐만 아니라 키토산은 주로 장에서 콜레스테롤, 담즙 및 지방성분과 결합한 후 분변을 통하여 배설됨에 따라 지방성분의 소화와 흡수를 저해함으로써 혈청 지질성분의 저하를 초래하며, 키토산의 탈아세틸화도가 높고 분자량이 클수록 지방성분과의 흡착력은 증가하지만 키토산의 점두가 지방소화에 미치는 효과는 크지 않은 것으로 밝혀져 있다(이상 황의경, 2006). 현재 키토산은 자연계에서 가장 널리 쓰이는 다당류의 하나이며, 키토산은 pKa 값이 낮기 때문에 천연에서나 염기에서는 용해되지 않으므로 염산이나 초산과 같은 강산에 용해시켜야 한다. 즉 키토산은 유리 아미노기를 가지기 때문에 물에 용해되지 않으나 강산에서는 키토산 고분자의 아미노산이 양성자가 되어 용해되고 강한 양전하를 가지는 다당류가 되기 때문에 음전하와 반응하여 젤을 형성할 수 있다. 키토산의 용해도는 유리 아미노산과 N-acetyl기의 배치에 따라 달라지며, 용액의 pH에 크게 영향을 받는다. 키토산은 아세틸화 정도가 높아질수록 점성이 증가하며, 키토산의 농도와 온도 또한 점성에 영향을 미친다. 예컨대 키토산의 농도가 증가하고 온도가 감소하면 점성은 증가하게 되므로 키토산의 이러한 결합력과 응집력 때문에 다양한 형태로 응용되고 있다.

특히 키토산은 강한 양전하를 가지기 때문에 음전하를 가진 지방과 강하게 결합하는 성질을 가지지만 키틴과 키토산은 용해 정도가 일정치 않아 식품첨가제로 이용하기에는 제한점이 있다. 분자량이 큰 키토산은 물이나 알코올에 용해되지 않고 유기산의 수용액과 무기산에만 용해되므로 pH 6.0 이하인 식품에만 첨가가 용이하며, 그 용액은 강한 떫은맛과 쓴맛을 가지고 있어 식품에 응용하기에는 어려움이 있다. 이러한 문제점을 해결하고자 유도체인 carboxymethyl chitosan이 개발되었는데, 중성 pH에서 일부 용해성이 있고 이미, 이취가 없는 장점은 있으나 점성이 강하고 특히 식품첨가물로 사용이 허가되지 않아 응용 전망이 밝지 않다. 그러므로 키토산의 생리기능을 식품에 적용시킬 수 있는 기능성 식품소재로 개발하기 위해서는 우선 식품에 사용 가능한 키토산 물질, 즉 생리활성을 가지며 독성이 없고 수용성이며, 이미, 이취가 없고, 점성이 높지 않은 키토산 분해물질을 제조하는 것이 문제가 된다. 키토산을 저분자화하여 수용성인 저분자 키토산 또는 키토산 올리고머를 제조하는 것은 키틴, 키토산의 유효 이용에 있어 매우 중요하다. 키틴과 키토산 분해물질의 제조법으로는 화학적 방법과 효소적 방법이 있는데, 화학적 방법으로는 진한 염산, 불화수소, 과산화수소 및 과산화붕소에 의한 가수분해법이 행해지고 있지만, 반응조건이 과격하기 때문에 반응의 제어가 어렵고, 반응 중에 Shiff 염기를 기점으로 하는 Mailliard 반응으로 인하여 부생성물이 생기는 문제점이 있다. 효소적인 방법으로는 chitinase, chitosanase 및 cellulase 등에 의해서 분해되지만 배지에 사용될 수 있는 키틴과 키토산의 양이 한정되어 있어, 대량 생산에는 부적합하다는 문제가 있다. 한편 키토산은 아질산과의 반응에 의해 탈아미노화를 동반하는 저분자화가 일어나는데 반응속도는 분자량에 의존하지 않고, 아질산 농도에 비례하며, 키토산 농도와 탈아세틸화에 의해서도 영향을 받는

다. 반응생성물의 말단은 2,5-anhydro-D-mannose로서 aldehyde기를 가져 불안정하기
때문에 이것을 환원시켜 alchol인 2,5-anhydro-D-mannithol로서 안정화시킴으로써
키토산 올리고머를 얻을 수 있다(이상 이종미와 손보경, 1998).

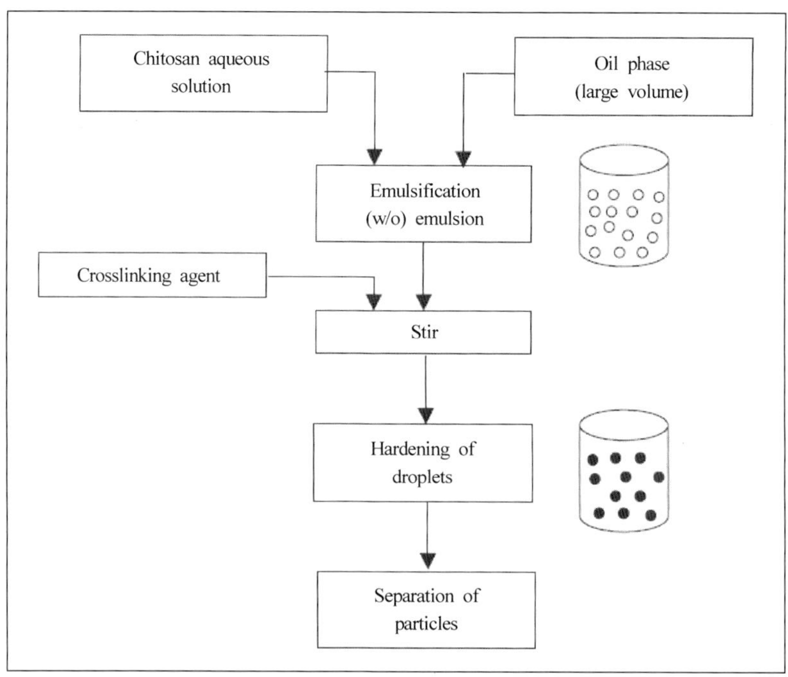

〈그림 3-8〉 키토산 가교결합 유화물 제조공정(Agnihotri 등, 2004)

<그림 3-8>처럼 수용성 키토산을 유지에 첨가하여 유화물(W/O: water in oil)을
제조할 수 있다. 유화제에 의해 안정화된 지방구는 다시 glutaraldehyde와 같은 가
교결합 물실에 의해 단단해진다. 지방구의 사이즈는 가교결합 물질의 특성에 따
라 달라질 수 있다.

키토산을 코팅막으로 이용할 경우 식품이나 약제의 생체 내 분해 또는 작용을
조절할 수 있다. 최근 약품의 생체 내 흡수조절을 위하여 키토산막으로 코팅하는
방법이 연구되고 있는데, 아세틸화 공정으로 제조한 키토산 분말은 다공성 구조
를 가지게 되므로 키토산 분말을 이용하여 키토산 막을 제조한 후 코팅하였을 경
우 위 내에서 위소화액 상층으로 부유하게 되어 흡수되는 정도를 조절할 수 있다.

예컨대 0.03mm 두께의 키토산막으로 약제를 코팅하였을 경우 다섯 시간 내에 대부분의 약제성분은 위 내로 배출되어 작용하게 된다. 그러나 0.24mm 두께의 키토산막으로 약제를 코팅했을 경우 같은 시간 내에 약 50% 정도가 배출되었다(Hejazi와 Amiji, 2003). 키토산은 강산에서 용해되고 물이나 알칼리에서 용해되지 않기 때문에 pH가 낮은 위에서는 분해가 빠르게 일어나거나 작용의 변화가 빠르다. 그러나 pH가 높은 소장에서는 용해되거나 작용의 변화가 느리게 될 것이다. 그러므로 pH 조절을 통해 키토산 코팅된 약제의 작용부위와 약제가 키토산 코팅 밖으로 배출되는 정도를 조절하여 약제의 생체 내 흡수시간 또는 작용시간 등을 조절할 수 있을 것이다.

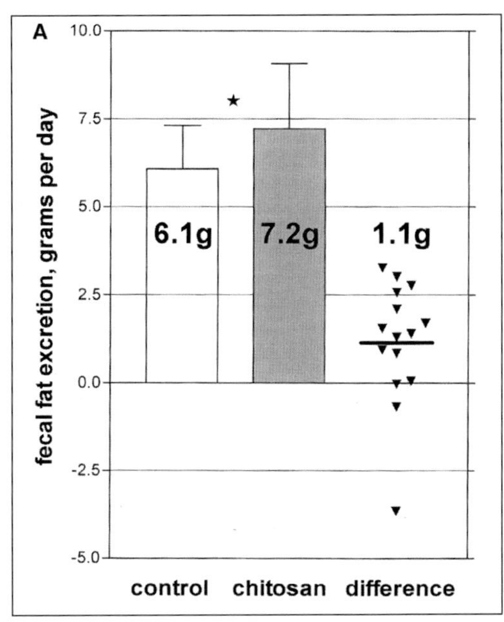

〈그림 3-9〉 키토산 급여에 의한 지방의 배출(Gades와
Stern, 2003)

위의 그림은 20대의 건강한 성인이 일일 4.5g의 키토산을 섭취했을 경우 체외로 배설되는 지방의 함량이 증가하는 것을 나타내고 있다(Gades와 Stern, 2003). Deuchi 등(1995)은 rat를 이용한 실험에서 5%의 키토산이 함유된 사료를 급여했을

경우 약 50%의 지방소화 억제효능이 있다고 보고하였다. Han 등(1999) 또한 고지방 식이와 키토산을 급여했을 때 체외로 배설되는 중성지방의 함량은 키토산 급여 수준이 높은 구에서 높게 나타남으로써 키토산이 지방과 결합하여 지방을 체외로 배출시키는 효능을 입증하였으며, 키토산 급여에 의해 체중과 체지방이 감소하는 것을 발견하였다. 또한 Han 등(1999)은 키토산이 지방의 체외 배설을 증가시키는 이유는 체내에서 지방의 가수분해를 억제하여 소장에서 지방의 흡수를 감소시킬 뿐만 아니라 혈액에서 거대 지질단백의 하나인 키로미크론을 감소시키기 때문이라고 보고하였다. 일반적으로 나이가 증가할수록 인슐린과 유리지방산 및 중성지방의 함량은 증가하게 되는데, 이러한 이유 때문에 지방세포에서 지방의 분해가 늘어나고 세포의 크기가 증가하게 된다. 이렇게 세포에서 지방의 분해가 증가되면 혈액 내 유리지방산의 함량이 증가하게 되어 간에서 지방의 합성이 증가되고, 혈액 내 지질단백의 함량이 증가하는 결과를 가져온다. 그러나 키토산의 급여는 비만쥐의 지방 세포에서 지방의 분해를 억제함으로써 혈액 내 유리지방산과 간에서의 지방 및 콜레스테롤의 함량을 감소시키는 것으로 나타났다(Han 등, 1999).

〈표 3-4〉 고지방 식이 급여 동물에서 키토산의 지방 배설 효과(Han 등, 1999)

Day	Control group	HF-treated group	HF plus 3% chitin-chitosan-treated group	HF plus 7% chitin-chiosan-treated group	HF plus 15% chitin-chitosan-treated group
Day 1					
Faeces (g)	1.40 ± 0.07	0.27 ± 0.05	0.43 ± 0.02	0.56 ± 0.17	0.44 ± 0.04
Excretion TG (μmol/g)	4.86 ± 1.20	15.7 ± 2.95	15.2 ± 1.04	28.6 ± 6.20	17.1 ± 2.48
Day 2					
Faeces (g)	3.02 ± 0.21	0.25 ± 0.07	0.54 ± 0.07	$2.15 \pm 0.63^*$	1.16 ± 0.05
Excretion TG (μmol/g)	2.56 ± 0.58	19.9 ± 2.09	$40.4 \pm 6.70^*$	$46.2 \pm 2.28^*$	$49.1 \pm 1.11^*$
Day 3					
Faeces (g)	1.64 ± 0.12	0.18 ± 0.02	0.35 ± 0.05	$1.18 \pm 0.33^*$	$1.04 \pm 0.04^*$
Excretion TG (μmol/g)	3.26 ± 0.25	41.8 ± 4.73	50.2 ± 2.8	$55.3 \pm 1.07^*$	$59.3 \pm 1.15^*$

Results are expressed as means ± s.e.m. of four mice. *Significantly different from high-fat diet-treated group, $P < 0.05$. TG = triacylglycerol; HF = high-fat diet.

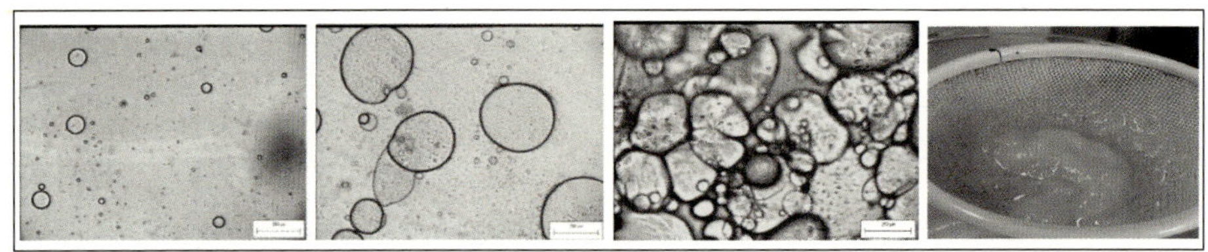

〈그림 3-10〉 In vitro 조건에서 pH 변화에 따른 키토산과 지방의 결합(Rodríguez와 Albertengo, 2005)

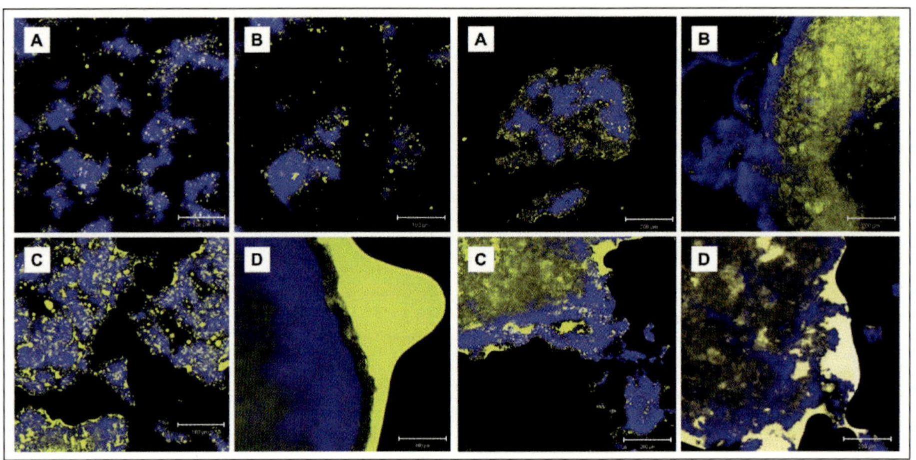

〈그림 3-11〉 pH 변화에 따른 키토산과 지방의 결합(Helgason 등, 2008)

키토산의 섭취량뿐만 아니라 키토산의 점성도와 분자량에 따라 지방억제 효능에 차이를 보이는데, Chiang 등(2000)의 연구에서 점성도와 분자량이 다른 키토산을 rat에 급여했을 때 체외로 배설되는 지방의 함량이 증가하는 것으로 나타났는데, 점성도가 높을수록 체외로 배설되는 중성지방과 콜레스테롤의 함량이 증가하는 것으로 나타났다. 이러한 이유는 키토산의 점성도가 높을수록 지방과 결합하는 능력이 커지기 때문이며, 키토산이 혈중 콜레스테롤 함량을 감소시키는 효능을 가지는 이유는 키토산이 LDL-receptor의 생성을 증가시키기 때문이다(Chiang 등, 2000). 또한 키토산은 담즙산과 결합하는 능력이 크기 때문에 담즙산에 의한 지방의 분해 및 흡수를 억제하게 된다.

키토산은 이화학적 특성에 따라서 지방과 결합하는 정도에 차이가 발생하는데, Liu 등(2008)의 연구에서는 아세틸화 정도와 점착성 또는 입자의 사이즈가 클수록 콜레스테롤 마이셀과의 결합력이 감소하는 것으로 나타났다. 또한 파우더 형태의 키토산이 후레이크 형태의 키토산에 비해 콜레스테롤 마이셀과의 결합력이 높은 것으로 나타났으며, 입자의 크기가 작은 키토산이 지방과 결합하는 능력이 높은 것으로 나타났다(Liu 등, 2008). 키토산은 아세틸화가 높을수록 유리 아미노기가 많아지기 때문에 양전하가 강해지게 되어 음전하를 가진 지방산과 담즙산 등과의 결합력이 높아져 지방의 소화와 흡수를 억제하는 효능이 커지게 된다(Liu 등, 2008).

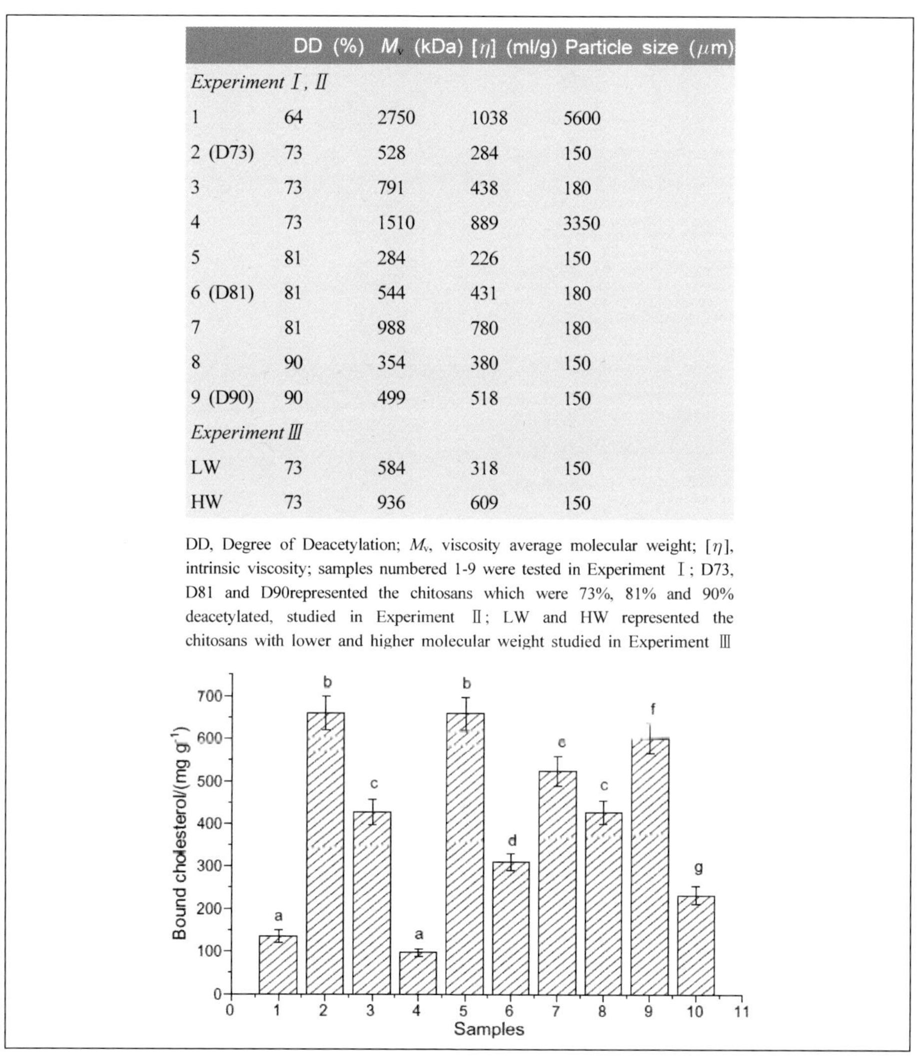

	DD (%)	M_v (kDa)	$[\eta]$ (ml/g)	Particle size (μm)
Experiment I, II				
1	64	2750	1038	5600
2 (D73)	73	528	284	150
3	73	791	438	180
4	73	1510	889	3350
5	81	284	226	150
6 (D81)	81	544	431	180
7	81	988	780	180
8	90	354	380	150
9 (D90)	90	499	518	150
Experiment III				
LW	73	584	318	150
HW	73	936	609	150

DD, Degree of Deacetylation; M_v, viscosity average molecular weight; $[\eta]$, intrinsic viscosity; samples numbered 1-9 were tested in Experiment I; D73, D81 and D90 represented the chitosans which were 73%, 81% and 90% deacetylated, studied in Experiment II; LW and HW represented the chitosans with lower and higher molecular weight studied in Experiment III

〈그림 3-12〉 키토산 종류에 따른 콜레스테롤 결합력의 변화(Liu 등, 2008).

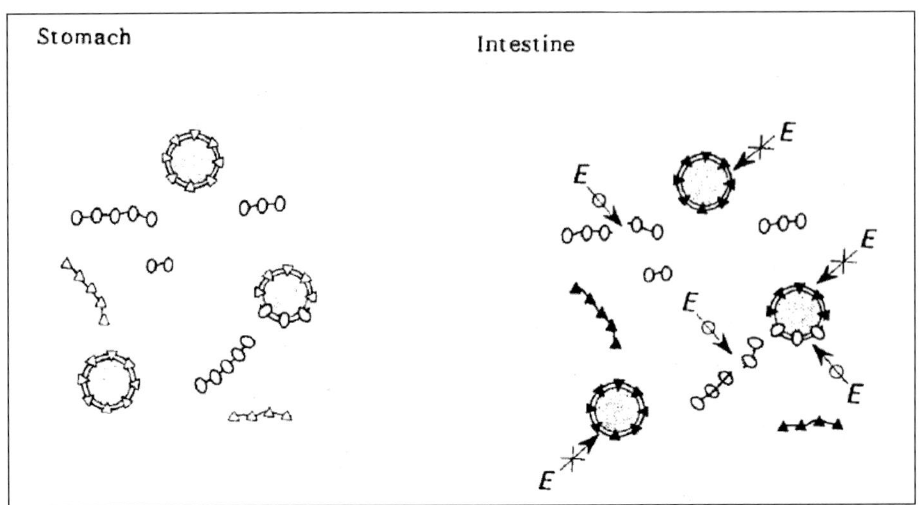

〈그림 3-13〉 위와 소장에서 키토산과 지방의 결합(▲ : 키토산, ○ : 카제인, E: 소화효소) (Muzzarelli, 1996)

　Muzzarelli(1996)은 <그림 1-13>에서 처럼 키토산이 위 내에서 낮은 pH의 위액에 용해된 상태로 존재하다가 소장에 도달하면 겔을 형성하면서 지방구를 감싸게 되어 소화효소가 지방구 막에 도달하는 것을 억제한다고 보고하였다. 그러나 키토산은 소장에서뿐만 아니라 pH가 낮은 위 내에서도 위액에 의해 용해되어 지방과 결합할 수 있다(Liu 등, 2008).

　키토산이 담즙산과 결합하는 형태는 다음의 그림과 같다. 담즙산과 키토산과의 결합력은 pH 3에서 가장 높게 나타났으며, 담즙산과 키토산의 결합은 온도와도 밀접하게 관련되어 있는데 온도가 높을수록 담즙산과 키토산의 결합력은 높게 나타났다(Thongngam과 McClements, 2005).

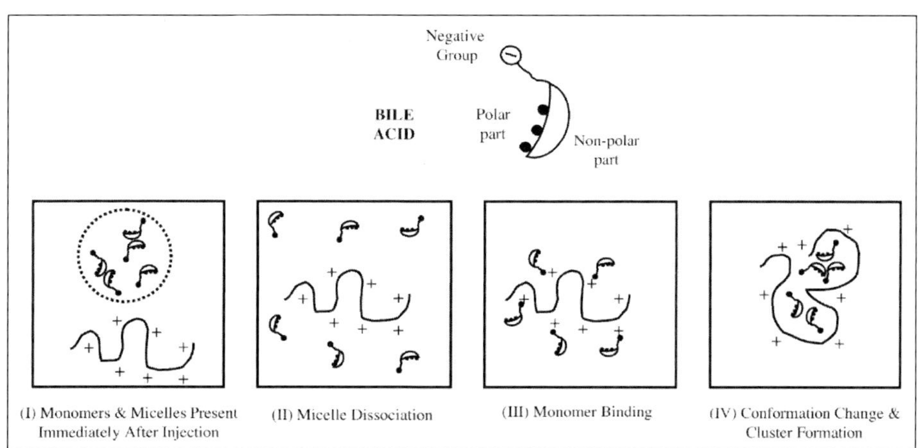

〈그림 3-14〉 담즙산과 키토산의 결합(Thongngam과 McClements, 2005)

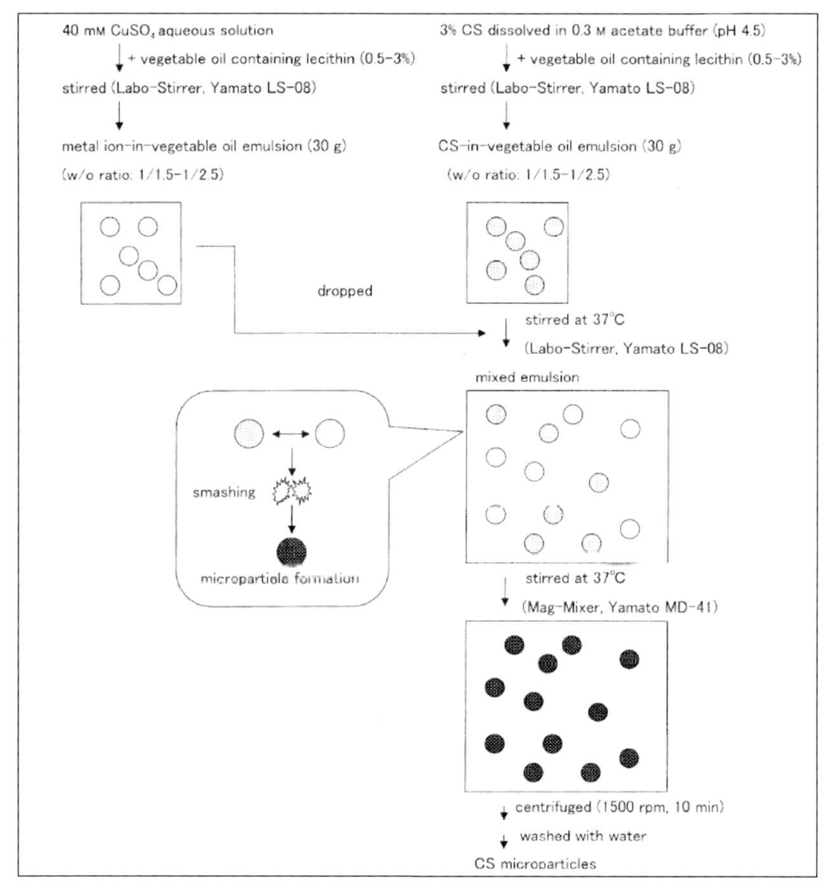

〈그림 3-15〉 키토산과 금속이온 결합 유화물 제조 공정(Kofuji 등, 2005)

키토산은 다음의 그림처럼 지방과 결합하여 덩어리 형태를 나타내게 되며, 이러한 키토산과 지방의 혼합물은 담즙산과 지방분해 효소의 작용을 감소시켜 지방의 소화와 분해를 억제시키게 된다. Xia 등(2011)은 키토산과 지방의 결합력은 키토산의 분자량이 커질수록 커지게 되는데 이러한 이유는 분자량이 클수록 키토산의 사슬이 길어지기 때문에 지방과 결합하는 부분도 많아지기 때문이라고 보고하였다. 그러나 키토산이 지방과 결합하는 힘은 키토산의 함량, 키토산의 구조, pH 변화, 온도 및 지방의 함량 등에 따라 그 차이가 매우 크게 나타나는 것으로 보고되고 있다.

〈그림 3-16〉 키토산(좌)과 키토산과 지방의 혼합물(우)의 전자현미경 구조(Xia 등, 2011)

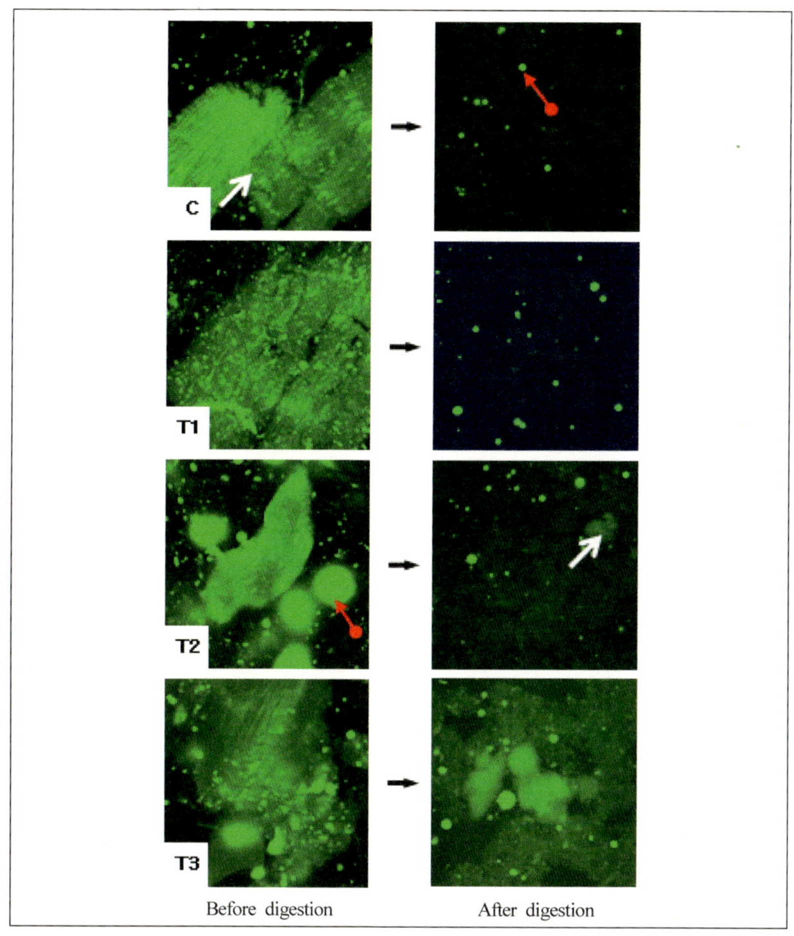

<〈그림 3-17〉 식이섬유의 첨가에 따른 동물성 지방의 소화(Hur 등. 2009a)

그림에서 보듯이 쇠고기에 0.5% 수준으로 첨가된 식이섬유(C: 무첨가, T1: 셀룰로오스, T2: 키토산, T3: 펙틴)가 in vitro 조건에서 소화되는 동안 지방의 분해를 억제하는 실험에서 셀룰로오스(T1)는 in vitro 조건에서 소화되는 동안 지방의 소화를 억제하는 효능이 없는 것으로 나타났다. 그러나 키토산(T2)과 펙틴(T3)을 첨가했을 경우 in vitro 소화 이후에도 많은 양의 지방이 존재하는 것으로 보아 생체 내에서 지방의 소화를 억제하는 효능이 있는 것으로 사료된다(Hur 등, 2009a). 뿐만 아니라 키토산과 펙틴은 유화물에 함유된 지방구의 표면을 감싸는 작용과 지방구를 응집시키는 효능을 나타냄으로써 지방분해 효소의 작용을 억제시키고 지

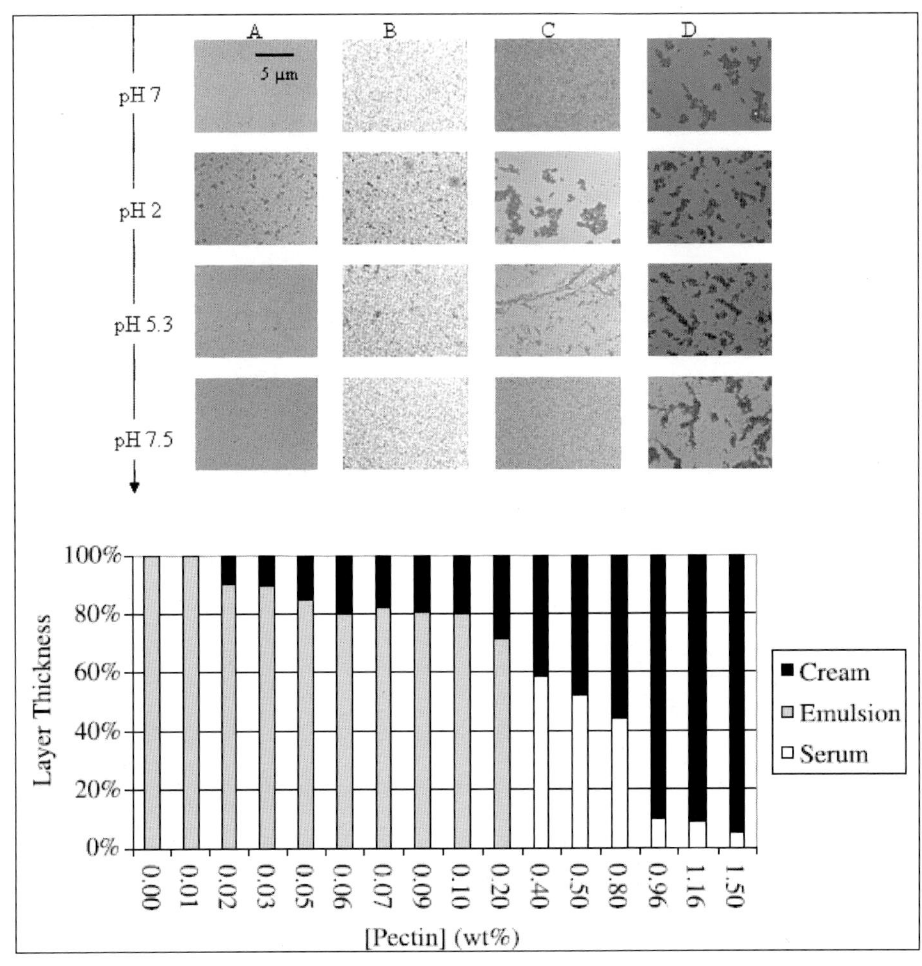

<그림 3-18> 키토산 및 펙틴 첨가에 의한 유화물 지방의 변화(Beysseriat 등, 2006)

방의 소화를 감소시키는 효능을 나타내었다(Beysseriat 등, 2006).

키토산이 지방구를 응집시키는 효능은 키토산의 분자량과 pH 변화에 따라 영향을 크게 받고 펙틴이 지방구를 응집시키는 효능은 펙틴의 농도에 크게 영향을 받는 것으로 나타났다(Beysseriat 등, 2006). 그러나 유화물 제조 시에 첨가하는 키토산과 지방의 함량비율은 매우 중요한 요소가 된다. 아래의 그림에서 보듯이 키토산 함량에 비해 지방의 함량이 높을 경우 키토산이 지방에 흡착되는 비율이 감소하거나 키토산 스스로 응집되는 현상이 발생됨을 알 수 있다.

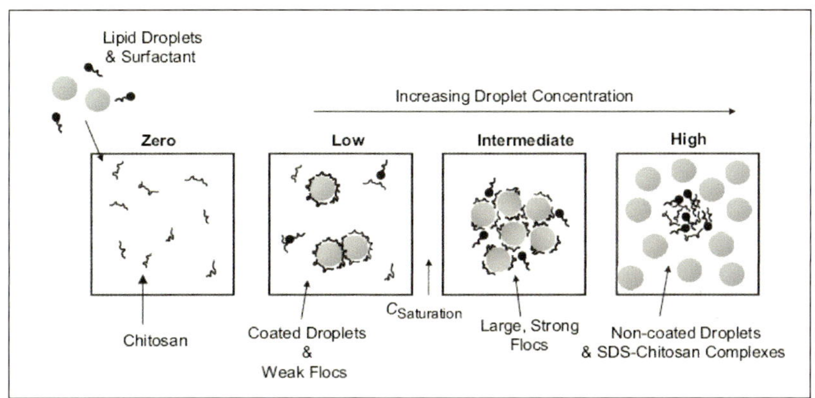

〈그림 3-19〉 키토산과 지방 함량에 따른 키토산의 지방 흡착(Helgason 등, 2009)

비극성 유화제(Tween 80)를 이용하여 제조한 유화물에서 키토산의 첨가는 지방구의 크기를 증가시키는 것으로 나타났는데, 키토산의 첨가량이 높을수록 지방구의 크기도 함께 증가하는 것으로 나타났다(Klinkesorn과 Namatsila, 2009).

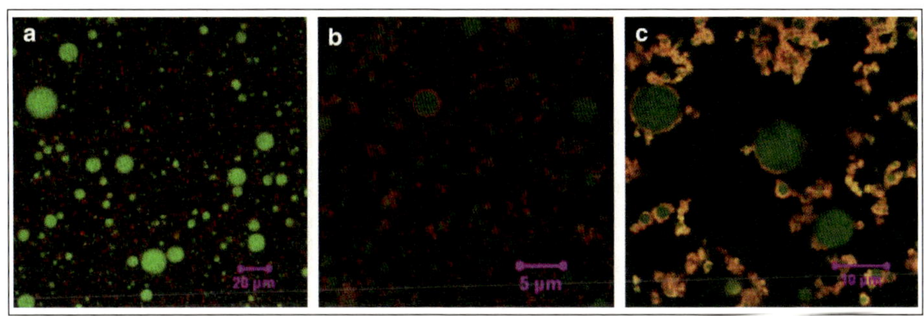

〈그림 3-20〉 키토산 함량에 따른 지방흡착(Klinkesorn과 Namatsila, 2009)

따라서 유화물에 함유된 지방의 함량과 키토산의 최적 첨가 함량을 고려해야만 키토산 첨가에 의한 지방의 분해 및 소화 억제 효능을 가질 수 있을 것이다.

<표 3-5> 키토산의 체지방 억제 효능 연구(Egras 등, 2011)

Chitosan	Pittler et al. [15]	26	Chitosan 1 gram, or placebo twice daily	28 days	No difference between groups in regards to body weight of or BMI
	Schiller et al. [16]	32	Chitosan 1500 mg or placebo twice daily	8 weeks	↓Body weight of 1kg with chitosan ($P<.005$) ↓BMI of 0.3 kg/m^2 with chitosan ($P<.01$) ↑Body weight of 1.5 kg with placebo ($P<.001$) ↑BMI of 0.6 kg/m^2 with placebo ($P<.01$)
	Ni Mhurchu et al. [17]	35-36	Chitosan 3 grams/day or placebo	24 weeks	Chitosan group lost 0.39 kg versus a weight gain of 0.17 kg in the placebo group($P=.03$)
	Kaats et al. [18]	NR	Chitosan 3 grams/day with behavior modification; placebo with behavior modification; or minimal intervention control	60 days	↓Body weight of 2.8 lbs. with chitosan versus placebo ($P=.03$) ↓Percent body fat of 0.8% with chitosan versus placebo ($P=.003$) ↓Fat mass of 2.6 lbs. with chitosan versus placebo($P=.001$) ↓BCI of 2.4 lbs. with chitosan versus placebo ($P=.002$)

Muzzarelli 등(1996)은 분자량이 5,000∼50,000 Da인 키토산을 7일간 급여했을 때 혈청 콜레스테롤 함량을 감소시키는 효능이 나타났으나, 2,000 Da 키토산은 혈청 콜레스테롤 함량을 감소시키는 효능이 없는 것으로 나타났다. Rat를 이용한 실험에서 고지방 식이와 함께 셀룰로오스(대조구), 키토산, 키토산+아스콜베이트, 키토산+락테이트, 키토산+시트레이트+솔트를 급여했을 때 지방을 분비하는 효능은 키토산 아스콜베이트가 대조구와 다른 키토산에 비해 높은 것으로 나타났다. 키토산 아스콜베이트가 다른 키토산에 비해 지방을 분비하는 효능이 큰 것은 위내에서 아스콜빈산이 키토산이 지방구에 흡착되는 비율을 높이기 때문이다 (Muzzarelli 등, 1996).

키토산의 지방억제와 관련된 연구로, 김한수와 성종환(2008)은 Streptozotocin (55mg/kg BW, IP. injection)으로 유발된 당뇨성 Sprague Dawley계 수컷 흰쥐에 있어서, 키토산 올리고당의 섭취에 의한 혈당, 혈청지질 개선 효과 및 당질대사 이상 등에 미치는 효능을 조사하였다. 연구결과 혈당 농도는 당뇨 유발군에서 키토산 올리고당을 급여함으로써 유의적으로 저하됨을 관찰할 수 있었으며, 혈청 총콜레스테롤, 동맥경화지수, LDL, 유리 콜레스테롤, 콜레스테롤 에스테르, 중성지방 및 인지질의 농도가 키토산 올리고당의 섭취에 의해 감소하였다고 보고하였다. 뿐만 아니라 HDL-콜레스테롤 및 총콜레스테롤에 대한 HDL-콜레스테롤 비 등은 키토산 올리고당의 섭취에 의해 증가되었다고 보고하였다.

황의경(2006)은 고지방으로 조성된 식이(lard 15%, 콜레스테롤 1% 및 sodium cholate 0.5% 함유)에 키토산의 첨가(2.5~5%)가 흰쥐의 체중변화, 사료 섭취량, 헤모글로빈 농도 및 각종 지질 성분의 함량에 미치는 영향을 조사하였다. 연구결과 혈청의 총콜레스테롤 농도는 키토산을 5% 급여한 군이 키토산을 2.5% 급여한 군과 대조군에 비하여 낮게 나타났으며, HDL-콜레스테롤 농도는 높게 나타났다고 보고하였다.

이근태 등(2004)은 탈아세틸화도를 달리한 고분자 키토산과 효소적 방법으로 제조한 저분자 키토산을 제조하여 동물성 및 식물성 유지에 대한 흡착특성을 조사하고, in vitro 실험과 근적외선 분광분석법으로 키토산의 지방흡착 특성을 규명하였다. 키토산분말의 소화관 내 기능적 특성인 bulk density 및 수분과 지방에 대한 흡착력을 측정한 결과, 키토산의 탈아세틸화도가 높을수록 bulk density 및 수분과 지방에 대한 흡착력도 높게 나타났고, 키토산의 분자량이 증가할수록 bulk density는 감소하였으나 보수력과 지방 흡착력은 증가하였다고 보고하였다. 또한 키토산 분말의 담즙산염, 콜레스테롤, linoleic acid에 대한 흡착력을 비교한 결과 linoleic acid에 대한 흡착력이 가장 높게 나타났다. In vitro 실험을 위해 소장 내의 조건에서 pH를 조절한 키토산 용액과 키토산 분말의 지방질 흡착력을 비교한 결과 pH를 조절한 키토산의 지방질 흡착력이 증가한 것으로 보이 키도산의 시방질 흡착력에 있어서 소화관 내의 pH 변화가 중요한 요인으로 생각되어지며, 키토산의 지방질 흡착은 키토산 아미노기와 지방의 carboxyl기(-COOH) 사이의 정전기적 결합에 의한 것이라고 보고하였다.

이종미, 손보경(1998) 등은 지방급원인 우지의 수준과 키토산, 키토산 올리고머의 첨가수준을 달리한 식이가 흰쥐의 지방대사에 미치는 영향을 조사하였다. 실험을 위해 체중이 405.6±18.3g인 Sprague-Dawley종 수컷 rat에 식이지방 급원으로 우지를 열량의 20%와 40%로 하고, 키토산과 키토산 올리고머를 식이무게의 0%, 3% 및 5%로 하여 총 10군으로 나누어 4주간 사육하였다. 연구결과 혈청 내 총지방 함량, 중성지방 함량과 콜레스테롤 함량은 키토산 올리고머의 첨가에 의해 감소하였다고 보고하였다. HDL-콜레스테롤과 총콜레스테롤의 비는 키토산과 키토산 올리고머의 첨가에 의해 증가하였으며, LDL-콜레스테롤은 키토산과 키토산 올리고머의 첨가에 의해 감소하는 경향을 나타내었다고 보고하였다. 또한 지방흡수율은 키토산과 키토산 올리고머의 첨가에 의해 감소하였고, 총지방 배설량과 중성지방 배설량은 키토산과 키토산 올리고머의 첨가에 의해 증가하였다고 보고하였다.

이종미 등(1998)은 지방의 수준과 효소적으로 처리한 키토산의 수준을 달리하여 흰쥐의 당대사와 지방대사에 미치는 영향을 조사하였다. 체중이 348.63±84.7g인 Sprague-Dawley종 수컷흰쥐에게 식이지방 급원으로 우지를 열량의 20%와 40%로 하고, 효소적으로 처리한 키토산을 식이무게의 3%, 5%로 하여 5주간 사육하였다. 연구결과 식이섭취량과 체중증가량은 키토산 첨가군에서 낮았고, 키토산 첨가에 의해 수분섭취량이 감소하였다. 그러나 소장길이와 장 통과시간, 소장 점막에서의 이당류 분해효소의 활성은 식이지방 수준이나 키토산 첨가에 의한 차이가 나타나지 않았다고 보고하였다. 혈청 총지방 함량과 LDL-콜레스테롤 및 총콜레스테롤 함량은 키토산 첨가군에서 낮게 나타났고, HDL 콜레스테롤과 총콜레스테롤의 비율은 5% 키토산 급여군에서 높게 나타났다고 보고하였다. 간과 부고환 지방조직의 총지방함량 및 중성지방 힘량은 키토산 첨가에 의해 감소되었고, 변을 통한 총지방배설량과 중성지방배설량은 고지방군과 키토산 첨가에 의해 증가되었다고 보고하였다.

김길남 등(2005)은 고콜레스테롤을 급여한 흰쥐에 키토산 올리고당의 첨가 수준을 달리한 식이가 지방대사에 미치는 영향을 조사하였다. 체중이 174.7±6.3g인 Sprague-Dawley종 수컷 rat에 고콜레스테롤혈증을 유발시키기 위하여 콜레스테롤을 식이 무게의 0.5%를 급여하고 키토산 올리고당을 식이 무게의 1%와 2%로 하여 총 3군으로 나누어 4주간 사육하였다. 연구결과 식이섭취량과 체중증가량은 식이에 의한 영향이 없었으며, 혈청 중 총콜레스테롤, 중성지방은 2% 키토산 올리고당을 첨가한 군에서 크게 감소하였으며, HDL-콜레스테롤/총콜레스테롤 비는 키토산 올리고당 첨가에 의해 높아지는 경향을 나타내었다고 보고하였다. 또한 간 조직에서 지방산화물의 함량, SOD와 catalase의 활성은 키토산 올리고당의 섭취에 의해 감소하였다고 보고하였다.

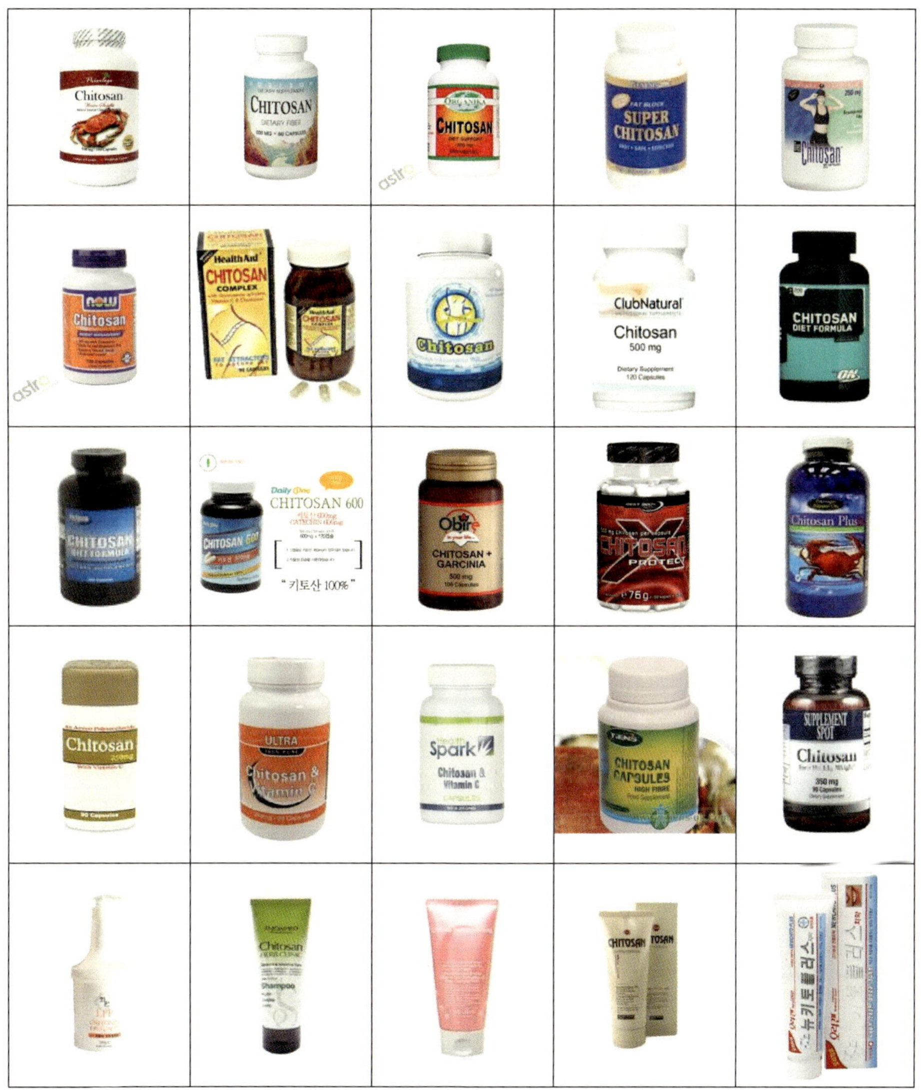

〈그림 3-21〉 현재 국내·외 시판 중인 키토산 관련 제품

성형철 등(2002)은 키토산 수용액을 닭의 음용수에 혼합 급여했을 때 육용종계의 산란율에 미치는 영향과 육용종계 및 실용 산란계의 난황 콜레스테롤 수준에 미치는 영향을 조사하였다. 키토산은 탈아세틸화도 90% 이상의 키토산을 초산 용액에 2.3% 농도로 용해하여 급여하였다. 연구결과 난황의 무게 및 난황의 콜레스테롤의 함량은 키토산 투여에 의해 감소하였다고 보고하였다.

4. Conjugated linoleic acid(CLA)를 이용한 지방의 억제

Conjugated linoleic acid(CLA)는 linoleic acid에 존재하는 이중결합의 구조와 형태가 다른 이성체를 총칭하는 말이며, 주로 반추동물에서 생산되는 유제품이나 소고기 등에 존재한다. University of Wisconsin-Madison의 Pariza 교수팀은 돌연변이 물질과 가열 온도와의 관계를 연구하던 과정에서 우육 추출물이 항돌연변이 효능을 가진다는 것을 발견하였으며, 1987년 Pariza와 하영래 교수팀에 의해 최초로 항암효능이 발견되었고, 그 물질의 구조가 linoleic acid의 이성체임이 밝혀져 CLA라 명명되었다. CLA는 항암효능이 발견된 이후에 많은 연구에서 다양한 생리활성 기능이 밝혀졌는데, 1997년 Pariza와 박연화 교수팀에 의해 항암효능 이외에도 CLA의 항비만 효능이 밝혀졌고(이상 Park과 Pariza, 2007), 현재 CLA는 우리나라와 미국을 비롯한 다양한 나라에서 다이어트 보조제로 판매되고 있다. 아래의 그림에서 보듯이 불포화지방산은 하나 이상의 이중결합을 가진 지방산으로 이중결합을 가진 지방산은 수소결합이 존재하지 않는 방향으로 휘어지게 되며, 이중결합의 수가 많을수록 더 많이 휘어지게 된다.

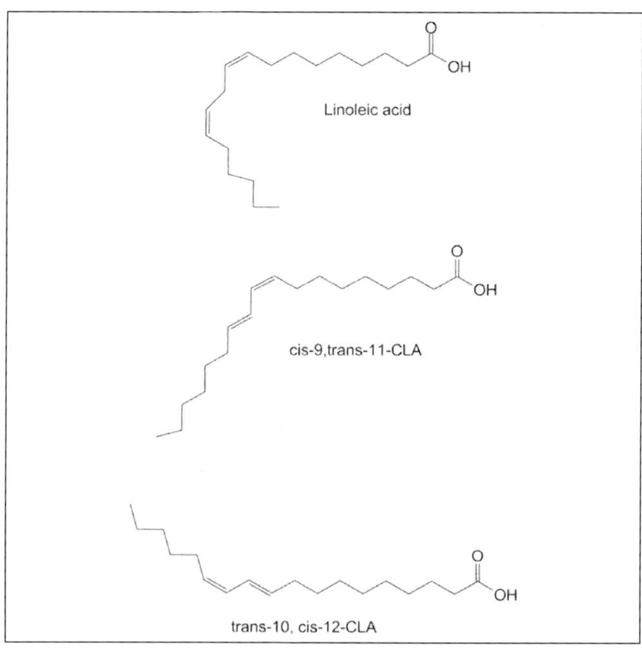

〈그림 3-22〉 Linoleic acid와 conjugated linoleic acid의 구조

　자연계에 존재하는 대부분의 불포화 지방산은 이중결합이 Cis 형태를 지니고 있으나 CLA는 Cis-Cis 또는 Cis-Trans 및 Trans-Trans 등 매우 다양한 구조를 가지고 있다. 가장 대표적인 CLA의 이중결합 형태는 Cis-9, Trans-11과 Trans-10, Cis-12가 있는데, Cis-9, Trans-11 CLA가 전체의 약 80% 정도를 차지한다. CLA는 이성체의 구조에 따라 생리활성 효능이 다르게 나타나는데, Cis-9, Trans-11 형태의 CLA는 항암효능이 크게 나타나며, Trans-10, Cis-12 형태이 CLA는 체지빙을 감소시키는 효능이 큰 것으로 보고되고 있다(이상 Park과 Pariza, 2007). 아래의 그림은 CLA 이성체의 생합성 경로를 나타내고 있다.

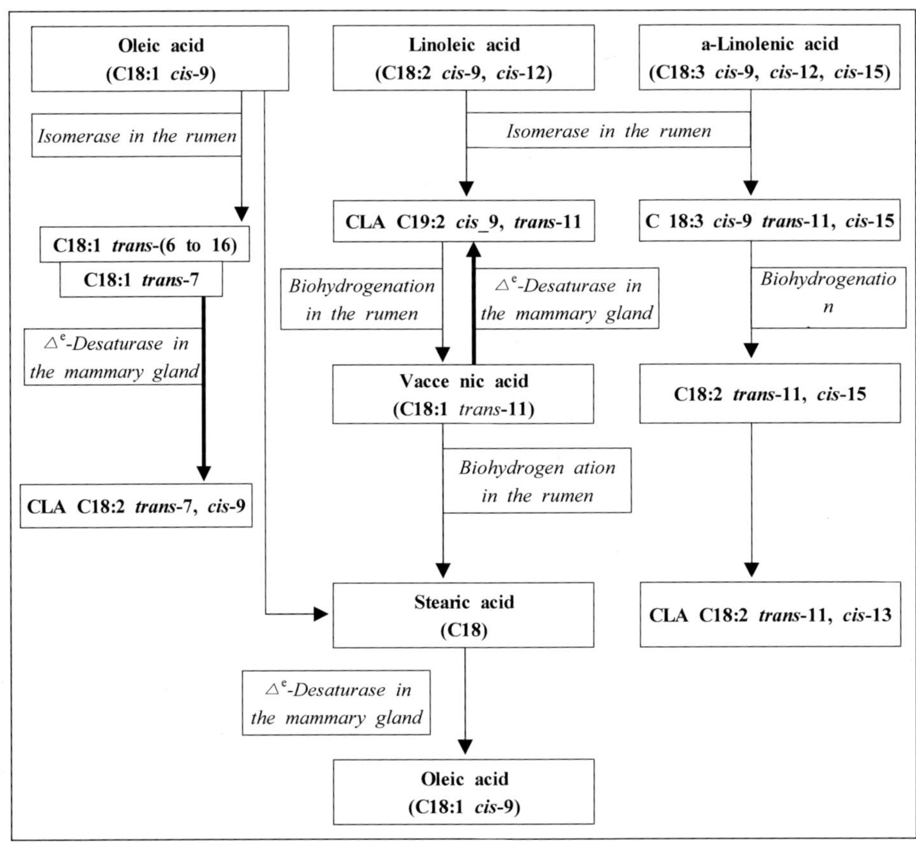

〈그림 3-23〉 CLA 합성기작(Collomb 등, 2006)

Conjugated linoleic acid의 체지방 감소기작

CLA의 체지방 감소기작을 요약하면 다음과 같다.

- 산소의 소비량을 증가시키는 작용에 의한 에너지 소비의 증가, 즉 세포 내의 과다한 에너지를 열로 발산시키는 Uncoupling protein 발현의 증가에 의해 에너지를 소비시키는 기작

- 지방세포의 질량과 지방세포수의 감소, 즉 지방세포의 축적에 관여하는 lipoprotein lipase 억제 및 포화지방산을 단가불포화지방산으로 전환시켜 지방세포에 축적시키는 역할을 하는 stearoyl-CoA desaturase의 활성을 억제하는 기작

- 지방세포의 사멸과 지방세포의 분해를 촉진시켜 지방을 억제하는 기작

- 지방대사에 관여하는 peroxisome proliferator-activated receptor-γ(PPAR-γ)의 발현을 조절하여 지방을 억제하는 기작
- 세포의 signaling에 관여하는 nuclear factor-κB(NFκB)와 tumor necrosis factor-α(TNF-α)의 발현을 조절하여 지방을 억제하는 기작
- 에너지의 섭취와 소비에 관여하는 단백질 호르몬인 leptin을 억제함으로써 지방을 억제하는 기작
- 골격근에서 지방산의 β-oxidation을 증가시켜 지방을 억제하는 기작

이러한 CLA의 지방억제 효능은 Trans-10, Cis-12 형태의 CLA에서는 일정하게 나타나지만 Cis-9, Trans-11 형태의 CLA에서는 지방억제 효능이 일정하게 나타나지 않고 있다. 따라서 CLA라 할지라도 이성체의 구조에 따라 지방을 억제하는 효능은 다를 수 있다. 또한 CLA는 실험방법에 따라 지방억제 효능의 차이가 보고되고 있는데, 특히 rat, 돼지, 그리고 사람을 이용한 임상실험에서는 CLA에 의한 체지방 억제 효능이 적은 것으로 보고되고 있다(이상 Park과 Pariza, 2007). CLA는 피실험 개체의 연령이나 비만 정도 또는 CLA 급여 수준에 따른 체지방 억제 효능도 차이가 있는 것으로 보고되고 있다. Park과 Pariza(2007) 등은 성장기에 있는 이런 실험 쥐보다 성숙기에 도달한 실험쥐에서 CLA의 체지방 억제 효능이 크다고 보고하였으며, Hur 등(2009b)은 행동과 관련된 유전자를 knock-out시켜 비만을 유도한 쥐를 이용한 실험에서 Trans-10, Cis-12 형태의 CLA는 체지방을 억제시키는 효능이 정상 쥐에서보다 크다고 보고하여, CLA의 체지방 억제 효능은 정상인 상태보다 비만이 심한 개체일수록 그 효능이 큰 것으로 판단된다.

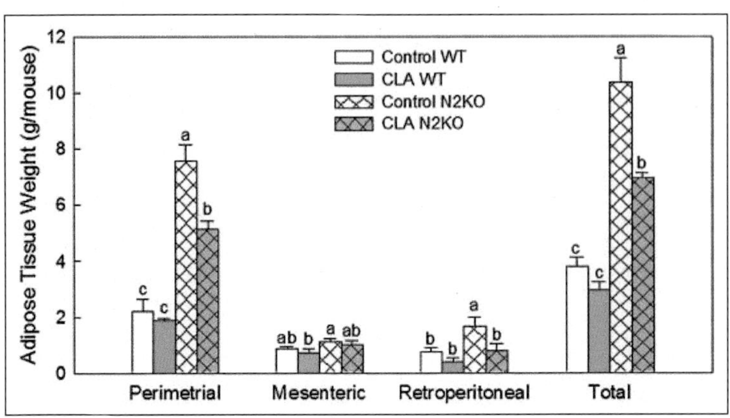

〈그림 3-24〉 정상쥐와 비만이 유도된 쥐에서 CLA의 체지방 억제 효능의 차이 (Hur 등, 2009b)

그러나 CLA가 지방을 억제하는 기작은 현재도 활발히 연구 중에 있으며, 상반되는 연구결과와 상반되는 기작도 보고되고 있어 좀 더 세심한 연구가 필요할 것이다.

〈표 3-6〉 CLA와 이성체에 따른 체지방 억제 효능(Bhattacharya 등, 2006)

Model	Significant findings	References
Rats, mice and pigs	↑ lean mass fat mass	[5,21,29,32-34] [30,31]
Mice	t10c12-enriched diet ↓ fat mass compared to c9t11-enriched diet	[6]
	↓ body weight and epididymal fat mass in essential fatty acid-deficient diet-fed mice	[47]
ZDF rats	CLA ↓ weight gain, fat mass; ↔ enriched c9t11	[20]
Atherogenic diet fed hamsters	CLA ↓ weight gain compared to c9t11	[42]
	Fat mass ↓ t10c12 ↔ c9t11; no effect on body weight t10c12 ↓ fat mass	[43]
SCD1 null mice	↓ obesity with t10c12 independent of SCD1 expression	[45]
Exercised high-fat diet-fed mice	↓ body weight, fat mass lean mass	[50]
Exercised adult rats	↔ body weight, body composition, adipose weight	[51,52]
Sedentary young women	45 days; 2.1 g CLA/day ↔ body fat	[67]
Healthy adult women	↔ 64 days; 3g/day CLA-fat mass, percentage fat, fat-free mass	[66]
Healthy exercising humans	12 weeks; 1.8g/day CLA ↓ fat mass ↔ body weight ↑ lean mass	[68]
	↔ 6g CLA/day; 28days-body mass, fat mass, fat-free mass, percent body fat	[72]

Model	Significant findings	References
Overweight/obese humans	12 weeks different doses fat mass ↔ body weight ↑ lean mass	[69]
	13week ↑ lean mass	[76]
	12 months CLA-TG and CLA-FFA ↓ fat mass CLA-FFA ↑ lean mass	[78]
	24 months 3.4g CLA-TG/day ↓ fat mass	[77]
	4 weeks; 4.2g CLA/day ↓ abdominal fat mass ↔ overall fat mass	[70]
	18 weeks ↔ fat mass, lean mass	[74]
	4 weeks ↔ abdominal, subcutaneous adipose tissue (CLA supplemented as butter fat)	[75]
	12 weeks; t10c12 ↔ body fat, abdominal fat, body weight (same as control)	[73]
Healthy volunteers	8 weeks ↓ fat mass (4 weeks 0.7g/day+4 weeks 1.4g/day)	[71]

↓, decreased; ↑, increased; ↔, no effect

〈표 3-7〉 CLA의 체지방 억제효능 연구(Park과 Pariza, 2007)

References	Dose (g/d)	Subjects (BMI, kg/m²)	n	Duration	Results[a]
Atkinson (1999)	2.7	MF (28-30)	80	6 months	↓ BF, −BW, ↓ BFG
Blankson et al. (2000)	1.7, 3.4, 5.1, 6.8	MF (25-35)	47	12 wk	↓ BF, −BMI, ↑ FFM with 6.8 g
Berven et al. (2000)	3.4 (4.5 g 80%)	MF (27-39)	55	12 wk	↓ BW, ↓ BMI
Zambell et al. 2000	1.95	F	17	8 wk	−FFM, −BF, slight ↓ BW −energy expenditure
Riserus et al. (2001)	4.2	M (32)	24	4 wk	↓ SAD, −BMI, −BW
Smedman and Vessby (2001)	4.2	MF (25)	53	12 wk	↓ BF, −BW, −BMI, −SAD
Mougios et al. (2001)	0.7 and 1.4	MF (<30)	22	4 wk each Total 8 wk	↓ BF
Thom et al. (2001)	1.08	MF (<25)	10	12 wk	↓ BF, −BW, −BMI
Riserus, Arner, et al. (2002)	3.4, mix or 10, 12	M (27-39)	57	12 wk	↓ BF, ↓ SAD, −BMI, −BW (↓ BW, ↓ BMI for $t10$, $c12$ only)
Kreider et al. (2002)	3.9	M[exercise]	23	4 wk	−BM, −FFM, −BF, −bone M, no benefit of exercise
Noone et al. (2002)	3 (50:50, 80:20)	MF (<25)	51	8 wk	−BW [exercise]
Kamphuis et al. (2003a)	1.8 or 3.6	MF (28)	54	13 wk	−BWG, favorable appetite effects
Kamphuis et al. (2003b)	1.8 or 3.6	MF (28)	54	13 wk	−BWG, ↑ FFM gain, ↓ BF ↑ resting metabolic rate
Belury et al. (2003)	6	MF [T2DM][b]	21	8 wk	↓ BW, ↓ BF with $t10$, $c12$
Gaullier et al. (2004)	3.4, TG, FFA	MF (25-30)	180	1 yr	↑ FFM, ↓ BW, ↓ BMI, ↓ BF ↓ Bone Mass
Malpuech-Brugere et al. (2004)	1.5 or 3g of $c9$, $t11$ or $t10$, $c12$	MF (overweight)	81	18 wk	Slight ↓ BF (both isomers) −BW, slight ↓ BF
Riserus, Vessby, Arner, et al. (2004)	3.4, mix or 10, 12	MF (30)	57	12 wk	Slight ↓ BF
Riserus, Vessby, Arnlov, et al. (2004)	3 (83% mainly $c9$, $t11$)	MF (27-35)	25	12 wk	Slight ↓ BMI, ↓ Bw, −BF
Eyjolfson et al. (2004)	3	MF	16	8 wk	−BW, −BMI, −BF
Whigham et al. (2004)	6	MF (27-35)	47	16 wk+ 24 wk	−BW, −BF
Gaullier et al. (2005)	3.4	MW	134	2 yrs	↓ BF, ↓ BW, ↓ BMI
Larsen et al. (2006)	3.4	MW(>28)	83	1 yr	−BWG, −BFG, −FFM (weight gain period)

Conjugated linoleic acid(CLA)를 이용한 기능성 식품의 개발

CLA는 linoleic acid의 이성체로서 linoleic acid 함량이 높은 물질의 섭취가 많은 초식동물에서 많이 발견된다. 즉 초식동물의 반추위에 존재하는 미생물에 의해 linoleic acid가 CLA로 전환되는 부분이 많기 때문에 단위동물에 비해 반추위를 가진 소나 양과 같은 동물에서 상대적으로 많이 발견된다. CLA가 식품첨가물로서 허가되지 않던 과거에는 CLA가 함유된 사료를 가축에게 급여하여 우유나 고기에 CLA가 축적되도록 하는 연구가 활발히 진행되었다. 즉 생리활성 기능을 가진 CLA를 우유나 고기 등에 축적시키는 방법을 이용하여 기능성 식품을 개발하고자 하는 연구들이 많이 이루어졌다. CLA는 linoleic acid의 이성체이기는 하나 자연계에 널리 존재하는 일반 지방산과 유사하게 동물 체내에 전이되거나 축적이 가능하다. CLA를 산란계에 급여하면 고기는 물론 계란에도 CLA가 축적이 되며, 젖소나 비육우 및 돼지에게 급여하면 우유나 고기에 CLA가 축적이 된다. 그러나 CLA의 고기 내 축적률은 반추위를 가진 소고기가 돼지고기나 닭고기보다 상대적으로 높게 나타난다. 가축에 있어 CLA의 축적률은 사료에 첨가한 CLA의 순도와 급여수준 및 급여기간에 따라 차이가 발생한다. 즉 CLA의 축적률은 순도가 높고 급여수준과 급여기간이 길수록 높게 나타나는데 일정한 수준 이상으로 급여하면 그 한계는 분명 존재한다. 이러한 방법은 생리활성 물질인 CLA가 함유된 동물성 식품의 개발에 이용되는 방법으로 이러한 연구를 통하여 CLA가 함유된 우유나 CLA가 함유된 식육이 개발되어졌다.

CLA를 직접 사료에 첨가하여 식육이나 유제품에 CLA의 함량을 높이는 방법 이외에 가축 사료의 형태에 의해 CLA의 함량을 높이는 방법은 다양한 형태로 연구되어졌다. French 등(2000)은 농후사료(concentrate-based diet)보다 목초 사료의 급여 수준을 높였을 때 고기의 CLA의 농도가 높아졌다고 보고하였으며, Poulson 등(2004)은 목초 사일리지 사료의 급여 수준이 높을수록 고기 내의 CLA 수준이 높게 나타났다고 보고하였다. 목초사료 급여에 의해 고기의 CLA 함량이 높아지는 이유는 이러한 목초사료에 높은 함량으로 존재하는 linoleic acid가 반추위 내에서 CLA로 전환되는 비율이 높기 때문일 것이다. 따라서 고기나 유제품에서 생리활성 물질인 CLA의 수준을 높이는 방법은 사료 내에 직접 CLA를 첨가하여 급여하거나

linoleic acid 함량이 높은 사료를 급여하는 방법이 있을 것이다. Hur 등(2003)은 산 란계 사료에 1~5% 수준의 CLA(순도 55~60%)를 급여하였을 때 난황 내 콜레스 테롤의 수준을 감소시키고, 지방산화물의 생성을 억제한다고 보고하였다.

다음의 표는 다양한 식육에서의 CLA 함유량을 나타내고 있는데, CLA의 함유량 은 소나 양과 같은 반추동물이 돼지나 닭 또는 칠면조에서보다 높게 나타나는 것 을 알 수 있다. 이러한 이유는 반추동물의 위에 존재하는 *Butyrivibrio fibrisolvens* 와 같은 미생물의 작용에 의해 CLA의 합성이 많기 때문이다. Dhiman 등(1999)은 우유에 존재하는 CLA의 함량은 7.3에서 9.0mg/g 수준이지만 그 함량은 사료의 급 여수준에 크게 영향을 받는다고 보고하였으며, Bauman 등(2000)은 해바라기 기름 을 급여한 젖소에서 채취한 우유로 제조한 버터의 CLA 함량은 일반 버터에 비해 CLA 함량이 약 7배 이상 증가한다고 보고하였다. Chamruspollert와 Sell(1999)은 5% 수준의 CLA를 급여했을 때 계란 하나에 함유된 CLA의 함량은 약 310~350mg 수 준이라고 보고하였다.

〈표 3-8〉 사료 섭취에 따른 CLA 조성의 변화(Schmid 등, 2006)

Feed(supplement)	Cattle	Sheep	Pigs	Chicken
Grass(pasture)	+, ±	+		
Sunflower seeds	+	+		
Safflower seeds		+		
Linseed	±, +			
Rapeseed	(-)			
Soybeans	±, +			
Chickpeas		+		
Crushed raw flax	+			
Sunflower oil	+	+		
Linseed oil		±		
Rapeseed oil	⊥	±		
Safflower oil		+		
Soyean oil	±, -	+		
Fish oil	+	±		
CLA			+	+
Partially hydrogenated oil/fat			+	
Ruminally protected lipid supplement	±			

+ Means significant increase, - means significant decrease, ± means no effect, brackets mean non-significant change.

돼지나 닭에서는 직접 CLA를 첨가해야만 CLA의 축적이 이루어지는 것을 알 수 있다. 따라서 CLA가 축적된 돼지고기나 닭고기 및 계란을 생산하기 위해서는 사료 내에 직접 CLA를 첨가하는 방법이 필요할 것이다. CLA를 이용한 지방억제는 CLA를 식품에 직접 첨가하거나 CLA가 축적된 식품을 섭취함으로써 그 효능을 발휘할 수 있을 것이다.

우유는 천연에서 가장 풍부한 CLA 급원이며, CLA 함유량은 지방 1g당 약 2~53.7mg 정도로 그 편차는 매우 큰 것으로 조사되고 있으며, 같은 사료를 급여한 젖소에서 추출한 우유들 간에도 약 3배 이상 CLA 함량의 차이가 나는 것으로 조사되고 있다(Collomb 등, 2006). 우유에 함유되어 있는 CLA의 함량은 다양한 요인에 의해 영향을 받는데, 고기 내에 축적되는 CLA와 마찬가지로 신선한 목초의 급여량을 높임으로써 우유의 CLA 함량을 높일 수 있다. 또한 linoleic acid 함량이 높은 사료를 급여하면 우유 내의 CLA 함량을 높일 수 있다. 해바라기 기름(53g/kg)을 2주간 급여했을 때 우유 내의 CLA 함량은 24.4mg/g fat이었고, 땅콩기름 급여 시에는 13.3mg/g fat, 아마인 기름 급여 시 우유에 함유된 CLA의 양은 16.7mg/g fat 수준으로 나타났다(Kelly 등, 1998).

CLA를 사료에 첨가 급여함으로써 계란난황에 CLA를 쉽게 축적시킬 수 있다. 그러나 CLA의 급여는 난황의 경도를 증기시키는 현상이 발생되는데, 이러한 이유는 CLA 급여에 의해 포화지방산의 함량이 증가되기 때문이다. 이러한 현상은 사료의 불포화지방산 함량을 높임으로써 어느 정도 감소시킬 수 있다. 또한 Chamruspollert와 Sell(1999) 등과 Aydin 등(1999)은 각각 5%와 0.5% 수준의 CLA를 닭에게 급여했을 경우 계란이 부화가 되지 않는 부작용이 발생되었다고 보고하였으며, 이러한 이유는 CLA 급여에 의해 stearic acid(18:0)의 함량이 급격하게 증가하고 oleic acid(18:1)의 함량이 감소하는 지방산 조성의 불균형 때문이다. 이러한 부작용을 줄이기 위해서는 oleic acid(18:1)의 함량이 풍부한 사료를 급여하여 포화지방산과 불포화지방산의 균형을 맞춤으로써 방지할 수 있다(Aydin 등, 1999).

Ip 등(1995)은 사람에게 있어 CLA가 생리활성을 가지기 위해서는 체중이 70kg인 사람을 기준으로 보았을 때 하루 약 3g 수준의 CLA를 섭취해야 한다고 보고하였다. Riserus 등(2001)은 비만인 중년남성의 경우 하루 약 4.2g CLA를 4주 이상 섭취 시에 지방세포와 심혈관 질환을 줄일 수 있다고 보고하였다. 그러나 CLA의 효능에 대한 상반된 연구결과들이 보고되고 있을 뿐만 아니라 CLA 이성체의 구조와 CLA 의 순도 및 섭취량과 섭취기간 등에 따라 CLA가 체지방을 억제하는 효능은 차이 를 나타낼 수 있고, 섭취하는 개체 간의 변이에 의한 실험결과의 차이도 존재할 수 있다. CLA를 이용한 축산식품의 개발에 있어 CLA의 함량은 동물의 품종이나 근육 부위 또는 분석방법이나 시료에 따른 차이가 존재하고 동물실험에 있어 CLA의 급 여량에 따라 CLA 함량의 차이가 크기 때문에 정확한 함유량을 규정하기는 힘들다.

위에 언급했듯이 CLA를 이용한 기능성 축산식품의 개발은 CLA가 함유된 사료 를 가축에게 급여하거나 linoleic acid 함량이 높은 사료를 급여하여 고기나 우유 및 계란 등에 CLA를 축적시키는 방법이 많이 연구되었다. CLA를 가축에게 급여하여 축적시키는 방법은 동물성 식품을 섭취할 때 체지방 억제 효능이나 항암 효능을 가진 CLA를 같이 섭취할 수 있다는 장점이 있으며, CLA를 직접 섭취했을 때 발생 할 수 있는 체내에서의 독성이나 거부감 등을 줄일 수 있는 장점이 있다.

〈표 3-9〉 식육에서 CLA의 함량(Schmid 등, 2006)

Lamb	Beef	Veal	Pork	Chicken	Turkey	Horse
			(in mg/g fat)			
5.6	2.9-4.3[b]	2.7	0.6	0.9	2.5	
	5.8-6.8[b]					
11.0[c]	3.6-6.2[a,c]		0.7[c]			0.6[c]
	1.2-3.0[b,c]					
	4.0-10.0[a,c]					
4.32						
			(in mg/g FAME)			
12.0[c]	6.5[c]		1.2-1.5[b,c]	1.5[c]	2.0[c]	
	2.7-5.6[a,b,d]			0.7[d]		
8.8-10.8[c]						
19.0[c]						

FAME= fatty acid methyl ester.
[a] Meat from different production systems/countries.
[b] Different pieces of carcass (and eventually different animals).
[c] Only Cis 9, Trans 11-18:2 measured.
[d] Only Cis 9, Trans 11-18:2 and Trans 10, Cis 12-18:2 measured.

현재까지 CLA의 독성이나 부작용은 보고된 바가 없으나 중성지방이 아닌 유리형 태의 지방산을 과량 섭취할 때에는 세포독성을 나타낼 가능성이 존재하기 때문에 동물 체내에 축적된 형태로 섭취하는 CLA는 이러한 위험을 줄일 수 있을 것이다. 그 러나 아래의 그림에서 보듯이 전 세계적으로 많은 회사에서 건강 보조식품 또는 다 이어트 보조제로서 CLA를 판매하고 있으며, 주로 알약의 형태가 대부분을 차지하고 있음을 알 수 있다. 이러한 이유는 CLA가 지방의 일종으로 음료나 파우더 형태로 제 조하는 것이 용이하지 않고 맛을 내는 물질이 아니기 때문에 기존의 식품에 첨가하

〈그림 3-25〉 현재 국내·외 시판 중인 CLA 제품

기보다는 알약의 형태로 따로 섭취하는 방법을 선택하고 있는 것으로 판단된다.

5. 가르시니아 캄보지아를 이용한 지방의 억제

가르시니아 캄보지아(*Garsinia Cambogia*)는 인도네시아, 남아프리카, 호주 또는
인도 남부에 서식하는 과일로서 크기는 밀감 정도이고 맛이 달면서 쓰다. 과일의
과피는 건조한 후 향신료로 이용된다. 최근 가르시니아 캄보지아의 과피에서 추출한
hydroxycitric acid(HCA)가 체지방을 감소시키는 효능이 입증되어 다양한 건강기능성
식품으로 개발되고 있다. HCA는 가르시니아 캄보지아 과일의 껍질에 뿐만 아니라
Garsinia indica 또는 *Garsinia atroviridis* 등에도 함유되어 있다. HCA는 유기용매
나 열수로 추출하여 이온교환수지 등을 이용하여 정제한 후 다양한 염의 형태로 전환
시켜 사용할 수 있는데, Na^+ 염, Ca^+ 염, K^+ 염, Mg^{2+} 염, Ca^{2+}/K^+ 염 및 Mg^{2+}/K^+ 염
등으로 이용될 수 있다. 가르시니아 캄보지아 과피에 많이 함유된 HCA는 오렌지나
레몬을 비롯한 신맛을 내는 과일에 함유된 citric acid와 화학적으로 유사한 구조를 가
지는 물질로서 많은 연구에서 HCA는 세포 내 미토콘드리아에서 지방산을 합성하는
citrate lyase의 활성억제, 새로운 지방산의 합성 억제, 간에서의 글리코겐 합성의 증가,
식품섭취의 억제 및 체중감소 효능 등이 밝혀지고 있다(Venkateswara Rao 등, 2010).

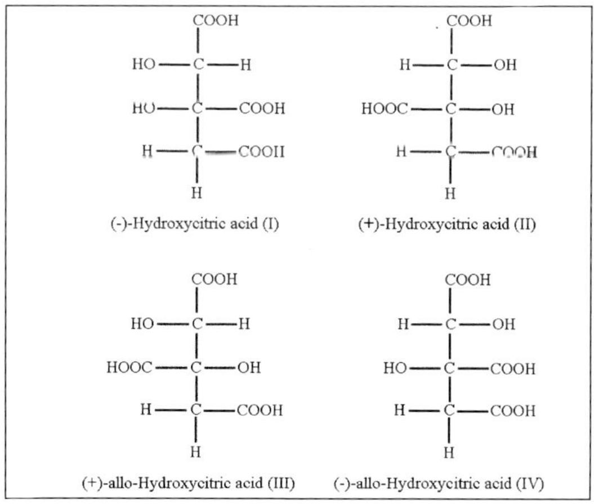

〈그림 3-26〉 Hydroxycitric acid 이성체

HCA가 효능을 나타내기 위해서는 섭취한 HCA가 체내로 흡수가 이루어져야 하는데, 2g의 HCA-SX(100% Ca^{2+}/K^+ salt of 60% HCA)를 사람에게 급여하였을 때 섭취 30분과 두 시간 후 HCA의 혈액 내 함량은 0.8~8.4ng/㎖ 수준으로 나타났다. HCA-SX가 가장 잘 흡수되는 시간은 음식을 섭취하기 전 30~120분이며, HCA-SX를 섭취한 후 네 시간이 경과되면 약 50% 이하 수준으로 감소하는 것으로 나타났고, HCA-SX는 다른 음식과 같이 섭취하는 것보다 공복에 섭취하는 것이 흡수율을 높일 수 있다(Downs 등, 2005).

가장 효과적인 HCA 섭취함량에 대한 연구에서 낮은 함량의 HCA(750mg/day) 급여가 높은 함량의 HCA(1300~1500mg.day)보다 체중감소 효능이 일정하게 나났다고 보고하였으며, 남성이 여성에 비해 효능에 대한 변이가 심한 것으로 조사되었다(Mattes와 Bormann, 2000).

그러나 HCA의 급여 연구에서 Saito 등(2005)은 일일 779~1,244mg HCA/kg를 90일간 급여했을 경우 정소의 위축이나 독성을 나타낸다고 보고하였으나, Shara 등(2003)은 일일 1,500mg HCA/kg를 90일간 급여했을 경우에 정소의 위축이나 독성이 발견되지 않았다고 보고하였다. 가르시니아 캄보지아는 오랜 기간 향신료로서 이용되어 왔으며, 섭취에 따른 부작용도 보고된 바가 없다. 그러나 가르시니아 캄보지아 추출물을 과도하게 섭취 시에 발생할 수 있는 부작용에 대한 연구는 필요할 것이다. Jena 등(2002)은 임신기간 동안은 스테로이드 호르몬에 매우 민감한 기간이므로 HCA 섭취를 피해야 하며, 모유수유 기간에도 HCA 섭취를 피하는 것이 바람직하다고 보고하였다. 또한 HCA의 섭취는 포도당 합성과 케톤체의 생성을 증가시키므로 제2형 당뇨병이 있는 환자는 섭취를 피하는 것이 좋다(Jena 등, 2002).

HCA의 체지방 억제 효능은 HCA의 종류와 실험방법 또는 피실험 개체에 따라 연구결과의 차이가 발생하므로 좀 더 세밀한 관찰이 필요할 것으로 사료된다. 그러나 HCA는 현재 국내외에서 체지방억제 또는 다이어트 보조제로 가장 널리 판매되고 있는 물질의 하나로 그 효능을 인정받고 있다.

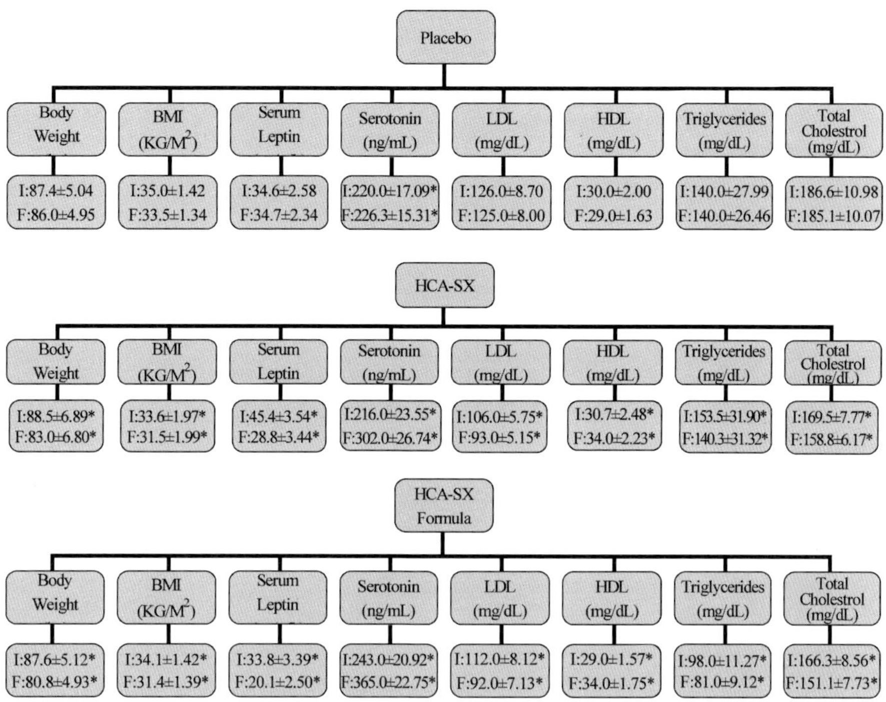

Data are presented as group mean ± SEM. Subjects were given placebo, HCA-SX alone or HCA-SX formula for 8weeks. See subjects and methods section for details. *-Values are significantly different (p<0.05). I-initial values, F-final values

〈그림 3-27〉 HCA-SX 섭취가 체중, 체질량지수 및 혈액성상에 미치는 효능(Downs 등, 2005)

HCA의 체지방 억제기작

HCA의 섭취가 체지방을 억제하는 기작을 요약하면 HCA는 지방합성과 분해에 관여하는 효소를 억제하고, 신경조절 물질의 분비를 조절하는 기능에 의해 식욕을 억제할 뿐만 아니라 에너지의 소비를 증가시키는 효능이 있다. HCA가 체지방을 억제하는 효능을 기작별로 요약하면 <그림 3-28>과 같다.

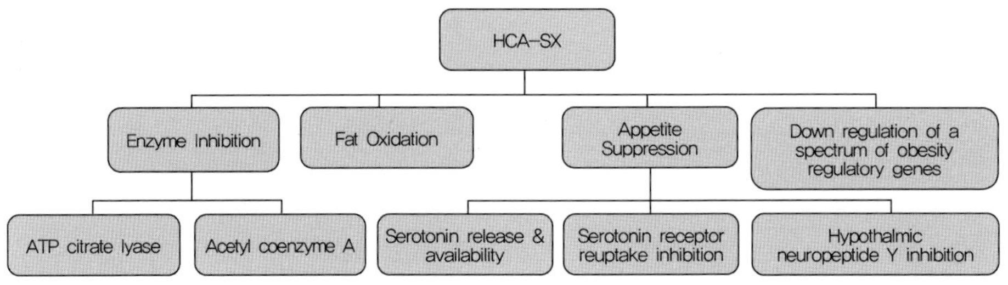

〈그림 3-28〉 HCA-SX의 비만 조절 기작(Downs 등. 2005)

- ATP citrate lyase를 억제하여 citrate가 acetyl CoA로 변환되는 것을 감소시킴으로써 탄수화물에 의해 지방산이 합성되는 것이 감소하여 체지방을 억제하는 기작
- 중성지방과 콜레스테롤의 합성이 억제되고 지방덩이가 생성되는 것을 감소시키고 지방의 산화를 촉진시킴으로써 체지방을 억제하는 기작
- Serotonin과 serotonin receptor의 재흡수 억제의 증가에 따른 식욕의 억제를 통하여 체지방을 억제하는 기작
- 시상하부 조직에서 신경펩타이드의 감소로 인한 식욕의 억제를 통하여 체지방을 억제하는 기작
- 지방대사에 관여하는 prostaglandin D synthase, aldolase B, lipocalin 2, fructose-1, 6-biphosphatase 1 및 LDL receptor 관련 단백질 2의 조절을 통한 체지방을 억제하는 기작
- 에너지의 섭취와 소비에 관여하는 단백질 호르몬인 leptin의 억제에 의하여 지방을 억제하는 기작
- 췌장의 α-amylase와 장 내의 α-glucosidase 억제를 통한 탄수화물의 대사를 억제함으로써 지방을 억제하는 기작
- 케톤체의 생성을 증가시켜 여분의 탄수화물이 지방으로 전환되어 축적되는 것을 억제하는 기작

〈표 3-10〉 가르시니아 캄보지아 관련 연구결과 요약(Heymsfield 등, 1998)

Publication Type	Study Design	Study Agent(s)	Sample	Duration, wk	Major Observations
Industrial	Single arm, open label	GCE, 500mg, chromium picolinate, 100 μg, 3 times per day and healthy eating/exercise	77 obese adults, with 55 completing trial	8	5.5% weight loss in women, 4.9% in men[†] ; combined, P<.001 vs baseline
Peer-reviewed	Randomized, double-blind, placebo controlled	Garcinia indica extract 500mg, nickel chromium, 100μg, 3 times per day and low-fat substitution diet	54 obese subjects randomized, with 39 completing trial	8	Active, 11.14 lb, vs placebo, 4.2 lb[†‡]
Abstract	Randomized, double-blind, placebo controlled	GCE, 500mg, 3times per day, and low-fat 4200-6300 kJ/d diet	40 obese subjects randomized, with 35 completing trial	8	Active, 4.1(1.8) kg, vs placebo, 1.3(0.9) kg (P<.05)[§]
Abstract	Randomized, double-blind, placebo controlled	GCE, 1500mg/d, chromium picolinate, 600μg/d, L-carnitine, 1200mg/d, and low-fat, high-fiber diet	200 subjects randomized, with 186 completing trial	4	Active, −2.84 lb, vs placebo, −1.4 lb fat mass loss (P<.01)[†]
Abstract	Randomized, double-blind, placebo controlled	Hydroxycitric acid, 1320mg/d, in 3 divided doses, and 5040-kJ/d low-fat diet	60 subjects randomized; number completing trial not reported	8	Active, 6.4 kg, vs placebo, 3.8 kg weight loss (P<.001); weight loss as fat, 87% in active vs 80% in placebo group[†‡]
Abstract	Randomized, double-blind, placebo controlled	GCE, 800mg, natural caffeine, 50mg, and chromium polynicotinate, 40μg, 3times per day, and 5040-kJ/d diet	50 obese subjects randomized, with 48 completing trial	6	Active, −4.0%(3.5%) vs placebo, −3.0%(3.1%) body fat mass(P=.30)
Peer-reviewed	Randomized, double-blind, placebo controlled	GCE, 55mg, chrome, 19mg, and chitosan, 240mg; randomized to 1 of 3 groups, active medication twice per day, placebo twice per day, or 1 placebo and 1 active medication per day; all groups treated with hypocaloric diet	150 obese subjects; number completing trial not reported	4	Active, twice per day, −12.5%(1.2%); active, once per day, −7.9%(0.9%); twice per day placebo, −4.3% (1.0%); "overweight reduction"(P<.01 for all 3 vs baseline)[§]

[*] GCE indicates Garcinia cambogia extract.
[†] No SDs reported.
[‡] No statistical analysis reported
[§] Numbers in parentheses are SD.

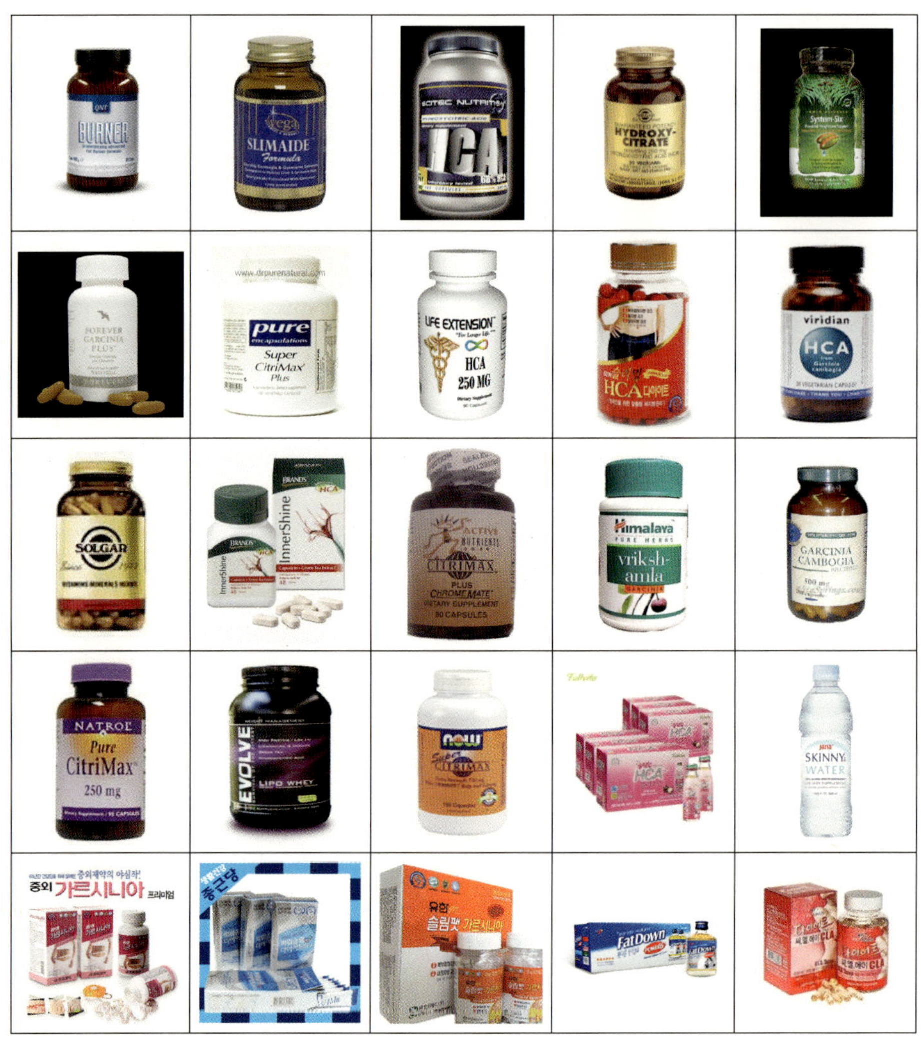

〈그림 3-29〉 현재 국내·외 시판 중인 가르시니아 캄보지아 추출물(HCA) 제품

〈표 3-11〉 시중에 판매되는 체중 조절용 보조제

소재	작용기전
Caffein	커피, 녹차 또는 코코아 등에 함유되어 있으며, 피로회복 효능 및 유리지방산을 글리코겐으로 전환시키는 작용을 한다. 에너지 대사율을 높이는 효과로 인해 체지방을 감소시키는 작용을 하지만 중독성이 있다. 제품: Slim Life, Beer Belly Busters, Body Lean, Sliming 등
Capsaicin	고추와 같은 매우 맛을 내는 식품에 함유되어 있으며, 에너지 대사를 높이고 식욕을 감소시키는 작용을 한다. 신경 또는 신경펩타이드에 작용하여 식욕을 감소시키며, epinephrine의 분비를 증가시켜 지방의 분해와 포도당의 합성을 증가시킨다. 제품: Optislim 2000 등
Catechin	녹차에 함유된 물질로 혈중 지질의 농도를 감소시키고 체내에서 지방의 분해를 촉진시킨다. 제품: Catechin Plus, TEA-GCG, Catechin Green 등
Chitosan	새우, 게 등의 갑각류의 껍질에 존재하는 비수용성물질로서 강한 전하를 띠게 되어 지방을 흡착한 후 배설시키는 작용을 한다. 포만감을 증가시키며, 체열발생을 증가시켜 에너지 소비를 증가시킨다. 제품: Chitorich, Exofat, Fatsorb, Fat Breaker, Supre Chitosan 등
Choline	간 내 지방을 체세포로 운반하는 작용을 한다. 제품: 1FAST400, Phosphatidyl Choline in Lecithin, Choline & Inositol 등
Chromium picolinate	Chromium의 유도체이며, chromium은 탄수화물과 지방 대사에 중요한 역할을 한다. 포만감을 증가시키며, 체열발생을 증가시켜 에너지 소비를 증가시킨다. 제품: Body Lean, Chromaslim, Medislim, Beer Belly Busters, ProteCol, Solgar Chromium Picolinate, Fat Burner 등
Conjugated linoleic acid(CLA)	소와 양과 같은 반추동물의 고기나 우유에 소량 존재하며, 지방의 축적을 억제시키며, 혈중 지질의 농도를 감소시킨다. 제품: Diet CLA, Bodyshape CLA, Tonalin-CLA, Spark CLA 등
Fucus vesiculosus	해초의 일종으로 갑상선에 작용하여 여분의 에너지 소비를 증가시킨다. 제품: Cellasene, Medex, Bioslim, Kelp 1000 등
Ginkgo biloba	은행잎이며, adrenal peripheral benzodiazepine receptor에 작용하여 corticosteroid를 감소시켜 스트레스를 해소시키고, 음식섭취를 줄여준다. 제품: Cellasene, Ginkgo OptiMem 60, Ginkgo Biloba standardized extract 등
Hydroxycitric acid	가르시니아 캄보지아라는 열대과일의 껍질에서 추출한 물질로서 지질의 산화를 촉진시키고 지방의 축적을 억제시키며, 식욕을 감퇴시키는 작용을 한다. 제품: Slim Life, Brindleslim, Medislim, Beer Belly Busters, HCA, 가르시니아 캄보지아 등
L-Carnitine	고기나 낙농식품에 손재하며, 간이나 신장에서 lysin 또는 methionine으로부터 합성된다. 체내에서 지방의 산화를 촉진시키는 작용을 한다. 제품: Fat Metabolizer, Pro-sport L-carnitine, ProteCol, Dymatize L-carnitine 등
Lecithin	계란이나, 콩 등에 존재하는 인지질의 일종이다. 체내에서 지방이 축적되는 것을 억제한다. 제품: ProteCol, Cellasene, Slim Factor Extreme, Soya Lecithin, Lecithin Granules 등
Pectin	사과아 같은 괴일에서 추출한 탄수화물 중합체로 음식의 섭취량을 줄이고, 포만감을 증가시킨다. 겔을 형성하고 지방과 흡착하는 성질이 높아 체내에서 지방의 흡수를 감소시킨다. 제품: Zellulean, Beef Belly Busters, Exofat, Fatsorb, Grapefruit Pectin, Modified Citrus Pectin powder, New Apple Pectin 등
Phenylalanine	식욕을 억제시키는 작용을 하며, 중성지방을 분해하는 신경전달 물질인 norepinephrine의 전구체로 작용한다. 제품: L-phenylalanine Powder, Now Foods L-phenylalanine, Thermadrol 등
Pyridoxine	비타민 B6라고 하며 지방 분해를 촉진하는 신경전달 물질 생성에 작용한다. 제품: Vitamine supplement B-6, Pyrodoxine P5P, HealthAid Vitamin B6 등

소재	작용기전
Soybean peptide	교감신경 활성화로 지방세포의 산화를 촉진시킨다. 제품: Japan Fat Burner Diet Pill-MAX7
St John's wort	고추나물로 불리며 우울증 치료에 효과가 있으며, 음식섭취를 감소시키는 효능이 있다. 제품: Beer Belly Busters, St John's wort 등
Tryptophane	신경계에 작용하는 세로토닌의 전구체로서 과식을 억제시키는 작용을 한다. 제품: L-tryptophan 등

〈표 3-12〉 체지방 감소를 위해 이용되는 다이어트 보조제(Saper 등, 2004)

에너지 소비증가	포만감 증가	지방의 흡수 억제
Ephedra(56)	Guar gum(10)	Chitosan(16)
Bitter orange(49)	Glucomannan(7)	**수분배출**
Guarana(34)	Psyllium(6)	Dandelion
Caffeine(27)	**지방산화 증가 및 지방합성억제**	Cascara(5)
Country mallow(13)	L-carnitine(49)	**우울증 향상**
Yerba maté(9)	Hydroxycitric acid(43)	St. John's wort(19)
탄수화물 대사 조절	Green tea(42)	**기타 또는 효능 불확실**
Chromium(117)	Vitamin B5(18)	Laminaria(18)
Ginseng(20)	Licorice(17)	Spirulina(blue-green algae)(13)
	Conjugated linoleic acid(7)	Guggul(10)
	Pyruvate(6)	Apple cider vinegar(7)

출처: The Natural Medicines Comprehensive Database

6. 유화물의 제조와 유화제를 이용한 지방의 억제

유화물이란 섞이지 않는 두 물질이 유화제라는 매개체로 인하여 하나의 복합체를 형성하고 있는 것을 말하며, 콜로이드라고 부른다. 즉 물과 기름같이 서로 섞이지 않는 물질이 단백질이나 기타 다른 계면활성제에 의해 혼합되어 복합체를 형성하고 있는 것으로, 지방 또는 기름을 함유한 대부분의 물질이 유화물의 형태라고 할 수 있다. 식품에 있어 대표적인 유화물은 우유, 아이스크림, 소시지, 시럽, 마요네즈, 과자 또는 음료 등 지방이나 기름을 함유한 모든 식품이 유화물의 범주에 포함될 수 있으며, 식품 이외에도 화장품, 약품 또는 연료 등 매우 많은 물질이 유화물에 해당된다.

유화물은 분산질과 분산매의 종류에 따라 구분되는데 액체 내에 액체가 분산되어 있는 것을 에멀젼 콜로이드(emulsion colloid), 액체 중에 고체가 분산해 있는 것을 서스펜션 콜로이드(suspension colloid)라고 한다.

유화물의 제조에 있어 가장 중요한 물질은 계면활성제 또는 유화제이며, 유화제의 사용에 따라 유화물의 이화학적인 성질은 매우 다양하게 변할 수 있다. 유화물은 두 가지 이상의 상(phase)이 화학적으로 완벽하게 하나로 혼합되지 않는 계면(경계면)을 가지기 때문에 유화제를 이용하여 두 가지 이상의 물질이 가지는 계면을 서로 연결시켜 안정된 물질로 만들 수 있다. 즉 물과 기름처럼 섞이지 않는 액체 사이에서는 상호 분자 응집력의 차이로 두 개의 층으로 분리가 되고 그 경계면에 장력이 발생하는데, 이러한 경계면의 장력을 감소시켜 주는 물질이 바로 유화제이다. 계면활성제는 물과 용해하기 쉬운 친수성 부분과 기름과 용해하기 쉬운 친유성 부분이라고 하는 상반되는 성질을 모두 가지고 있으며, 지방구의 표면에 흡수되어 지방구를 붕괴시키는 작용을 한다. 가장 널리 이용되는 유화제는 친수성과 소수성을 모두 가진 단백질, 다당류, 인지질 또는 작은 분자량의 계면활성제이다. 유화물의 제조와 유화제의 이용이 지방 저감화에 중요한 이유는 유화물을 제조하는 방법과 유화제의 이용방법에 따라 식품을 제조할 때 지방의 함량을 줄일 수 있고, 또한 지방의 생체 내 흡수를 감소시킬 수 있기 때문이다.

유화물의 제조

유화물은 크게 W/O(water in oil), O/W(oil in water), W/O/W(water in oil in water) 그리고 O/W/O(oil in water in oil) 등이 있다. 우유, 아이스크림 또는 마요네즈 등이 O/W 형 유화물이고, 버터, 마가린, 유화형 소시지 등이 W/O형 유화물이다. 최근 들어 다양한 목적으로 멀티플 유화물(W/O/W, O/W/O) 등을 제조하는데, 이취가 있거나 불안정한 특성을 가진 물질을 내부에 있는 유화물에 녹여두어 안정화시키거나 향신료, 조미료 또는 항산화제 등을 유화물의 내부에 두어 맛과 기능성을 증가시킬 수 있다. 유화물은 다양한 형태로 존재하지만 본 장에서는 가장 기본이 되는 지방과 물을 이용한 유화물(O/W emulsion)의 제조방법을 소개하고자 한다.

서로 섞이지 않는 두 물질인 물과 지방을 이용하여 안정된 유화물을 제조하는

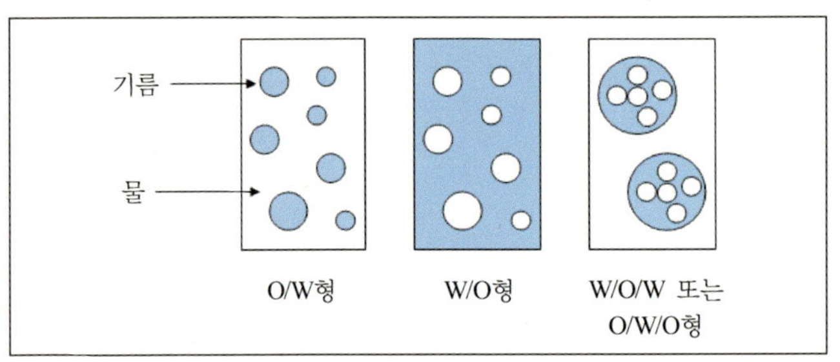

〈그림 3-30〉 유화물의 형태

가장 기본적인 원리는 유화제(단백질류, 섬유소류, 검류, 지방산류, Tween 20 등)를 지방과 함께 혼합하여 균질기 등을 이용하여 입자의 크기를 작게 만들어 주면 된다. 유화물의 안정성은 지방구의 입자가 작아질수록 증가하게 되는데, 이러한 이유는 지방구의 입자가 작아질수록 유화제와 결합할 수 있는 면적비가 늘어나기 때문이다. 지방과 유화제는 1차로 균질기 등을 이용하여 분쇄한 이후에 Microfluidizer$^®$ 등을 이용하여 더 작은 입자로 분쇄함으로써 더욱 안정한 유화물을 제조할 수 있다. 안정된 유화물을 만들기 위해서는 입자의 사이즈뿐만 아니라 유화제와 지방의 비율이 적절해야 하는데, 일반적으로 지방의 함량이 높아질수록 유화제의 함량도 증가되어야 한다.

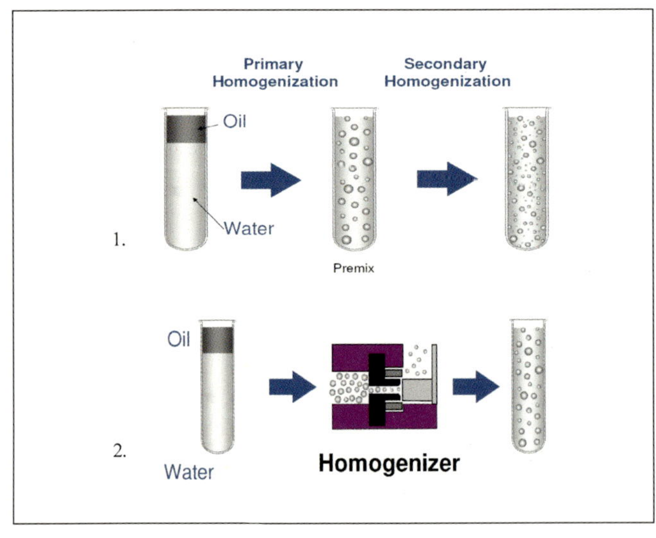

〈그림 3-31〉 유화물 제조 공정

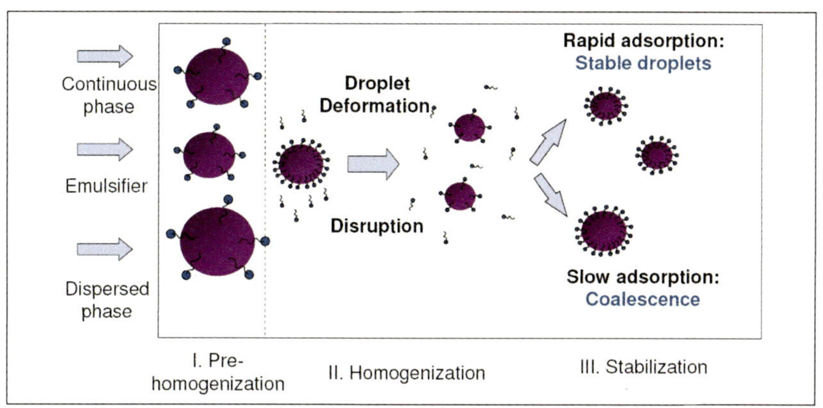

〈그림 3-32〉 균질화 과정 중 유화물의 생성

유화물을 제조하기 위하여 균질화하는 동안 연속상(continuous phase)과 분산상(dispersed phase)이 작은 입자로 붕괴되면서 유화제(emulsifier 또는 surfactant)와 결합하여 안정한 콜로이드 상태가 된다.

유화물 제조공정 중에 균질기나 Microfluidizer$^{®}$ 등을 이용하여 분쇄하는 과정에서 지방구의 붕괴되는 양식은 다음의 그림과 같다. 즉 지방구가 고속으로 회전하는 과정에서 발생하는 원심력에 의해 지방구가 원의 형태에서 타원형으로 길게 확장된 후 여러 개의 작은 지방구로 분리된다. 지방구가 분리되는 정도는 어느 한 계치까지 원심력의 크기와 시간에 반비례한다.

분쇄 혼합과정을 거쳐 작은 입자로 붕괴된 지방구의 계면에는 유화제가 물과 지방을 결합시켜 안정한 형태의 콜로이드가 만들어진다.

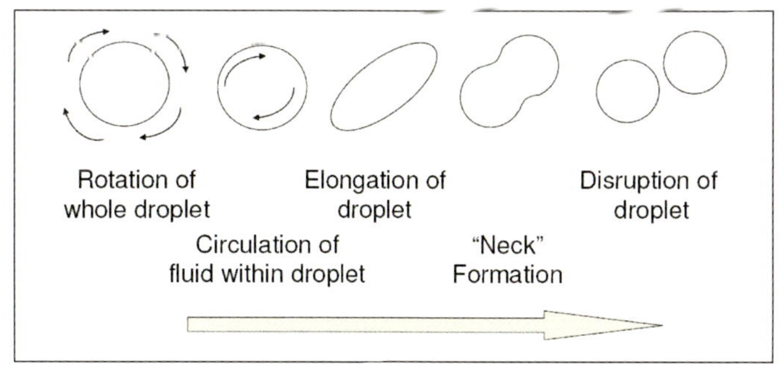

〈그림 3-33〉 균질화 과정 중 지방구의 붕괴 과정

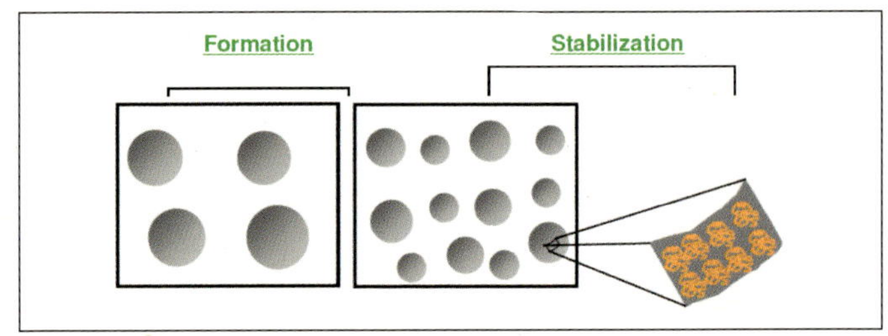

〈그림 3-34〉 지방구와 유화제의 결합

유화물의 안정성과 지방의 저감화

일정한 양의 소금은 순수한 물에 100% 용해가 되며 매우 안정한 구조를 가지기 때문에 소금물은 상층과 하층 간의 이화학적인 차이가 없다. 그러나 인위적으로 제조한 유화물은 기본적으로 100% 완벽하게 안정된 물질이 아니며, 비교적 안정한 물질이라 하더라도 외부 조건에 따라 응집이나 침전이 일어날 수 있다. 유화물을 안정한 형태로 만드는 방법은 식품을 제조하는 데 있어 매우 중요하지만 그 방법이 다양하기 때문에 하나로 간단히 설명하기는 매우 어렵다.

유화물의 안정성에 영향을 미치는 요인 1: 지방구의 사이즈

가장 기본적으로 안정한 유화물을 제조하는 방법은 지방구의 사이즈를 줄이는 방법이다. 지방구의 사이즈를 줄이게 되면 지방구의 면적비가 증가하기 때문에 유화제와 같은 다른 물질과 결합할 수 있는 면적비 또한 증가되어 안정한 형태를

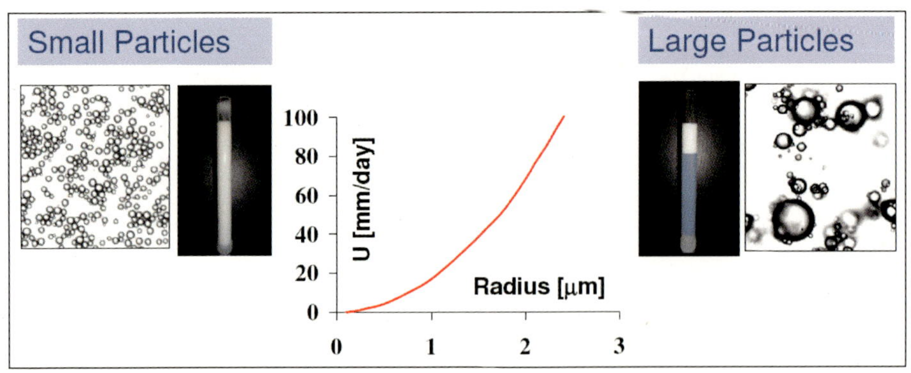

〈그림 3-35〉 지방구 사이즈에 따른 유화물의 안정성

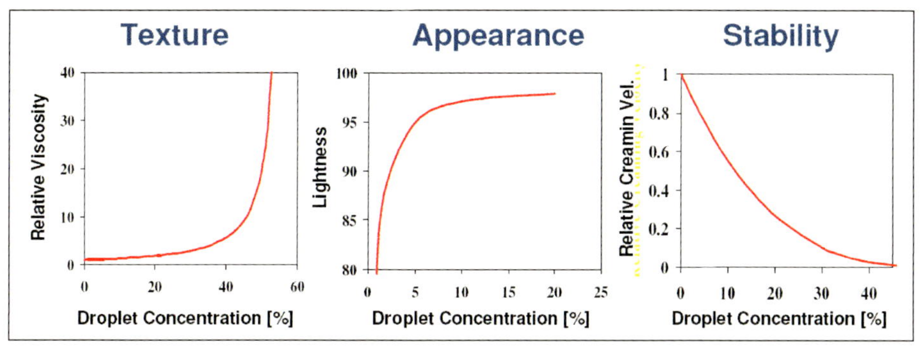

〈그림 3-36〉 지방함량에 따른 유화물의 안정성

가지게 된다. <그림 3-35>에서 보는 것처럼 기본적으로는 지방구의 사이즈가 작아지면 유화물의 안정성은 증가하게 된다. 그러나 지방구의 사이즈가 작아진다고 해서 모든 유화물의 안정성이 증가하는 것은 아니다. 음료수나, 우유, 샐러드드레싱, 수프 등은 지방의 함량이 상대적으로 낮고 지방구의 사이즈도 비교적 적지만 중력에 의한 유화안정성이 낮다. 이에 반해 마요네즈, 버터 또는 마가린 등은 지방의 함량과 점도가 높고 지방구의 사이즈도 크지만 유화 안정성은 높다. 이러한 이유는 마요네즈, 버터 또는 마가린 등은 점도가 매우 높기 때문에 지방구의 이동이 매우 제한되어 점도가 낮은 음료나 우유 등에 비해 중력에 의한 유화안정성이 높다. 그러므로 지방구의 사이즈뿐만 아니라 연속상과 분속상의 이화학적인 상태에 따라 유화물의 안정성은 달라질 수 있다.

유화물의 안정성에 영향을 미치는 요인 2: 지방 및 유화제의 함량

유화물에 함유된 지방의 함량에 따라 유화물의 안성성은 크게 차이를 나타내게 된다. 유화물 제조 시 물과 유화제의 함량이 동일하다고 가정했을 때 지방의 함량이 증가할수록 점두가 증기히고 밝기가 승가하지만 유화안정성은 감소하게 된다<그림 3-36>. 이러한 경우 지방의 함량을 낮추거나 유화제의 첨가량을 높임으로써 유화안정성을 높일 수 있다. 유화물을 제조하기 위해 첨가되는 유화제의 양은 보통 1~5% 정도이며, 지방구의 입자가 작아지면 직경에 반비례하여 표면적이 증가하기 때문에 유화제의 첨가량은 증가하는 것이 일반적이다. 유화력을 높

이기 위해서는 하나의 유화제를 사용하는 것보다 여러 가지의 유화제를 혼합해서
사용하면 효능이 좋아진다.

유화물의 안정성에 영향을 미치는 요인 2: pH, 온도, 유화제의 종류

유화물의 안정성은 pH, 온도 또는 유화제의 종류에 따라 크게 영향을 받는다.
가장 대표적인 식품 유화제로는 대두에서 추출한 레시틴이며, 값이 싸기 때문에
식품제조에 있어 가장 널리 이용된다. 유화물에 있어 pH의 변화는 지방구 간의
정전기적 결합력에 영향을 미치기 때문에 지방구의 크기나 유화안정성에 크게 영
향을 미치게 된다. 예를 들어 평균 전하가 제로가 되는 pH가 등전점인데 단백질
에서는 약 4~6 정도이며, 등전점에 도달한 단백질은 서로 간에 응집현상이 일어
나 단백질을 유화제로 이용했을 경우 유화물의 안정성이 감소될 수 있다.

또한 유화물의 온도가 상승하면 지방구와 물 사이에 존재하는 표면장력이 감
소하기 때문에 유화물의 안정성이 커지는 경향이 있다. 그러나 온도에 따른 유화
물의 안정성은 유화제나 지방량, pH 등 다양한 요인에 의해 차이가 날 수 있다.
뿐만 아니라 유화제의 종류에 따라 유화물의 안정성은 크게 차이가 날 수 있고,
온도의 상승에 의해 유화안정성은 증가할 수 있지만 과도한 온도 상승은 지방의
이화학적인 변화를 일으킬 가능성이 존재한다.

전 세계적으로 유화제는 약 50여 종 이상이 허가되어 사용되고 있으며, 각각의
유화제마다 전하량이 다르고 친수성 부분과 소수성 부분의 특성이 다르기 때문에

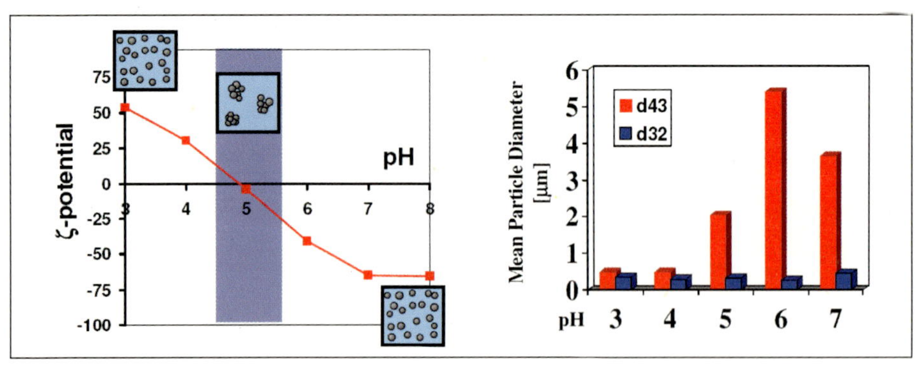

〈그림 3-37〉 pH 변화에 따른 지방구 사이즈와 전위차의 변화

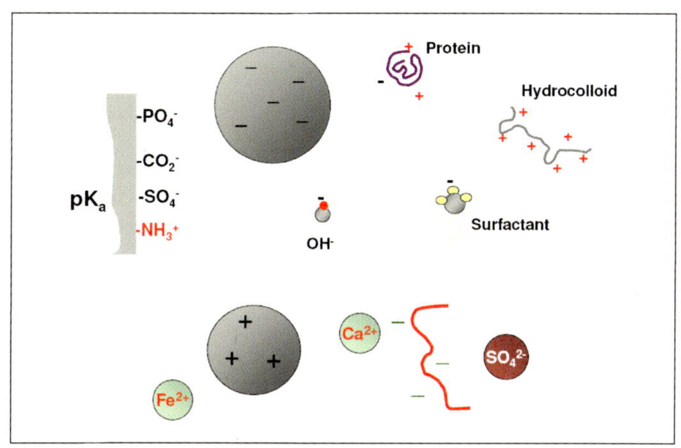

〈그림 3-38〉 유화물의 전하에 영향을 주는 물질

유화안정성에 미치는 효능도 각각 다르다. 또한 동일한 유화제라 하더라도 구조를 달리하면 그 효능도 달라진다. 예컨대 레시틴을 효소 처리하여 지방산의 수산기를 늘려주면 친수성이 증대되어 유화안정성이 증가한다. 유화제 이외에도 유화물 제조 시에 첨가하는 물질에 따라 유화안정성과 유화물의 특성에 크게 영향을 받는다.

앞서 설명한 유화물의 제조방법과 유화물의 안정성은 유화물에 함유된 지방을 억제하는 데 있어서도 중요한 요소가 된다. 기본적으로 지방은 사이즈가 작을수록 생체 내에서 소화 및 흡수가 빨라진다. 이러한 이유는 지방구의 사이즈가 감소할수록 담즙산염이나 지방분해 효소와 접촉할 수 있는 면적비가 증가하기 때문이다. 앞서 언급했듯이 건강 측면에서 지방을 줄이는 방법은 크게 식품에 함유되어 있는 지방을 줄이는 방법과 지방이 체내에서 흡수되는 것을 억제하여 제외로 배출시키는 방법이 있을 것이다. 식품에 함유된 지방은 식품의 풍미에 매우 큰 영향을 주게 된다. 따라서 식품에 함유된 지방이 함량을 줄이거나 다른 물질로 지방을 완벽하게 대체하는 것은 매우 어려운 일이다. 그러므로 동일한 지방이 함유된 음식이라 할지라도 지방이 체내에서 흡수되지 않고 배출하게 함으로써 과도한 지방의 섭취를 줄일 수 있을 것이다. 유화물을 제조하는 데 있어서 지방구의 사이즈는 지방억제 측면에서 매우 중요한 요소가 되는데, 유화물의 안정화 측면에서는 지

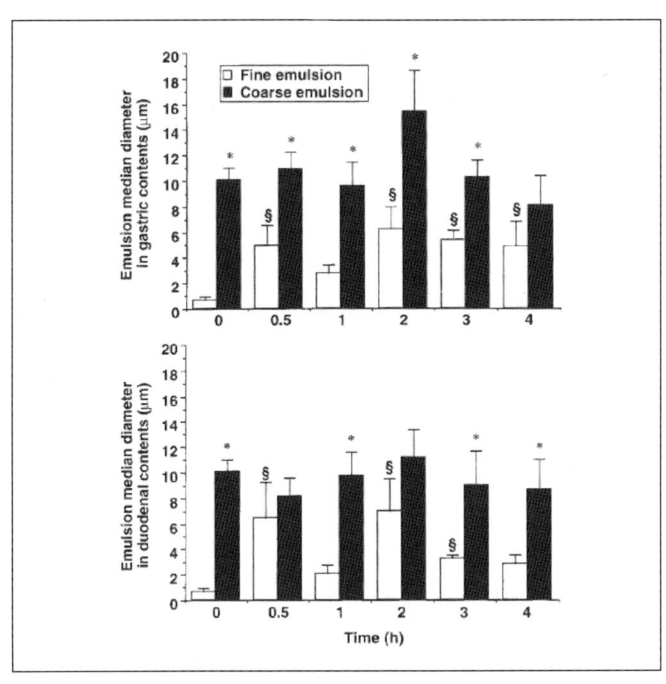

〈그림 3-39〉 유화물의 사이즈에 따른 소화율의 차이 (Armand 등, 1999)

방구의 사이즈가 작을수록 유리하겠지만 지방의 억제 측면에서는 지방구의 사이즈가 클수록 생체 내에서의 소화, 흡수율이 낮아지게 된다.

유화물의 제조와 유화제의 이용방법에 의한 지방억제

유화물을 제조하는 방법과 유화제의 선택과 유화제의 이용방법에 따라 지방의 생체 내 소화를 억제시킬 수 있다. 아래의 그림에서 보듯이 유화제의 종류(Tween 20, lecithin, caseinate, whey protein)에 따라 제조된 유화물의 사이즈가 달라질 수 있다.

레시틴을 이용하여 유화물을 제조했을 경우 Tween 20, 카제이네이트 및 유청단백질로 제조한 유화물에 비해 지방구의 사이즈가 작을 뿐만 아니라 in vitro 조건 하에서 소화시켰을 때 지방구의 분해가 빠른 것으로 나타났다. 그러므로 지방구의 사이즈를 줄여 유화물의 안정성을 높이고자 한다면 레시틴을 이용하는 것이 유용할 수 있으나 지방의 생체 내 소화를 억제시키고자 하는 목적이 있다면 레시틴보다 유청 단백질 등이 효과적인 방법이 될 수 있을 것이다.

즉 지방의 생체 내 소화를 감소시킬 수 있는 유화물을 제조하기 위해서는 유화물의 안정성에 영향을 주지 않는 조건하에서 지방구의 크기를 상대적으로 크게 제조하는 것이 효과적일 수 있을 것이다.

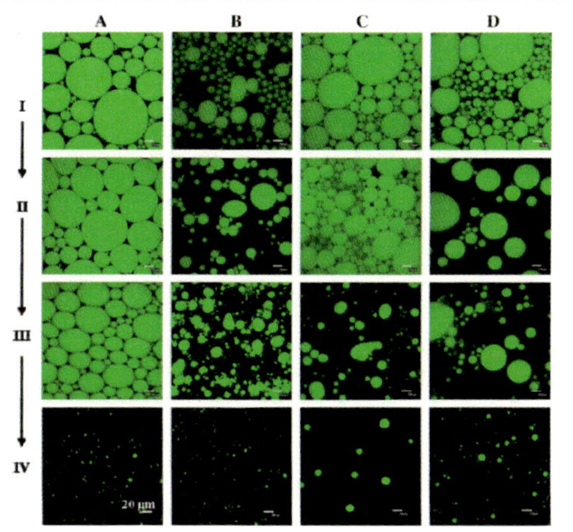

Fig. 3. Representative confocal images of soybean oil-in-water emulsions stabilized by different emulsifiers [(A) Tween 20; (B) lysolecithin; (C) caseinate; (D) whey protein] as they pass through an in vitro digestion model: (I) before digestion; (II) saliva juice after 5 min: (III) gastric juice after 2 h: (IV) duodenal juice and bile juice after 2 h.

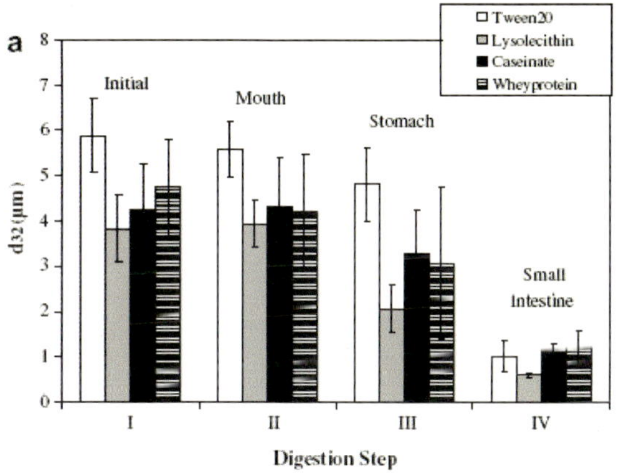

Fig. 4. (a) Mean particle diameters measured in soybean oil-in-water emulsions stabilized by different emulsifiers (Tween 20; lysolecithin; caseinate; whey protein) as they pass through an in vitro digestion model: (I) before digestion; (II) saliva juice after 5 min; (III) gastric juice after 2 h; (IV) duodenal juice and bile juice after 2 h. Thesecoarse emulsions were prepared using a high speed blender. (b) Mean particle diameters measured in soybean oil-in-water emulsions stabilized by different emulsifiers (Tween 20; lysolecithin; caseinate; whey protein) as they pass through an in vitro digestion model: (I) before digestion; (II) saliva juice after 5 min; (III) gastric juice after 2 h; (IV) duodenal juice and bile juice after 2 h. These fine emulsions were prepared using a high speed blender followed by a membrane homogenizer.

〈그림 3-40〉 유화제의 종류에 따른 지방 소화의 차이(Hur 등, 2009)

Delivery system	Characteristics, Limitations	Structure
Powder particles glass encapsulation, - core-shell capsules - matrix capsules	<u>Size</u>:10 μm – 1mm - Good encapsulation for solid food products <u>Drawback</u>: - Hardly adapted for delivery in liquids	
o/w Emulsions - ordinary emulsions - multilayered emulsions - double emulsions - nanoemulsions - SLNS	<u>Size</u>: 100 nm-10 μm - Hosts lipophilic molecules - Better chemical protection of sensitive oil achieved when multilayered emulsions or SLNS used - Controlled release with SLNS <u>Drawbacks</u>: - Physical stability sometimes an issue - Polymorphism stability and encapsulation for SLNS difficult to control	
Molecular Complexes - cyclodextrins - amylose - proteins - protein aggregates	<u>Size</u>: 10 nm-600 nm - Solubilization of small lipophilic molecules - Protection of sensitive molecules - Removal of cholesterol <u>Drawbacks</u>: - Loading capacity may be limited	
Liposomes, Vesicles	<u>Size</u>: 20 nm-100μm - Solubilization of hydrophilic and lipophilic molecules - Sustained release of nutrients <u>Drawbacks</u>: - high costs (ingredients & process) - poor loading efficiency & capacity	
o/w Microemulsions	<u>Size</u>: 5-100nm - Solubilization of lipophilic molecules - Solubilisation of crystallizing molecules - Increase in bioavailability - Transparent appearance (water) <u>Drawbacks</u>: - Large amount of surfactant needed - Often off-taste - Used surfactants often not well accepted	
Dispersed reversed surfactant systems - Cubosomes, hexosomes - Dispersed reversed Microemulsions - Micellosomes	<u>Size</u>: 100nm-1μm - Solubilize amphiphilic and lipophilic molecules - Controlled release - Solubilisation of crystallizing molecules <u>Drawback</u>: - Large amounts of surfactants may be needed	

〈그림 3-41〉 다양한 유화물의 형태적 특징과 소화(Sagalowicz와 Leser, 2010)

<표 3-13> 지방산 사슬의 길이에 따른 지방구 사이즈의 차이(Feinle 등, 2001)

	LCT emulsion	LCT-THL emulsion	MCT emulsion	LCT-THL emulsion	SPE emulsion
LCT	30 g	30 g	–	–	–
MCT	–	–	30 g	30 g	–
SPE	–	–	–	–	29.1 g
THL	–	240 mg	–	240 mg	–
Soy lecithin	2.25 g	2.25 g	2.25 g	2.25 g	–
Cremophor EL	–	–	–	–	500 mg
Ethanol	1.75 g	1.75 g	1.75 g	1.75 g	–
Saline, 0.9%	116 g	116 g	116 g	116 g	116 g
MPS	10.5μm	8.5μm	6.3μm	6.3μm	7.4μm

MPS, median of particle size distribution.
LCT(long-chain triglycerides), MCT(medium-chain triglycerides), THL(tetrahydrolipstatin), SPE(sucrose polyester)

멀티 유화물의 제조

멀티 유화물(multiple emulsions, multilayer emulsions)을 제조하면 다양한 형태의 기능성 식품을 제조할 수 있을 뿐만 아니라 지방의 생체 내 소화를 억제시킬 수 있는 유화물을 제조할 수 있다. 아래의 그림에서 보듯이 멀티 유화물들은 지방구의 표면에 유화제와 함께 섬유소 또는 단백질 등을 이중, 삼중으로 흡착시킨 형태이다. 지방의 소화를 억제시키기 위해서는 유화물을 제조하는 과정에서 소화효소에 의해 분해되지 않는 물질을 지방구의 표면에 흡착시킴으로써 지방구의 소화를 억제시키는 것이 가장 기본적인 원리이다. 난분해성 biopolymer를 유화제로 이용하여 지방구에 흡착시킬 경우 담즙산이나 지방분해 효소가 지방구에 작용하는 것을 억제하여 지방의 소화 및 흡수를 억제시킬 수 있다.

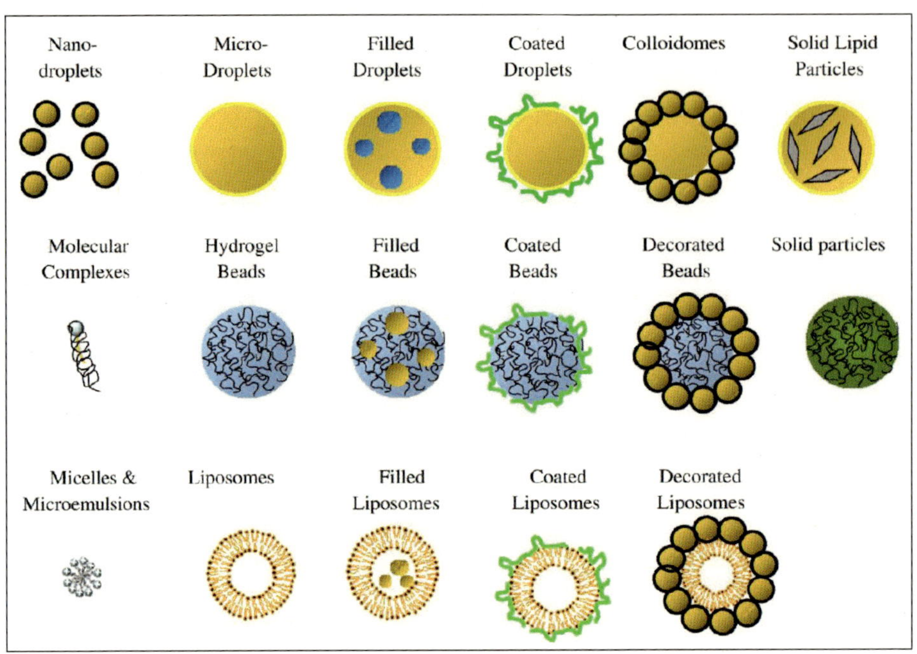

〈그림 3-42〉 지방의 소화를 조절할 수 있는 다양한 형태의 유화물(McClements와 Li, 2010)

멀티유화물(Multilayer emulsion)을 제조하는 방법을 간략히 설명하면 아래의 그림과 같다.

1. 첫 번째로 물과 기름을 유화세와 힘께 혼합하여 1차 유화물을 제조한다.

2. 1차 유화물을 제조할 때 첨가한 유화제와 전하가 다른 고분자물질을 1차 유화물에 첨가하여 2차 유화물을 제조한다.

3. 2차 유화물을 제조할 때 첨가한 고분자물질과 진하기 다른 고분자 물질을 2차 유화물에 첨가하여 3차 유화물을 제조한다.

즉 1차 유화물을 제조할 때 첨가한 유화제의 전하가 양전하(+)이면, 2차 유화물을 제조할 때 첨가하는 고분자물질은 음전하(-)를 가진 물질을 이용하고, 3차 유화물을 제조할 때 첨가하는 고분자물질은 다시 양전하(+)를 가진 물질을 첨가함으로써 정전기적인 이끌림 현상을 이용하여 멀티 유화물을 제조할 수 있다.

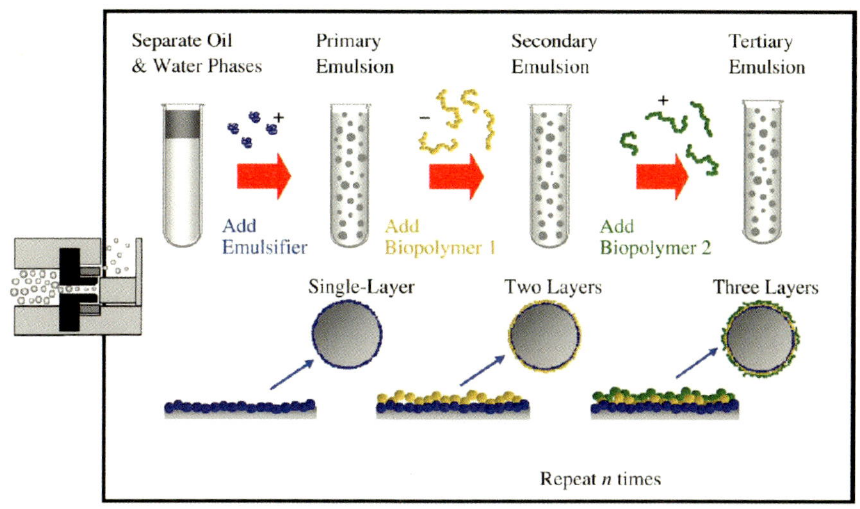

〈그림 3-43〉 지방의 소화를 조절하기 위한 다양한 형태의 유화물(McClements와 Li, 2010)

이러한 멀티 유화물은 정전기적인 이끌림과 반발력을 이용하여 제조하게 되는데, 지방의 소화를 조절하기 위해 2차 유화물과 3차 유화물 제조에 이용되는 고분자물질은 키토산이나 펙틴과 같은 물질이 효과적일 수 있다. 이러한 이유는 키토산이나 펙틴은 강한 전하를 가지기 때문에 지방구의 표면에 흡착되는 힘이 강할 뿐만 아니라 생체 내에서 분비되는 지방 소화효소에 의해 쉽게 분해가 되지 않고 체외로 배출시킬 수 있기 때문이다.

앞서 설명한 바와 같이 멀티 유화물을 만드는 기작은 비교적 간단하지만 실제로 안정된 멀티 유화물을 만드는 일은 결코 쉬운 일이 아니다. 안정한 형태의 멀티 유화물을 제조하기 위해서는 적절한 지방의 함량, 유화제의 선택과 함량, 전해질고분자의 선택과 함량 및 첨가방법, pH의 조절 및 이온화 강도의 조절 등 모든 조건이 최적화되어야만 지방을 억제할 수 있는 멀티 유화물을 제조할 수 있을 것이다.

멀티 유화물(multilayer emulsion) 제조에 영향을 미치는 요인

앞서 설명했듯이 유화물을 제조하는 데 있어서 각각의 원료가 가지는 정전기적 반발력은 가장 중요한 요소이다. 각각의 원료가 가지는 전하의 크기와 전기 부호(+, -)는 용액의 pH에 크게 영향을 받는다. 즉 멀티 유화물을 제조하는 단계에서 산과 염기(HCl 또는 NaOH)를 이용하여 pH를 조절함으로써 필요로 하는 전하와 전기 부호를 조절한다. 음전하를 가진 고분자전해질은 pK_a 값이 각각 1~2와 4~5 정도인 sulfate, phosphate 또는 carbonate에서 발생되며, 양전하를 가진 고분자전해질은 pK_a 값이 7~11 정도인 amino 또는 imino 그룹에서 주로 발생된다.

예를 들어 pH 7 조건에서 음전하를 가지는 펙틴은 음전하를 가진 β-lactoglobulin이 흡착된 지방구 표면에는 전기적인 반발력에 의해 흡착되지 않는다. 그러나 pH 3 조건에서는 음전하를 가지는 다당류와 양전하를 가진 지방구의 표면 사이에 서로 반대 전하가 발생하기 때문에 전기적 흡착이 일어날 수 있다. 또한 pH 6 조건 하에서 음전하를 가진 carrageenan이 같은 음전하를 가진 β-lactoglobulin이 흡착된 지방구 표면에 흡착될 수 있는데, 이러한 이유는 단백질 분자에 양전하를 가진 조각들이 일부 존재하기 때문이다.

멀티 유화물을 제조하는 동안 pH 조절을 통해 유화물 표면의 다공성과 사이즈가 다른 지방구들 간의 이동을 조절할 수 있으며, 유화물 막의 두께, 밀도 및 투과성을 조절할 수 있다. 예를 들어 높은 pH 조건에서 단백질과 탄수화물을 멀티유화물에 가두어 둘 수 있지만 pH를 낮추면 유화물 막의 투과성이 증가되어 단백질이나 탄수화물이 유화물의 막 밖으로 배출된다.

멀티 유화물 제조 시에 첨가하는 소금은 유화물 막의 두께, 밀도, 구조 및 조성을 변화시킬 수 있다. 소금의 존재하에 고분자전해질은 유화물 표면의 막에서 얇아지는 경향을 보이는데, 이러한 이유는 소금에 의해 고분자전해질이 유화물의 표면에서 확장되는 작용과 함께 고분자전해질과 유화물 표면의 막 사이에 강력한 정전기적 이끌림 현상에 의해 유화물 표면에 흡착되기 전 분자의 재배열이 일어나기 때문이다.

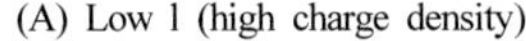

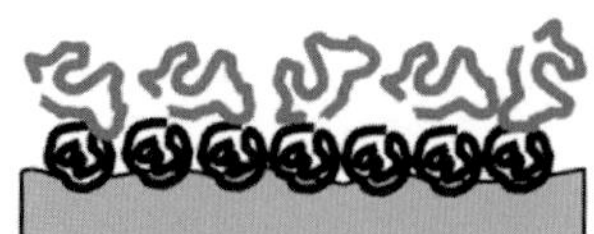

〈그림 3-44〉 이온 강도에 따른 유화물 막의 밀도(Guzey와 McClements, 2006)

이러한 이유 때문에 유화물 표면에 흡착되는 고분자전해질의 양은 소금이 없을 때보다 높게 나타난다. 또한 이온의 강도를 높이게 되면 유화물의 전기적인 반발력이 증가하고 유화물의 다공성이 증가된다. 그러므로 멀티유화물 제조 시에 이온강도의 조절을 통해 유화물의 이화학적인 특성을 조절할 수 있다.

멀티 유화물의 계면에 존재하는 고분자전해질의 두께와 밀도는 용액 속에 존재하는 전해질 분자의 배좌에 좌우된다. 만약 용액 속에 고분자전해질의 배좌가 넓게 확장되어져 있다면(낮은 소금의 함량, 낮은 전하의 밀도 또는 높은 분자의 강도) 유화물 표면에 평평하게 퍼지게 되고 계면의 두께와 밀도는 낮을 것이다. 그러나 용액 속에 고분자전해질의 배좌가 코일 모양이라면(높은 소금의 농도, 낮은 전하의 밀도 또는 높은 분자의 유연성) 계면의 두께와 밀도는 높아지게 된다. 또한 멀티 유화물을 제조 시 안쪽에 존재하는 고분자전해질은 바깥쪽에 존재하는 고분자전해질에 비해 밀도가 높게 되며, 고분자전해질들은 온도와 pH에 따라 매우 다양한 전하, 배좌, 비극성 또는 결합력을 갖기 때문에 고분자전해질이 유화물의 표면에 흡착되는 정도는 pH, 이온강도 또는 온도에 따른 민감성에 크게 영향을 받는다. 그러므로 멀티 유화물을 제조하는 목적에 따라 다양한 형태의 고분자전해질을 선택하거나 혼합하여 사용해야 할 것이다.

멀티 유화물을 제조하는 데 있어 용매의 선택은 매우 중요한 요소이다. 예를 들어 고분자전해질 필름을 제조할 때 에탄올의 첨가량을 증가시키면 계면층의 두께, 밀도와 물질의 흡착량을 증가시키는데, 이는 에탄올이 정전기적인 반발력을 감소시키기 때문이다. 그러나 유화물에 함유된 지방구에 에탄올이 직접 작용할 경우 지방의 분해와 지방산의 분해를 촉진시켜 지방의 소화, 흡수를 촉신시킬 수 있기 때문에 가장 적합한 첨가방법에 관한 세심한 연구가 필요할 것이다.

멀티 유화물 제조 과정 중 1차 유화물을 제주하기 위하여 계면활성제, 인지질, 단백질 또는 다당류와 같은 매우 다양한 형태의 유화제가 이용되는데, 각각의 유화제는 다양한 전기적 특성을 가진다. 전하가 없는 중성의 계면활성제(Tween 20 등)는 전하를 가지지 않지만 실제로 1차 유화물을 제조할 때 높은 pH에서는 음(-) 전하를 가지고 낮은 pH에서는 양(+) 전하를 가진다. 이러한 이유는 순도가 낮은 기름에 불순물이 함유되었거나 수용액에 함유된 작은 이온(OH^- 또는 H_3O^+)들이 흡수되기 때문이다. 단백질은 1차 유화물을 제조하는 유화제로서 널리 이용되고 있는데, 그 이유는 pH 용액을 통해 손쉽게 전하량이나 전기부호를 변환시킬 수 있기 때문이다. 단백질은 등전점 이하에서 양전하를 가지고 등전점 이상에서는 음전하를 가진다. 그러므로 단백질을 이용하여 제조한 1차 유화물 표면의 전하는 pH 용액을 통해 쉽게 전기부호를 변환시킬 수 있다. 뿐만 아니라 1차 유화물을 제조하기 위해 첨가한 단백질의 함량에 따라서 등전점이 다르기 때문에 단백질 함량을 조절함으로써 1차 유화물의 전하를 원하는 수준으로 조절할 수 있다.

단백질과 함께 산업계에서 다양하게 이용되는 유화제는 검류와 전분류인데, 이러한 유화제는 계면의 음전하를 생성한다. 그러나 다당류는 계면활성 효능이 강하지 않기 때문에 지방의 함량이 높은 유화물을 제조할 경우에는 적합하지 않다.

카제인을 유화제로 사용할 경우 열을 가하는 조건에서 유화안정성이 높지만 유청단백질의 경우 열에 의해 변형이 일어날 수 있으므로 열을 가할 경우 유화안정성이 카제인에 비해 낮다. 위에서 설명한 다양한 유화제의 적절한 사용을 통해 생체 내에서 유화물에 함유된 지방의 분해를 조절할 수 있을 것이다.

멀티 유화물을 제조할 때 가장 문제가 되는 부분은 지방구가 고르게 확산되지 않고 서로 응집하는 현상이다. 이러한 응집현상을 방지하기 위해서는 지방구들이 서로 충돌하고 응집하기 전에 고분자전해질이 지방구 표면에 흡착될 수 있도록 적절한 함량의 고분자전해질을 첨가해야 한다. 너무 많은 함량의 고분자전해질을 첨가하게 되면 오히려 정전기적인 반발력이 커지게 되고, 첨가되는 고분자전해질의 함량이 부족하게 되면 정전기적 이끌림이 줄어들게 된다. 그러나 때로는 균질화나 초음파를 이용하여 혼합해 줌으로써 응집현상을 줄일 수 있다.

멀티유화물을 이용한 지방억제 유화물의 제조

멀티 유화물 제조 시에 영향을 미치는 다양한 요인들은 안정한 유화물을 제조하는 데 있어 장애가 되기도 하는 반면, 이러한 요인을 적절하게 조절하면 지방의 산화나 지방의 소화를 억제할 뿐만 아니라 다양한 기능성 식품의 개발이 가능하

다. 또한 멀티 유화물을 제조하여 유화물에 함유된 지방의 생체 내 소화를 억제시
키기 위해서는 지방구의 막 표면에 흡착된 난분해성 물질(키토산, 펙틴, 셀룰로오
스 등)의 안정성을 증가시켜야 한다.

<그림 3-45>의 멀티 유화물(multilayer emulsion)은 5% 옥수수기름을 sodium lauryl
sulfate(SDS)를 이용하여 1차 유화물을 제조한 후 0.006% 키토산을 이용하여 2차
유화물을 제조하고, 0.0012%의 키토산과 0.04% 펙틴으로 3차 유화물을 제조한 후
pH 변화에 따른 전위차와 유화물 입자의 직경변화를 나타낸 것이다. <그림
3-45>의 B에서 보는 바와 같이 2차 유화물은 pH 7 이상에서 유화물의 입자(지방
구)가 급격하게 증가하는 것을 볼 수 있다. pH 변화에 의해 지방구의 입자가 커지
는 것은 지방구의 응집현상에 의한 것으로 지방구의 입자가 커질수록 생체 내에
서 소화, 흡수되는 속도가 느려진다고 보았을 때 만약 2차 유화물을 섭취한다면
담즙산의 분비에 의해 pH가 높아진 소장에서의 소화가 느려질 수 있을 것이다.
일반적으로 섭취한 음식물은 위 내에서 분비된 위액에 의해 pH가 3 이하의 수준
으로 감소하였다가 소장으로 이동한 이후에는 pH가 5 이상의 수준으로 증가하는
데, 이는 지방을 분해하기 위해 분비된 담즙산염의 pH가 높기 때문이다. 즉 pH가
높아질수록 지방구의 크기가 증가되는 유화물의 제조는 소장 내에서 지방의 흡수
를 억제시킬 수 있을 것이다.

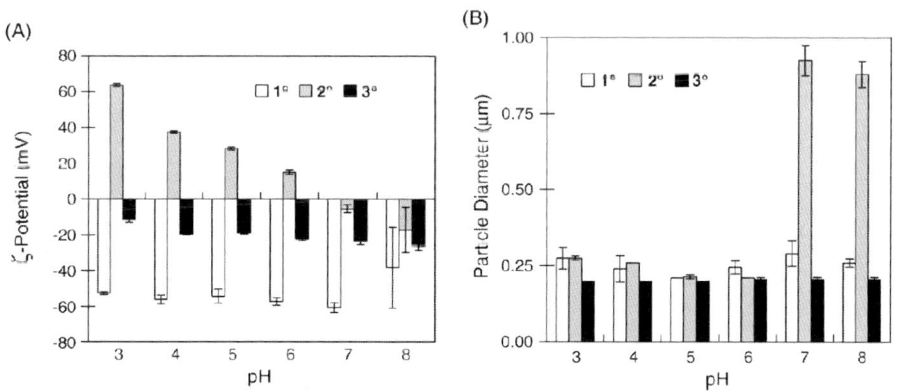

〈그림 3-45〉 pH 변화에 따른 ζ -pontial과 particle size 변화(Aoki 등, 2005)

위에서 분비되는 펩신은 낮은 pH(<3)에서 작용을 하기 때문에 만약 위 내에서 pH가 높은 수준으로 유지된다면 음식물의 소화율은 감소하게 되며, pH가 높은 음식물이 pH가 낮은 음식물에 비해 소화되는 비율이 감소하고 소화시간이 상대적으로 길어질 수 있다. 그러나 반대로 소장에서는 섭취한 소화물의 pH가 낮아지면 지방분해효소의 활성이 감소하기 때문에 소장 내에서의 pH가 감소하거나 pH가 낮은 음식물은 상대적으로 소화율이 감소하고 소화되는 시간이 길어질 수 있다. 즉 지방의 생체 내 소화를 억제시키는 방법은 지방 소화가 가장 용이하게 일어날 수 있는 조건의 역으로 작용할 수 있는 물질을 제조하는 것이다.

그러므로 소장에서 지방의 분해 또는 흡수를 줄일 수 있는 멀티 유화물의 제조는 크게 몇 가지의 예로 나누어 볼 수 있다. 그 첫 번째는 pH가 높아질 때 지방의 응집현상이 일어나는 멀티 유화물(2차유화물: 옥수수기름+SDA+키토산)을 이용하는 방법과 난소화성 고분자전해질을 지방구에 흡착시켜 지방이 소화되는 것을 억제시키는 방법, 그리고 위 내에서는 pH를 높은 수준으로 유지시켜 줄 수 있고 소장에서는 pH를 낮은 상태로 유지시킬 수 있는 멀티 유화물을 제조하는 것이다.

앞서 언급했듯이 멀티 유화물 제조 시 난분해성 고분자전해질(키토산, 펙틴 등)을 지방구의 막에 이중, 삼중으로 흡착시키게 되면(<그림 3-46>) 지방구가 지방 소화효소 또는 담즙산염에 노출되는 면적이 감소하여 지방의 소화 및 흡수가 억제될 수 있다.

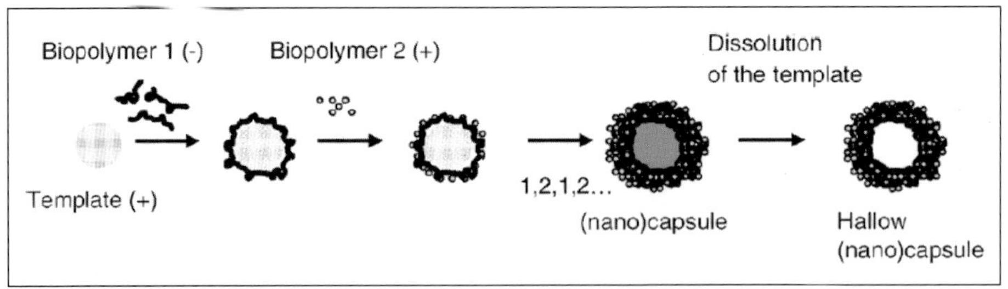

〈그림 3-46〉 나노캡슐의 제조(Guzey와 McClements, 2006)

기본적으로는 멀티 유화물을 제조하여 지방구의 막에 여러 겹의 고분자전해질이 흡착되면 지방의 분해 또는 소화되는 비율이 감소하게 된다. 아래의 <그림 3-47>에서 보듯이 지방산화물의 생성은 1차 유화물(옥수수기름+SDS)에 비해 2차(옥수수기름+SDS+키토산), 3차 유화물(옥수수기름+SDS+키토산+펙틴)에서 낮은 수준을 나타내었다. 지방산화물의 생성 또는 지방의 산화는 지방의 분해와도 밀접한 관련이 있으며, 항산화제의 첨가에 의해 지방의 산화가 감소하면 지방의 소화 및 흡수도 줄어들게 된다. 그러므로 지방산화물의 생성을 억제시킬 수 있는 방법은 결국 지방의 생체 내 흡수도 일부분 감소시킬 수 있는 방안이 될 수 있을 것이다. 멀티 유화물을 제조할 때 첨가하는 소금은 유화물의 안정성을 증가시킬 수 있다. 예를 들어 pH 6의 조건에서 멀티유화물을 제조할 때 1차 유화물(β-lactoglobulin 흡착)은 100mM 수준의 NaCl 첨가에 의해 응집이 일어났다. 그러나 2차 유화물(β-lactoglobulin-carrageenan 흡착)은 소금의 첨가(≤500mN NaCl)에 의해 안정성이 증가하는 것으로 나타났으며 이러한 효과는 pH 3 조건에서 β-lactoglobulin과 펙틴을 이용하여 멀티 유화물을 제조할 경우에도 같은 결과를 나타내었다(Guzey와 McClements, 2006).

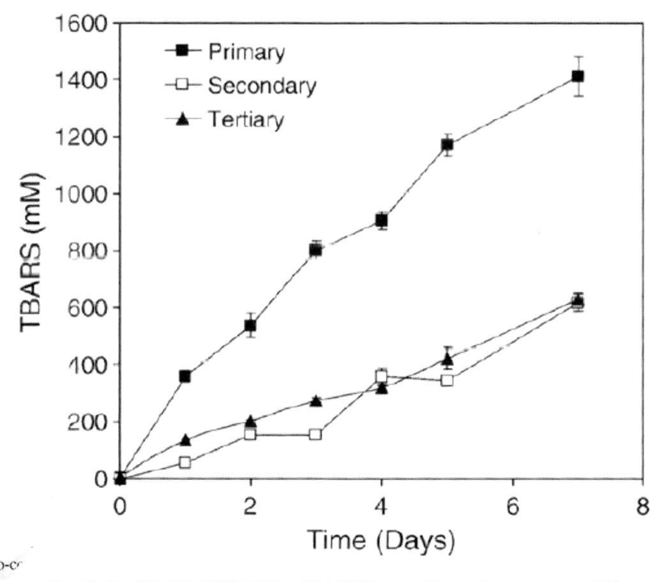

〈그림 3-47〉 멀티유화물의 지방산화(Guzey와 McClements, 2006)

소금의 첨가는 멀티 유화물을 제조하는 공정 중의 일부 pH 조건에서 유화물의 안정성을 증가시킬 수 있지만 정제하지 않은 소금의 첨가는 지방의 산화를 촉진시킬 수 있다. 즉 소금의 적절한 이용은 유화물의 안정성과 난분해성전해질이 지방구 막에 흡착되는 것을 안정화시켜 지방의 분해를 억제시킬 수 있지만, 반대로 정제되지 않은 다량의 소금에 지방구가 노출될 경우 소금에 의해 지방의 산화가 촉진될 수 있다.

멀티 유화물을 제조하여 in vitro 조건에서 지방의 소화를 억제시키는 기작을 간략하게 요약하면 다음과 같다. <그림 3-48>의 A와 같이 유화물과 키토산을 각각 섭취하였을 때 위 내에서 양전하를 가진 키토산은 음전하를 지방과 결합하게 되어 지방구 표면은 양전하를 가지게 된다. 양전하를 가지는 키토산은 다시 음전하를 가진 담즙산과 결합하여 지방분해 효소에 의해 분해되지 않고 체외로 배출하게 된다. 키토산 올리고당은 체내에 흡수가 되며 물에 용해가 가능하다. 그러나 키틴으로부터 합성한 키토산은 물에 용해되지 않으며 pH가 낮은 산에서만 용해가 되기 때문에 유화물에 첨가하기 위해서는 산에 먼저 용해시킨 후 사용한다. 그

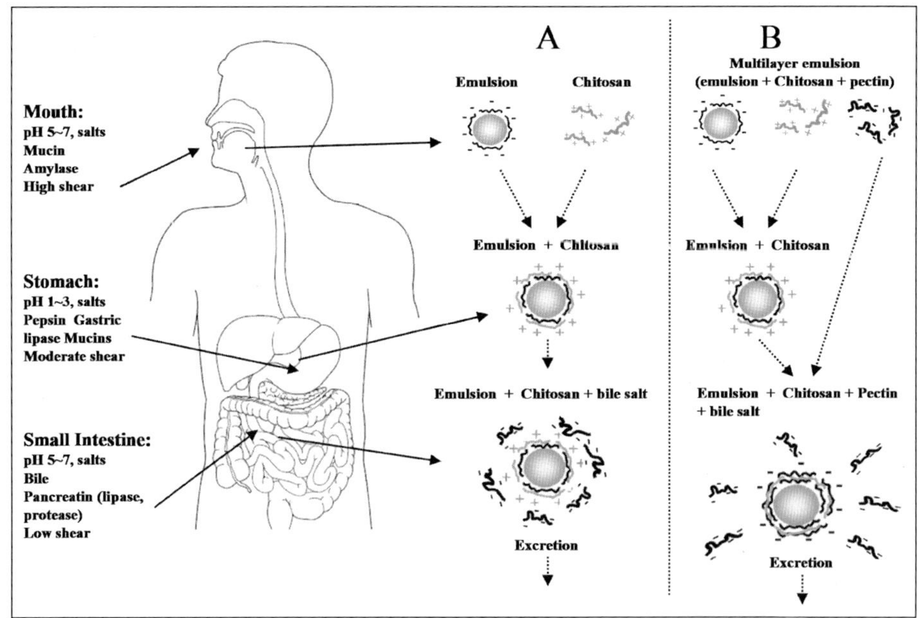

〈그림 3-48〉 멀티유화물을 이용한 지방소화 억제 모델의 예(modified from Guzey와 McClements, 2006)

러나 위 내에서 pH가 낮은 위산에 의해 키토산이 용해되어 유화물의 지방구와 결합함으로써 난소화성을 가진 키토산은 지방구가 소화효소에 노출되는 비율을 감소시킬 수 있다. <그림 3-48>의 B는 키토산을 지방구에 흡착시켜 2차 유화물을 제조하고 다시 펙틴을 키토산에 흡착시켜 3차 유화물을 제조하게 되면 키토산과 펙틴이 난소화성을 가지므로 유화물의 지방구가 소화효소에 노출되는 비율을 감소시키고, 담즙산이 결합되는 것을 억제시켜 지방이 체외로 배출되게 하는 작용을 한다.

멀티 유화물을 제조하여 지방의 분해와 소화를 억제시키는 방법은 이론적으로는 크게 복잡하지 않을 수 있다. 그러나 실제로 소화가 일어나는 동안 매우 복잡한 생리적 변화가 일어나고 섭취한 음식물의 특성에 따라 그 결과가 매우 다양하게 나타날 수 있다. 키토산이나 펙틴은 pH 변화 또는 첨가량에 따라 담즙산을 흡착하기도 하지만, 반대로 정전기적 반발력이 발생하여 담즙산과 흡착이 일어나지 않을 수도 있다. 뿐만 아니라 지방의 분해 및 소화를 억제시켜 줄 수 있다고 하더라도 소화불량이나 불쾌감 등의 부작용이 생길 가능성도 배제할 수 없다. 따라서 멀티유화물을 제조하여 지방의 생체 내 소화 및 흡수를 억제시키는 기작에 대한 더 많은 연구가 필요할 것으로 사료된다.

7. 녹차를 이용한 지방의 억제

녹차는 전 세계에서 가장 널리 애용되는 기호성 식품의 하나이며, 항암, 항산화, 콜레스테롤 억제 등 수많은 생리활성 효능이 알려져 있고, 가장 중요한 생리활성 물질은 catechin이다. catechin은 (-)-epigallocatechin gallate(EGCG), (-)-epicatechin gallate(ECG), (-)-epigallocatechin(EGC) 그리고 (-)-epicatechin(EC) 등이 있다. 그 밖에는 quercetin, kaempferol, rutin, caffeine, phenolic acids 및 theanine 등이 있다.

〈표 3-14〉 녹차의 화학조성(Dufresne와 Farnworth, 2001)

	occurrence (% dry weight)		structure
	green tea	black tea	
Catechins	30-42	10-12	
epigallocatechin gallate	11		B (-)2,3-cis R1=OH R2=A
epicatechin gallate	2		B (-)2,3-cis R1=H R2=A
gallocatechin gallate	2		B (+)2,3-trans R1=OH R2=A
epicatechin	10		B (-)2,3-cis R1=R2=H
epigallocatechin			B (-)2,3-cis R1=OH R2=H
gallocatechin			B (+)2,3-trans R1=OH R2=H
catechin			B (+)2,3-trans R1=R2=H
Teaflavin		3-6	
theaflavin-3-gallate			C R1=OH R2=OH
theaflavin-3'-gallate			C R1=A R2=OH
theaflavin-3,3'-digallate			C R1=OH R2=A
Thearubigens	2-3	12-18	C R1=A R2=A
Theogallin			
Proanthoocyanidin			
Flavonols	5-10	6-8	
quercetin			D R1=OH R2=H R3=OH
kaempferol			D R1=R2=H R3=OH
rutin			D R1=OH R2=H R3=O-rutinose
Methylxanthines	7-9	8-11	E R1=R2=CH₃
caffeine	3-5		E R1=H R₂=CH₃
theobromine	0.1		E R=CH₃ R2=H
theophylline	0.02		
Amino acids	4-6		F
theanine			
Organic acids			
caffeic acid			
quinic acid	2		
gallic acid			
Volatiles			
linalool			
delta-cardinene			
geraniol			
nerolidol			
alpha-terpineol			
cis-jasmone			
indole			
beta-ionone			
1-octanal			
indole-3-carbinol			
beta-caryophyllene			

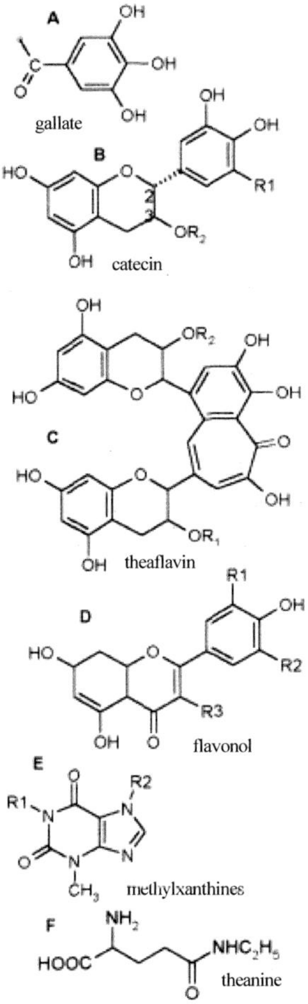

녹차에 함유된 catechin은 체내 흡수가 빠르며 위나 소장에서 안정성이 높고, 체내로 흡수된 녹차 catechin은 간에서 glucuronidated, methylated, sulfated 유도체와 같은 이성체로 전환되고 모든 신체 조직에서 존재할 수 있다(Koo와 Cho, 2004).

실험동물을 이용한 실험에서 녹차추출물은 십이지장에서 콜레스테롤과 중성지질의 흡수를 억제시켰으며, catechin의 종류와 함량에 따라서 지방의 흡수를 억제하는 효능이 다른 것으로 나타났다. EGCG와 ECG 혼합물이 EC와 EGC 혼합물에 비해 콜레스테롤과 중성지질의 흡수를 억제하는 효능이 큰 것으로 나타났다(Koo와 Noh, 2007). EGCG의 콜레스테롤 흡수 억제 효능은 섭취하는 함량이 높을수록 높게 나타나지만 녹차추출물의 급여량이 높을 경우에만 효능이 있는 것으로 보고되고 있다. 뿐만 아니라 녹차와 catechin은 지방 분해 효소인 라이페이스의 활성을 억제시키는 것으로 나타났는데, 녹차 추출물이 담즙산에 의해 지방이 유화되는 것을 억제하는 것으로 나타났다(Juhel 등, 2000; Shishikura 등, 2006). 녹차 catechin 중에서 특히 EGCG는 지방 유화물의 이화학적인 특성을 변화시키고, 지방구의 사이즈를 증가시킴으로써 지방구가 분해효소와 접촉할 수 있는 표면적을 감소시키는 작용을 하는데(Shishikura 등, 2006), 이러한 이유는 녹차추출물이 지방구의 가수분해를 감소시킴으로써 지방구의 사이즈가 감소하지 못하기 때문이다. Shishikura 등(2006)은 EGCG의 수산기가 지방유화물 표면에 함유된 phosphatidylcholine의 친수성 부분과 결합하여 유화물 지방의 응집을 형성함으로써 지방구의 사이즈가 증가한다고 보고하였다.

Shu 등(2006)은 녹차 catechin이 지방의 흡수에 작용하는 췌장 phospholipase A$_2$(PLA$_2$)의 활성을 억제한다고 보고하였는데, 지방의 생체 내 흡수 억제는 녹차 catechin, 특히 EGCG에 의해 췌장 PLA$_2$ 활성이 억제되기 때문이라고 보고하였다.

EGCG는 녹차 catechin의 약 70%를 차지하는 성분으로 여러 가지 녹차 catechin 중에서 지방이나 콜레스테롤의 억제 효능이 가장 큰 것으로 보고되고 있다. EGCG는 유화물 지방구 표면의 phosphatidylcholine과 복합체를 형성하여 PLA$_2$의 활성을 억제시키는데(Shishikura 등, 2006), EGCG에 의해 phosphatidylcholine이 가수분해되는 것을 억제하는 것이 콜레스테롤의 생체 내 흡수를 억제시키는 중요한 기작이 될 수 있다(Koo와 Noh, 2007). 또한 섭취한 catechin은 수소결합과 소수성 작용을 통하여 소장 미세융모 brush border membrane 단백질과 복합체를 형성하여 콜레스테롤과 다른 지방이 소장세포에서 흡수되는 것을 억제시킬 뿐만 아니라 녹차의 섭취는 지방의 재합성에도 영향을 미친다(Koo와 Noh, 2007).

또한 녹차에 존재하는 caffeine은 중추신경계에 작용하여 체중조절과 체열발생을 통한 에너지를 소비시키는 효능이 있고, 지방의 산화를 촉진시킨다(Westerterp-Plantenga, 2010). 사람을 이용한 임상실험에서 EGCG/caffeine (90/50mg)과 caffeine(50mg)을 급여 시에 24시간 동안 에너지 소비율이 4%(328kJ) 증가하는 것으로 나타났으며(Dulloo 등, 1999), 94mg의 EGCG와 100mg의 caffeine를 급여했을 때 24시간 동안 에너지 소비율이 4.6%(445.2kJ) 증가하는 것으로 나타났다(Rudelle 등, 2007). 뿐만 아니라 일일 100~300mg의 caffeine를 섭취했을 때 24시간 동안 약 4~8%의 에너지 소비가 증가하였으며, 지방의 산화가 약 3.5~9.9% 증가하는 것으로 나타났다(Berube- Parent 등, 2005).

녹차 catechin은 catechol O-methyltransferase(COMT)를 억제하는데 COMT는 대부분의 생체조직에 존재하면서 norepinephrine을 분해시키는 작용을 하고 에너지 소비와 지방의 산화에 관여한다. 뿐만 아니라 녹차 caffeine은 phosphodiesterase를 억제하여 체열발생에 영향을 미친다(Westerterp-Plantenga, 2010). Phosphodiesterase는 cyclic amino mono phosphate(cAMP)를 AMP로 가수분해시킨다. 그러나 녹차 카페인의 섭취 시 cAMP의 함량은 증가하고 sympathetic nerve system 활성이 증가할 뿐만 아니라 비활성 hormone-sensitive lipase가 활성화되어 지방의 분해가 증가된다(Westerterp-Plantenga, 2010). cAMP는 protein kinase A를 활성화시키기 때문에 sympathetic nerve system과 지방의 분해는 cAMP에 의해 영향을 받는다(Westerterp-Plantenga, 2010). 녹차 catechin은 체열발생과 관련하여 에너지 균형을 조절하는 neurotransmitter noradrenaline의 작용에 관여하여 에너지 소비를 증가시킨다(Chantre와 Lairon, 2002).

간에서 acyl-CoA oxidase는 peroxisomal β-oxidation 호르몬이고 medium chain acyl-CoA dehydrogenase는 mitochondrial β-oxidation 호르몬이며, 녹차 catechin의 섭취는 이러한 지방대사 조절 호르몬에 작용하여 지방의 β-산화를 촉진시킨다(Westerterp-Plantenga,

2010).

Sympathetic nervous system의 활성화는 여분의 에너지를 열로 발생시킴으로 인해 에너지 항상성을 유지하는 데 중요한 역할을 하는데, 녹차 caffeine은 지방세포에서 noradrenaline에 의한 지방분해를 증가시킬 뿐만 아니라 라이페이스의 활성을 억제시킨다(Dufresne와 Farnworth, 2001). 녹차의 급여는 lipoprotein lipase를 억제한 결과 VLDL의 가수분해를 감소시킴으로 인해 유리지방산을 줄이는데(Chen 등, 2009), lipoprotein lipase는 VLDL를 분해시키는 작용을 하기 때문에 lipoprotein lipase의 활성을 감소시키는 것은 지방의 함량을 줄이는 요인이 된다.

뿐만 아니라 녹차에 함유된 폴리페놀은 장 내에서 젖산을 생성하는 박테리아의 성장을 증가시켜 휘발성 지방의 생성을 증가시키는데, 이러한 휘발성 지방산의 생성은 콜레스테롤 대사에 영향을 미칠 뿐만 아니라(De Vos와 De Schrijver, 2003) 녹차에 함유된 tanin과 tannic acid 또한 지방질 대사에 영향을 미친다.

고지방 식이를 섭취한 쥐를 이용한 실험에서 녹차의 급여는 식욕과 체중을 감소시킬 뿐만 아니라 leptin과 지방 함량을 감소시키는 것으로 나타났으며, 체조성 중에서 특히 지방의 함량이 감소하는 것으로 나타났다. cell을 이용한 실험에서 녹차 catechin은 3T3-L1 cell에서 지방세포의 분화를 억제시키는 것으로 나타났다(Chen 등, 2009).

녹차의 섭취는 지방과 콜레스테롤의 배설을 증가시키는데, 이는 녹차 catechin이 콜레스테롤이 담즙산염 마이셀과 결합하는 것을 억제시키고 담즙산의 체외 배출을 증가시키기 때문이다(Bursill 등, 2007). Uchiyama 등(2010)은 5%의 홍차 추출물을 실험쥐에게 급여했을 때 체외로 배설되는 중성지방의 함량이 증가하였다고 보고하였다. 녹차는 종류에 따라 catechin이나 caffeine 또는 tannic acid와 같은 생리 활성 물질의 조성이나 함량에 차이가 날 수 있기 때문에 체지방을 억제하는 효능도 차이가 발생할 수 있는데, Yang 등(2001)은 녹차 추출물은 지방의 흡수를 억제하는 효능이 큰 반면, 우롱차나 홍차는 섭취한 음식물이 에너지로 전환되는 효율을 감소시켜 지방을 억제하는 효능이 크다고 보고하였다.

녹차 catechin에 의해 콜레스테롤이 감소하는 또 다른 기작은 catechin에 의해

LDL-receptor가 증가하기 때문인데, LDL-receptor는 혈액에서 LDL 콜레스테롤의 흡수를 증가시켜 혈중 콜레스테롤 함량을 감소시키는 작용을 한다. Bursill 등(2007)은 녹차에서 추출한 catechin의 섭취에 의해 간장에서 LDL-receptor 결합력이 80% 증가하고 혈중 콜레스테롤이 약 60% 정도 감소하였다고 보고하였다. 즉 간장에서 콜레스테롤의 함량이 감소하게 되면 피드백 작용에 의해 LDL-receptor의 생성이 증가하게 되고 세포가 요구하는 콜레스테롤을 공급하기 위하여 혈중 콜레스테롤의 함량은 감소하는 결과를 가져오게 된다. 콜레스테롤은 세포 내에서 중요한 역할을 담당하지만 혈액 내 과량으로 존재할 때 동맥경화나 관상심장 질환 등의 원인이 되기 때문에 녹차 catechin에 의한 LDL-receptor의 증가는 혈중 콜레스테롤의 함량을 감소시켜 동맥경화나 관상심장 질환을 예방하는 효능이 있을 것이다.

콜레스테롤은 담즙산을 합성하는 전구물질로서 담즙산의 생성은 곧 콜레스테롤의 함량 감소를 의미한다. 녹차 catechin의 섭취에 의해 담즙산의 활성이 감소하고 담즙산의 체외 배설이 증가하게 되면 새로운 담즙산을 생성하기 위해 더 많은 콜레스테롤이 소비되는 결과를 가져오게 되므로 혈중 콜레스테롤의 감소를 가져온다. 그러나 인체는 콜레스테롤 수준을 일정하게 조절하여 생체 항상성을 유지하기 때문에 녹차 catechin이 과도한 콜레스테롤은 감소시키는 효능을 나타내겠지만 정상적인 수준에서는 콜레스테롤 감소효능이 매우 크지는 않을 것으로 판단된다.

녹차와 녹차 추출물에 의한 체지방 감소 기작을 요약 정리하면 다음과 같다.

- 위, 췌장의 지방분해효소인 라이페이스의 활성을 억제하여 지방의 소화 및 흡수를 감소시키는 기작
- Sympathetic nervous system에 작용하고 noradrenaline 분해의 감소를 통한 체열 발생의 증가로 인해 에너지 소비를 증가시키는 기작
- 담즙산 마이셀이 지방 또는 콜레스테롤과 결합하는 것을 방해하여 지방의 분해를 억제시키는 기작
- Acyl-CoA oxidase와 같은 지방분해 호르몬에 작용하여 지방의 β-산화를 촉진시킴으로써 지방의 함량을 감소시키는 기작
- Phosphatidylcholine이 가수분해 되는 것을 억제하여 콜레스테롤의 생체 내 흡

수를 억제시키는 기작

－LDL-receptor를 증가시켜 혈중 콜레스테롤의 함량을 감소시키는 기작

－콜레스테롤이 담즙산으로 합성되는 비율을 높여 혈중 콜레스테롤 수준을 감
  소시키는 기작

－젖산을 생성하는 박테리아의 성장을 증가시켜 휘발성 지방의 생성을 증가시
  킴으로써 휘발성 지방산의 생성에 의한 콜레스테롤 함량을 감소시키는 기작

－담즙산이 지방과 결합하는 것을 방해하여 지방과 담즙산의 체외 분비를 증
  가시킴으로써 지방의 생체 내 흡수를 억제시키는 기작

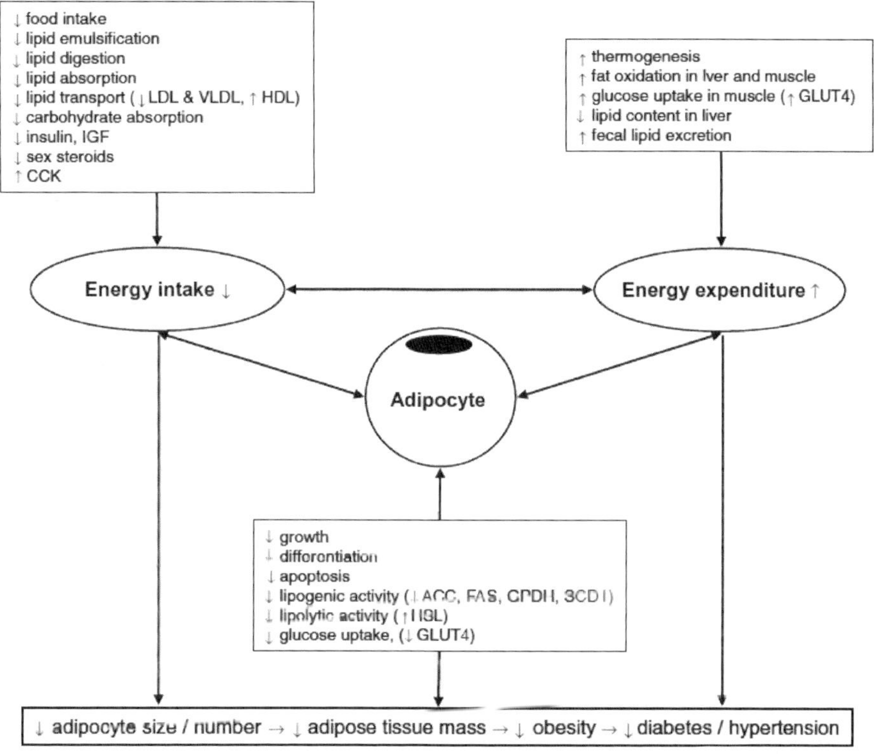

〈그림 3-49〉 녹차추출물의 지방 억제기작(Thielecke와 Boschmann, 2009)

<표 3-15> 녹차추출물의 체지방 억제효능 연구(Thielecke와 Boschmann, 2009)

Citations	Type of study	Population	Test components (daily dosage)	Duration of intake	Weight (kg)	Fat mass (kg)	BMI
Chantre and Lairon (2002)	Multi-center, open, uncontrolled	7 M, 63F BMI:28.9	GTE (375 mg catechins, of which 270 mg was EGCG)	12 weeks	−3.5	Not reported	Not reported
Hase et al. (2001)	Case-control	23 M, BMI: 24-25	Control (118.5 mg catechins, of which 32 mg 12weeks was EGCG and 75 mg caffeine) GTE (483.0 mg catechins, of which 300mg was EGCG and 75.5 mg caffeine)		−0.5	−1.7	−0.6
kajimoto et al. (2006)	Double blind, three parallel arm, controlled	98 M, 97 F BMI: 25.7	Control beverage(41 mg catechins, of which 9mg was EGCG and 52 mg caffeine)	12 weeks			
			Green tea beverage (444 mg catechins, of which 152mg was EGCG and 50 mg caffeine)		−1.1*	−3.9%*	−0.4
			Green tea beverage (646 mg catechins, of which 224 mg was EGCG and 49 mg caffeine)		−1.2*	−3.9%*	−0.4*
Kovacs et al. (2004)	Randomized parallel, placebo-controlled	26 M, 78F BMI: 25-35	Control(placebo) GTE (573 mg catechins, of which 323 mg was EGCG, and 104 mg caffeine)	13 weeks	0.6	0.5	0.2
Nagao et al. (2007)	Multi-center, Randomized, double-blind, controlled	140 M, 100 F, BMI:26.8	Control beverage (96 mg catechins, of which 16 mg was EGCG, and 75 mg caffeine) Green tea beverage (583 mg catechins, of which 100 mg was EGCG, and 72 mg caffeine)	12 weeks	−1.6*	−1.8*	−0.6*
Nagao et al. (2005)	Double blind, controlled	35 M, BMI: 24.9-25.0	Control(oolong tea containing 19 mg catechins, of which 3 mg was EGCG, and 78 mg caffeine) GTE(690 mg catechins, of which 136 mg was EGCG, and 75 mg caffeine)	12 weeks at low calorie diet	−1.1*	−0.7*	−0.4*
Tsuchida et al. (2002)	Randmized, double-blind, controlled	43 M, 37 F BMI: 25.9-26.5	Control(126.5 mg catechins, of which 25.2 mg was EGCG, and 81 mg caffeine) GTE(588 mg catechins, of which 115 mg was EGCG, and 83 mg caffeine)	12 weeks	−1.3*	−1.4*	-0.5*
Diepvens et al. (2006)	Double-blind, placebo-controlled	46 F, BMI: 27.7	Control+low energy diet (2790 mg maltodextrin) GET+low energy diet (1206.9 mg catechins, of which 595.8mg was EGCG and 236.7 mg caffeine)	12 weeks	0	0	0.1
Chan et al. (2006)	Randomized parallel, placebo-controlled	34 obese f, BMI: 30.9	Capsulated green tea powder (659 mg catechins, of which was 538 mg EGCG and 150 mg caffeine)	12 weeks	−1.8	−0.2%	−0.3
Westerterp-Plantenga et al. (2005)	Randomized parallel, placebo-controlled	23 M, 53F BMI: 25-35	Low habitual caffeine control (<300 mg caffeine) (placebo)	13 weeks	Low habitual caffeine −2.8	−2.1*	−0.9*
			High habitual caffeine control (>300 mg caffeine) (placebo)		High habitual caffeine		
			Low habitual caffeine GTE (<300 mg caffeine) (375 mg catechins, of which 270mg was EGCG and 150 mg caffeine)		0.3	0.1	0.2
			High habitual caffeine GTE (>300 mg caffeine) (375 mg catechins, of which 270 mg was EGCG and 150 mg caffeine)				
Auvichaya pat et al. (2008)	Randomized, controlled	18 M, 42 F BMI: 27-28	Control (cellulose) GTE (140.8 mg catechins, of which 100 mg was EGCG and 87 mg caffeine)	12 weeks	−0.7*	−0.86	−1.09
Hsu et al. (2008)	Randomized parallel, double-blind, placebo-controlled	78 obese F BMI; 30.8	Control (cellulose) GTE (491 mg catechins, of which 302 mg was EGCG and 27 mg caffeine)	12 weeks	−0.12	−0.05	Not reported

<표 3-16> 녹차추출물의 지방산화 및 에너지 소비효능 연구(Thielecke와 Boschmann, 2009)

Citation	Type of study	Population	Test components	Duration of intake	Main outcomes
Berube-Parenet et al. (2005)	Randomized, double-blind, placebo-contro lled, cross-over	14 M, BMI: 20-27	place bo 600 mg caffeine + 270 mg EGCG 600 mg caffeine + 600 mg EGCG 600 mg caffeine + 900 mg EGCG 600 mg caffeine + 1200 mg EGCG	1 day	24 h EE sig, increased by 8% vs placebo and remained rather stable with increasing EGCG conc, decrease in RQ by 0.02 ($p<0.001$) and increase in fat oxidation by 20 g/day, CHO oxidation remained rather stable
Dulloo et al. (1999)	Randomized, double-blind, placebo-contro lled, cross-over	10 M, BMI: 25.1	Control (placebo) GTE (375 mg catechins, of which 270 mg was EGCG and 150 mg caffeine) Caffeine (150 mg)	1 day	GTE: 24 h energy expenditure increased by 4% ($p<0.01$), 24 h RQ decreased by 3.4% ($p<0.01$) due to increased fat oxidation (35%, $p<0.01$), urinary norephinephrine increased by 40% ($p<0.05$)
Komatsu (2003)	Randomized, controlled, cross-over	11 F, BMI: 21.1	Control (water) Oolong tea (206 mg catechins, of which 81 mg was EGCG and 77 mg caffeine) Green tea (293 mg catechins, of which 156mg was EGCG and 161 mg caffeine)	Single administra tion	Control: cumulative increase in EE of 11.2 ± 1.1 kj/2h ($p<0.05$) and no significant difference in RQ Green tea: Cumulative increase in EE of 49.5 ± 0.4kj/2h ($p<0.05$) and no significant difference in RQ
Ota et al. (2005)	Controlled, parallel	14 M, BMI: 23-24.5	Control (exercise) Green tea beverage (570 mg catechins, of which 218 mg was EGCG <40 mg caffeine) + exercise	8 weeks	EE was non-significantly increased sedentary fat oxidation at rest and during exercise in conjunction with green tea beverage increased significantly compared to exercising alone by 36% or 36% or 31%, respectively ($p = 0.02$)
Rumpler et al. (2007)	Randomized, double-blind, placebo-contro lled, cross- over Randomized, cross-over	31 M, F BMI: 21.8	Control Treatment (Caffeine 300 mg EGCG 282 mg calcium 633mg)	3 days	24 h EE sig, increased by 4.6% vs placebo ($p = 0.02$) Fat oxidation increased by 3.2 g/24 h n s. (3.3%) CHO oxidation increased by 20 g/24 h n s. (6.5%)
Rumpler et al. (2001)	Randomized, cross-over	12 M, BMI: 25.9	Control (water) caffeine (270mg) Half strength tea (331 mg catechins, of which 122 mg was EGCG) Full-strength tea (662 mg catechis, of which 244 mg was EGCG)	3 days	Caffeine: 24 h EE increased by 3.4% and fat oxidation by 8% above control ($p<0.01$) Half-strength tea: 24 h EE increased by 0.5% and fat oxidation by 2% above control Full-strength tea: 24 h EE increased by 2.9% and fat oxidation by 12% above control ($p<0.01$)
Venables et al. (2008)	Cross-over, placebo-contro lled	12 M, BMI: 23.9	Control (1517 mg gluten-free corn flower) Treatment (890 mg polyphenols, of which as EGCG 366 mg, caffeine-free)	Acute	Average fat oxidation rates were 17% higher after ingestion of GTE, than after ingestion of placebo (0.41 ± 0.03 and 0.35 ± 0.03 g/min, respectively; $p<0.05$). The contribution of fat oxidation to EE was also significantly higher, by a similar percentage, after GTE supplementation
Boschma nn and Thielecke (2007)	Randomized, double-blind, placebo-contro lled, cross-over pilot study	6 M, BMI: 29.1	Control (300 mg lactose) Treatment (EGCG 300 mg)	3 days	Postprandial RQ values were significantly lower with EGCG compared to the placebo (0.84 ± 0.03 and 0.91 ± 0.07; $p<0.01$) REE was unchanged
Auvicha yapat et al. (2008)	Randomized, controlled	18 M, 42F BMI:27-28	Control (cellulose) GTE (140.8 mg catechins, of which 100 mg was EGCG and 87 mg caffeine)	12 weeks	Significant increase in Ree compared to placebo after 8 weeks, by 372.21 kj/day and 173.46 kj/day for GTE and placebo, respectively ($p<0.001$) RQ decreased by 0.03 and 0.01 fir GTE and placebo, respectively ($p<0.05$)
Unpublis hed*	Randomized, double-blind, ...ontro lled	38F, BMI: 31.2	Treatment (exercise + 300 mg EGCG)	12 weeks	EGCG increased fat oxidation during exercise by 36% compared to exercising alone (statistically not significant)

<그림 3-50> 현재 국내 · 외 시판 중인 녹차 다이어트 관련 제품

8. 인삼을 이용한 지방의 억제

인삼은 기능성 식품 또는 약제로서 가장 널리 이용되고 있으며, 그 효능은 오래 전부터 알려져 왔다. 특히 우리나라에서는 건강기능성 식품 또는 건강보조제로서 홍삼을 비롯한 인삼제품이 가장 큰 판매량과 시장규모를 가지고 있는 것으로 조사되고 있으며, 최근에는 미용관련 제품에도 폭넓게 사용됨으로써 그 이용성이 증가되고 있다. 이러한 인삼은 면역증강, 항암, 항산화 효능뿐만 아니라 항비만 효능과 같은 지방 대사에도 영향을 미치는 것으로 조사되고 있다. 홍삼분말의 급여는 혈중 콜레스테롤과 중성지방의 농도를 감소시키는데, 이러한 이유는 고려인삼이 cholesterol acyltransferease의 활성을 억제시킴으로써, 간에서 콜레스테롤의 배출을 증가시키기 때문이다(Kwon 등, 1999). 콜레스테롤은 담즙산을 합성하는 전구물질로서 간에서 담즙산의 합성 증가는 혈중 콜레스테롤을 감소시키는 주요 원인이 된다. 인삼의 급여는 콜레스테롤이 담즙산으로 전환되는 것을 증가시키기 때문에 콜레스테롤을 감소시키는 효능을 가진다(Abdel Salam 등, 2002). 뿐만 아니라 인삼은 콜레스테롤 합성 억제 인자인 HMG-CoA reductase inhibitors의 활성을 증가시켜 혈중 콜레스테롤의 함량을 감소시키는 효능을 가진다(Abdel Salam 등, 2002). 인삼의 주요 약리성분은 saponin이며 담즙산의 생성을 통한 혈중 콜레스테롤의 감소효능은 saponin에 의한 것으로서(Kim과 Park, 2003), 고지방 식이를 급여한 동물실험에서 인삼 saponin의 급여는 췌장 라이페이스의 활성을 억제하여 체지방과 혈중 중성지질의 증가를 억제하는 것으로 나타났을 뿐만 아니라(Liu 등, 2008), 인삼 추출물 또한 췌장 라이페이스의 활성을 감소시켜 지방의 소장 내 흡수를 억제하는 효능을 가지는 것으로 나타났다(Liu 등, 2010). 또한 인삼 saponin은 LDL receptor를 증가시킴으로써 콜레스테롤이나 중성지방의 세포 내 축적을 증가시키고 혈중 콜레스테롤의 농도를 감소시킨다(Yokozawa 등, 1985). Leptin은 식이섭취량과 에너지 소비를 조절하는 역할을 하는데, leptin을 투여하면 식이섭취량과 체중이 감소한다. 인삼 saponin의 섭취는 고지방 식이를 급여한 rat에서 leptin의 수준과 체지방을 감소시켰으며(Kim 등, 2005), 에너지 항상성 조절과 식이섭취량을 조절하는 데 중요한 작용을 하는 neuropeptide Y의 발현을 억제하여 leptin을 감소시킴으로써 비만 억제효능을 나타낸다(Kim 등, 2005). 또한 인삼 saponin은 유화물에서 유화제로 작용하기도 하는데, 식이로 섭취한 지방구가 마이셀 형태로 응집될 때 라이페이스가 지방구에 접촉하는 비율을 감소시키는 작용을 함으로써 지방의 소화를 억제시킨다(Karu 등,

2007). 뿐만 아니라 인삼 saponin은 담즙산과 마이셀을 형성하는 작용을 통하여 장에서 지방이 분해되는 것을 억제하는 작용을 한다(Karu 등, 2007).

Adenosine monophosphate-activated protein kinase(AMPK)는 당뇨병이나 비만 또는 암과 같은 대사장애에 중요한 작용을 하는 물질인데(Hwang 등, 2007), 인삼에서 추출한 ginsenoside Rh2는 지방세포의 분화에 관여하는 AMPK에 작용하여 지방세포의 분화와 지방의 축적을 억제한다(Hwang 등, 2007).

Proliferators-activated receptor-γ(PPARγ)는 지방조직에서 주로 발현되며, 인슐린 민감성과 지방조직의 생성과 축적 등에 관여하며, PPARγ의 활성화는 중성지질과 유리지방산 또는 글루코스의 농도를 감소시킨다. 최근 연구에서 산삼 분말은 비만쥐의 지방조직에서 PPARγ와 lipoprotein lipase mRNA를 증가시킴으로써 골격근과 지방조직에서 지방을 감소시키는 것으로 나타났다(Mollah 등, 2009). 비만인 사람에서 인슐린 민감성은 체중 감소를 증가시키는데, 산삼 분말 급여에 의한 인슐린 민감성의 증가는 체지방 감소의 주요한 기작이다(Mollah 등, 2009). 또한 홍삼 saponin은 대사율과 체열발생을 통한 에너지 소비를 증가시켜 체지방을 감소시킨다(Kim 등, 2009).

성종환 등(2004)은 시중에 유통되고 있는 백삼과 홍삼 농축액이 고지방 식이를 급여한 실험쥐의 체중변화와 혈청 콜레스테롤 및 지질농도에 미치는 영향을 조사하였다. 실험결과 백삼 투여군은 대조군에 비해 체중 증가율이 낮게 나타났고, 혈중 콜레스테롤 수치도 감소하는 것으로 나타났다. 또한 인삼의 복용은 고지방 식이 동물에서 혈청 전체 혹은 유리콜레스테롤과 중성지질의 수치를 감소시키며, 백삼이 홍삼보다 더 강한 효능을 나타내었다고 보고하였다. 또한 인삼분말 투여는 실험동물의 혈중 콜레스테롤과 중성지방을 감소시키고, ginsenoside Rb1, Rc, Rd는 간 HMG-Co A reductase의 활성을 촉진시켜 콜레스테롤의 생합성을 촉진하고, 콜레스테롤이 담즙산으로의 전환을 촉진시켜 간의 콜레스테롤 함량이 감소된다고 보고되고 있다(김신일 등, 1986). 김신일 등(1986)은 고지방 식이(우지 30% 함유)로 Sprague-Dawley rat을 1, 3, 5개월간 사육하면서 인삼 ethanol extract 50, 100mg/kg을 경구 투여하여 체중, 부고환지방조직의 무게, 지방세포의 크기와, 지방조직과 간에서의 지방합성과 지방분해 효과를 측정하였다. 연구결과 고지방 식이로 사육하면서 인삼을 투여한 구는 지방축적에 의한 체중, 부고환지방조직의 무게 및 지방세포의 증대를 억제하는 것으로 나타났다고 보고하였다. 또한 인삼 투여는 adrenalin에 의한 지방분해의 증가에는 영향을 미치지 않았으며, 인삼의 ethanol extract, petroleum ether extract, saponin, alkaloid 분획은 in vitro에서 정상적인 흰쥐 지방조직에서 adrendlin에 의한 지방분해를 억제하는 경향을 나타내었다고 보고하였다. 뿐만 아니라 고지방 식이군에서는 지방간이 나타났으나 인삼투여군은 지방간 소견이 나타나지 않았으므로 인삼의 투여는 지방의 합성을 억제함으로써 고지방 식이에 의한 비만유발을 개선하는 효과가 있다고 보고하였다.

이성동과 황우익(1995)은 각국 인삼으로부터 인삼 지용성추출 용매로 많이 사용하는 petroleum ether에 의해 추출되는 성분을 분리해서 암독소 호르몬-L의 lipolysis 작용에 미치는 영향을 측정하였다. 인삼은 고려인삼, 중국인삼 및 미국백삼을 분말화하여 추출하였으며, petroleum ether에 의해 추출된 지질성분의 수율은 고려홍삼, 중국홍삼 및 미국백삼이 각각 0.64%, 0.47% 및 0.58%로 고려홍삼이 가장 높게 나타났다고 보고하였다. 체지방 분해작용 억제율은 2mg/㎖ 반응농도에서 고려홍삼, 중국홍삼 및 미국백삼이 각각 55.1%, 50,0% 및 44.9%를 나타내었고, 체지방 분해작용은 각각 18, 12 및 13 unit으로 고려홍삼의 효능이 가장 높게 나타났다고 보고하였다.

이정희와 박화진(1998)은 홍삼제품류를 장기간(4~5년) 복용한 남자 10명과 홍삼제품류를 복용하지 않은 남자 7명을 대상으로 하여 혈소판응집반응, 혈액응고 시간 및 혈중지질의 농도를 측정하였다. 연구결과 홍삼제품류를 4~5년 농안 복용한 건강한 사람이 홍삼제품류를 복용하지 않은 사람에 비해 동맥경화지수, 혈중 중성지질에 대한 HDL-cholesterol의 비율이 감소하였으며, 홍삼제품류를 장기간 복용하면 혈소판응집반응, 혈액응고 및 혈중지질 등의 혈전 또는 동맥경화의 위험인자가 억제된다고 보고하였다.

인삼과 인삼 추출물에 의한 체지방 감소 기작을 요약 정리하면 다음과 같다.

- 췌장의 지방분해효소인 라이페이스의 활성을 억제하여 지방의 소화 및 흡수

를 감소시키는 기작

- 에너지 항상성 조절과 식이섭취량 조절에 작용하는 neuropeptide Y의 발현을 억제하고 leptin을 감소시키는 작용을 통하여 지방의 축적을 억제하는 기작
- 라이페이스가 지방구에 접촉하는 비율을 감소시켜 지방의 분해를 억제하는 기작
- 지방세포의 분화에 관여하는 AMPK에 작용하여 지방세포의 분화와 축적을 억제하는 기작
- PPARγ와 lipoprotein lipase mRNA를 증가시켜 지방의 축적을 감소시키는 기작
- 대사율 증가와 체열발생 증가와 같은 에너지 소비를 증가시켜 체지방을 감소시키는 기작

인삼이나 인삼 saponin이 체지방을 억제하는 기작은 많은 부분에서 녹차나 녹차 catechin의 기작과 유사한 것을 알 수 있다. 최근 Yun(2010)의 연구에서 식물 또는 식물에서 유래한 많은 물질들이 체지방을 억제하는 효능을 가지는데 이러한 효능이 인삼이나 녹차 추출물의 효능과 유사하다는 것을 보여주고 있다. 다음의 표에서 볼 수 있듯이 식물 또는 식물에서 유래한 물질들이 지방을 억제하는 기작은 크게 지방의 흡수를 억제, 에너지 섭취의 감소, 에너지 소비의 증가, 지방세포의 분화와 증식의 억제, 그리고 지방의 생성억제와 지방 분해의 증가 등으로 요약할 수 있다. 또한 식물 또는 식물에서 유래한 많은 물질들이 체지방 억제 효능뿐만 아니라 제2형 당뇨병을 치료하는 데 효능이 있는 깃으로 나타나고 있다 이러한 이유는 비만이 당뇨와 밀접하게 관련되어 있기 때문에 비만억제 또는 체지방 억제효능을 가진 물질이 당뇨병에도 어느 정도 효능이 있을 것으로 판단된다. 그러나 비만 또는 체지방억제 물질의 당뇨병 치료 효능은 연구마다 차이가 크게 나타나므로 좀 더 세심한 연구가 필요할 것으로 사료된다.

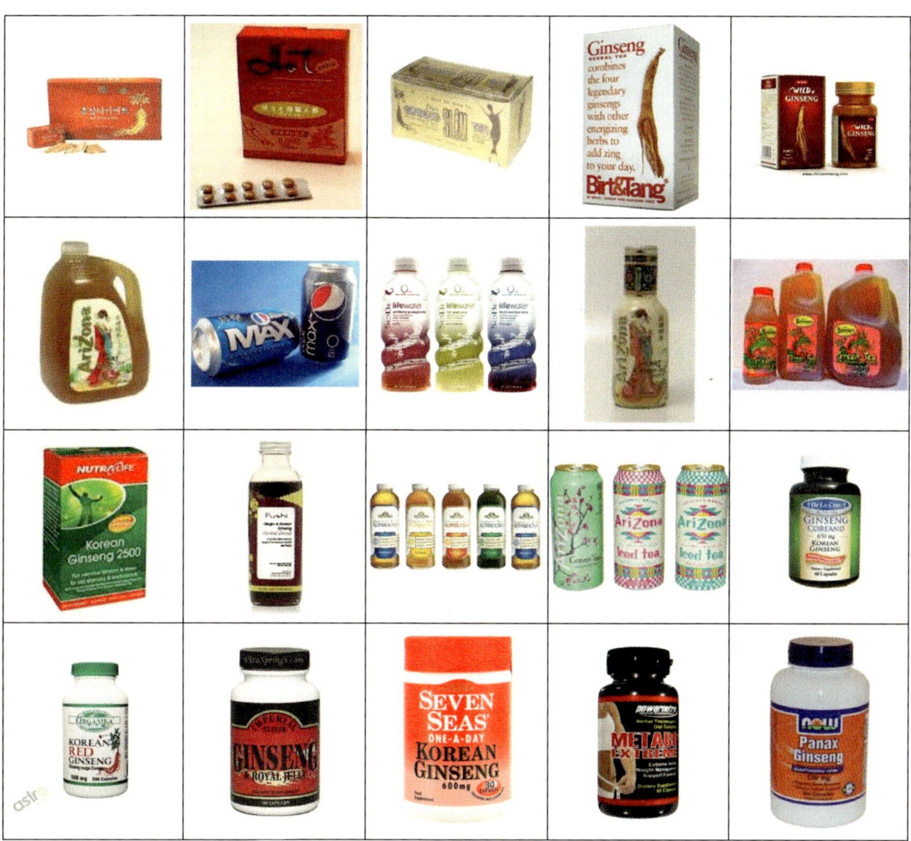

〈그림 3-51〉 현재 국내 · 외 시판 중인 인삼 다이어트 관련 제품

〈표 3-17〉 췌장 라이페이스 억제 물질(Yun, 2010)

Source	Active component	Experimental methods[a] (treated dose, subjects, duration of treatment)	Major activity[b]	References[c]
Juniperus communis (bark) and *Illicium religiosum* (wood)	Crude ethanol/water extract	Inhibitory activity of pancreatic lipase	IC_{50}=20.4 and 21.9 μm/mL, respectively	Kim and Kang (2005)
panax japonicus (rhizomes)	Chikusetsusaponins	3%, ICR mice with HFD, 9 weeks	22%* decrease in body weight gain	Han et al. (2005b)
platycodi radix	platycodin saponins	70 mg/kg, SD rats with HFD, 4 weeks	13% decrease in body weight gain	Zhao et al. (2005), Zhao and Kim (2004), Han et al, (2002) Xu et al. (2005)
Platycodi radix	Crude aqueous extract (caffeine)	5%, ICR mixe with HFD, 8 weeks	12%* decrease in body weight gain	Han et al. (2000) Lei er al.(2007); Han er al. (2000)
Acanthopanax senticosus (stem bark)	10.6% ellagic acid	800 mg/kg, ICR mice with HFD, 5 weeks	54%* decrease in body weight gain	Han et al. (1999b)
Thea sinensis (oolong tea)	Grude aqueous extract (caffeine)	5%, ICR mice with HFD, 9 weeks	10%* decrease in body weight gain	

Source	Active component	Experimental methods[a] (treated dose, subjects, duration of treatment)	Major activity[b]	References[c]
Cassia mimosoides	proanthocyanidin	Inhibitory activity of pancreatic lipase; 2.5%, SD rats with HFD, 8 weeks	IC_{50} = 0.11 mg/ml; 60%* decrease in body weight gain	Yamamoto et al. (2000)
Kochia scoparia (fruits)	Crude aqueous extract (saponins)	3%, ICR mice with HFD, 9 weeks	19%* decrease in body weight gain	Han et al. (2006)
Afromomum meieguetta, Spilanthes acmella	Crude ehanolic extract	2 mg/ml, inhibitory activity of pancreatic lipase	90%, 40% lipase inhibition, respectively	Ekanem et al. (2007)
Salacia reticulate (mixed with cyclodextrin)	Crude aqueous extract	0.5%, SD rats with HFD, 8 weeks	27% decrease in body weight gain	Kishino et al. (2006)
Thea sinensis (leaf)	Saponin	0.5%, ICR mice with HFD, 11 weeks	17%* decrease in body weight gain	Han et al. (1999b, 2001)
Nelumbo nucifera (leaf)	Crude ethanolic extract	5%, ICR mice with HFD, 5 weeks	28%* decrease in body weight gain	Ono et al. (2006)
Trigonella foenum graecum L. (seed)	Crude methanolic extract	0.3%, ddY obese mice, 22days	14%* decrease in body weight gain	Handa et al. (2005)
Salix matsudana (leaf)	Poly phenol (PP)	5% PP, Wistar King rats with HFD, 9 weeks	20%* decrease in body weight gain	Han et al. (2003a,b)
	Flavonoid glucoside	5%, rats of ICR strain with HFD, 9 weeks	19%* decrease in body weight gain	Han et al. (2003b)
Vitis vinifera	Crude ethanolic extract	1 mg/ml, 3T3-L1 adipocyte, 8days	Inhibitory effect in lipase activity = 80%	Moreno et al. (2003)
Eriochloa villosa	Crude methanolic extract	0.2 mg/ml, inhibitory activity of pancreatic lipase	Inhibitory effect in lipase activity = 83%	Sharma et al. (2005)
Orixa Japonica	Crude methanolic extract	0.2 mg/ml, inhibitory activity of pancreatic lipase	Inhibitory effect in lipase activity=81%	Sharma et al. (2005)
Salvia officinalis L. (leaf)	Methanolic extract (carnosic acid)	Inhibitory activity of pancreatic lipase	IC_{50}=36 μg/ml	Ninomiya et al. (2004)
Setaria italic	Crude methanolic extract	0.2 mg/ml, inhibitory activity of pancreatic lipase	Inhibitory effect in lipase activity = 80%	Sharma et al. (2005)
Scabiosa tschiliensis Grun	Triterpenoid saponins	Inhibitory activity of pancreatic lipase	Maximum activity; almost 100% with prosapogenin 1B (1 mg/ml)	Zheng et al. (2004)
Acanthopanax sessiliflorous	Lupane-type saponins	0.5%, ICR mice with HFD, 4weeks	40% decrease in body weight gain	Yoshizumi et al. (2006)
Aesculus turbinate (seed)	Escin	Inhibitory activity of pancreatic lipase	IC_{50} = 14 μg/ml with escin IIb	Kimura et al. (2006)
Cyclocarya paliurus (Batal) lljinakaja	Crunde aqueous extract	Inhibitory activity of pancreatic lipase	IC_{50} = 9.1 μg/ml	Kurihara et al. (2003)
Cassia nomame	Flavan dimers	Inhibitory activity of pancreatic lipase	IC_{50} = 5.5 μM/ml with (2S)-3', 4', 7-trihydroxyflavan-(4 α →8)-catechin	Hatano et al. (1997)
Gardenia jasminoides (fructus)	Crocin, crocetin	Inhibitory activity of pancreatic lipase; 50mg/kg/d, Triton WR-1339-induced hyperlipidermic mice, 5weeks	IC_{50} = 5.5 mg/ml with crocetin; 25%* decrease in body weight gain with crocin	Lee et al. (2005), Sheng et al. (2006)
Dioscorea nipponica	Crocin, crocetin	5%, SD rats with HFD, 8 weeks	IC_{50} = 2.1 mg/ml with crocetin; 25%* decrease in body weight gain with crocin	Kwon et al. (2003)
Coffea canephora	Caffeine, hlorogenic acid, neochlorogenic acid, feruloyquinic acids	0.5%, ddy mice with standard diet, 14 days	157% decrease in body weight gain	Shimoda et al. (2006)

Source	Active component	Experimental methods[a] (treated dose, subjects, duration of treatment)	Major activity[b]	References[c]
peptide	ε-Polylysine	0.4%, C57BL/6 mice with HFD, 60days	29%* decrease in body weight gain	Tsujita et al. (2006)
Glycyrrhiza uralensis	Licochalcone A	Inhibitory activity of pancreatic lipase	$IC_{50}=35$ μg/m, $k_i=11.2$ μg/ml	Won et al. (2007)
Chitosan	Not specified	3g/day, human overweight adults, 8weeks	22% decrease in body weight gain	Kaats et al. (2006)
	MW 125-145 kD	2%, Wistar rats, 4 weeks	9% decrease in body weight gain	Bondiolotti et al. (2007)
	MW 46 kDa	300 mg/kg C57BL/6J mice with HFD, 10 weeks	14%* decrease in body weight gain	Sumiyoshi and Kimura (2006)
Chitosan	Chitosan (80%), chiti (20%)	15%, ICR mice with HFD, 9 weeks	143%* decrease in body weight gain	Han et al. (1999a), Gades and Stem (2003, 2005), Gallaher et al. (2002)
Manno-oligosaccharides		1%, ICR mice with HFD, 12 weeks	40% decrease in hepatic triglyceride, no body weight change	Takao et al. (2006)
Levan		10%, SD rats with HFD, 4 weeks	160% decrease in body weight gain	Kang et al. (2006)
Fungus, *Laetiporus sulphureus*	Mycalia extract	2 mg/ml fungal extract, lipase activity	Inhibitory effect on lipase activity=83%	Slanc et al. (2004)
Fungus, *Tylopilus felleus*	Mycalia extract	2 mg/ml fungal extract, lipase activity	Inhibitory effect on lipase activity=96%	Slanc et al. (2004)
Fungus, *Hygrocybe conica*	Mycalia extract	2 mg/ml fungal extract, lipase activity	Inhibitory effect on lipase activity=97%	Slanc et al. (2004)
Basidiomycete, *Boreostereum vibrans*	Vibralactone	Inhibitory activity of pancreatic lipase	$IC_{50}=0.4$ μg/ml	Liu et al. (2006)
Sterptomyces toxytricini	Lipistatin	Inhibitory activity of pancreatic lipase	$IC_{50}=0.14$ μM	Weibel et al. (1987), Hochuli et al. (1987)
Sterptomyces sp. NR0619	Panclicins	Inhibitory activity of pancreatic lipase	$IC_{50}=0.89$ μM with panclicins D	Mutoh et al. (1994), Yoshinari et al. (1994)
Actinomycetes sp.	Valilactone	Inhibitory activity of pancreatic lipase	$IC_{50}=0.00014$ μg/ml	Kitahara et al. (1987)
MG147-CF2	Estrastin	Inhibitory activity of pancreatic lipase	$IC_{50}=0.2$ μg/ml	Umezawa et al. (1978)
	Ebelactone B	Inhibitory activity of pancreatic lipase	$IC_{50}=0.001$ μg/ml	Umezawa et al. (1980)
	Ebelactone A	Inhibitory activity of pancreatic lipase	$IC_{50}=0.003$ μg/ml	Umezawa et al. (1980)
Citrus unshiu	Hesperidin	Inhibitory activity of pancreatic lipase	$IC_{50}=32$ μg/ml	Kawaguchi et al. (1997)
Marne algae (*Coulerpa taxifolia*)	Caulerpenyne	Inhibitory activity of pancreatic lipase	$IC_{50}=2$ mM	Tomoda et al. (2002)

<표 3-18> 식욕억제 물질(Yun, 2010)

Source	Active component	Experimental methods[a] (treated dose, subjects, duration of treatment)	Major activity[h]	References[c]
Panax ginseng (root)	Crude saponins	200 mg/kg, SD rats with HFD, 3 weeks	37% decrease in body weight gain	Kim et al. (2005)
Garcina cambogia	(-)-Hydroxycitric acid (HCA)	154nmol HCA/kg, Zucker obese rats, 92days	8% decrease in body weight gain	Saito et al. (2005), Heymsfield et al. (1998), Ohia et al. (2002)
Camellia sinensis (leaf)	(-)-Epigallo-cathechin gallate(EGCG)	① 82 mg/kg SD rats (7 days), ② 81 mg/ lean Zucker rats (8 days) ③ 92 mg/kg obese Zucker rats	① 53% decrease in body weight gain, ② 32% decrease in body weight gain, ③ 11% decrease in body weight gain	Kao et l. (2000), Moon et al. (2007), Dulloo et al. (1999), Nagao et al. (2005);Wolfram et al. (2006)
Caralluma fimbriata (cactus)	Crude ethanolic extract (pregnane glycosides)	1 g/day, overweight adult Indian men and women, 60 days	2.5% decrease in body weight gain	Kuriyan et al. (2007)
Coix lachrymajobi var. mayeun (seed)	Crude aqueous extract	500 mg/kg, SD rats with HFD, 4 weeks	36%* decrease in body weight gain	Kim et al. (2004b)
Hoodia gordonii and H. pilifera	Steroidal glycoside (P57AS3)	Intracerebroventricular injection, 24 h	40-60% reduction in food intake	MacLean and Luo (2004), van Heerden (2008), van Heerden et al, (2007), Lee and Balick (2007)
Not specified	Oleoyl-estrone	4.4μmol/g/day, Zuker lean rats with HFD, 12 days	30% decrease in body weight gain	Remesar et al. (2000), Salas et al. (2007), Ferrer-Lorente et al. (2007), Romero et al. (2007)
Phaseolus vulgaris and Robinia pseudoaccacia	Lectins	100 mg/kg, Harlan-Wistar rats, 16 h	8.25-fold* decrease in food intake	Baintner et al.,2003
Pinus koraiensis (pine nut)	Pine nut fatty acids	3 g, obese women, 4 h	60% increase in cholecystokinin-8 (satiety hormone) secretion	Pasman et al. (2008), Hughes et al. (2008)

<표 3-19> 에너지 소비 증가 물질(Yun, 2010)

Source	Active component	Experimental methods[a] (treated dose, subjects, duration of treatment)	Major activity[b]	Mechanism of action	References[c]
Pinellia ternata	Crude aqueous extract	400 mg/kg, obese Zucker rats, 6 weeks	Slight decrease in body weight gain (data not shown)	Increased UCPI expression in BAT and PPARx in WAT	Kim et al. (2006d)
Nelumbo nucifera (leaf)	Crude ethanolic extract (flavonoid)	1%, A/J mice with HFD, 12 weeks	15%* decrease in body weight gain	Activation of β-adrenergic receptor	Ohkoshi et al. (2007)
Camellia sinensis	EGCG	300 mg/d, obese men, 2 days	8% decrease in RQ	Decrease in RQ	Boschmann and Thielecke (2007), Chantre and Lairon (2002), Thielecke and Boschmann (2009)
panax ginseng (berry)	Crude ethanolic extract	150 mg/kg, ob/ob mice, 12 days	13% decrease in body weight gain	Increased energy expenditure and body temperature	Attele et al. (2002)
Glycine max (soybean)	β-conglycinin, glycinin(globulins)	23.7% β-conglycinin, and 21.9% glycinin, KK-A[y] obese mice, 4 weeks	10% decrease in body weight gain	Acceleration of β-oxidation, suppression of fatty acid synthesis	Moriyama et al. (2004), Ishihara et al. (2003)

Source	Active component	Experimental methods[a] (treated dose, subjects, duration of treatment)	Major activity[b]	Mechanism of action	References[c]
Undaria pinnatifida (sea weed)	Fucoxanthin	2%, KKAy mice with soybean oil diet, 4weeks	17% decrease in body weight gain	UCPI expression in WAT	Maeda et al. (2005, 2007a, b)
Not specified	Medium-chain tryglycerides (MCT)	Diet containing 64.7% MCT, 24 obese men, 28 days	1.3% decrease in body weight gain	Increased energy expenditure	St-Onge et al. (2003a,b), St-Onge and Jones (2002), Papamandjaris et al. (1998) Bourque et al. (2003) Geliebter et al. (1983)
Fish oil	EPA and DHA	C57BL/6J mice with 60% fish oil diet containing 7% EPA and 24% DHA, 5 months	58% decrease in body weight gain	Upregulation of UCP2 in liver	Tsuboyama-Kasaoka et al. (1999)

〈표 3-20〉 지방세포 분화 억제 물질(Yun, 2010)

Source	Active component	Experimental methods[a] (treated dose, subjects, duration of treatment)	Major activity[h]	References[c]
Carcina cambogia	(-)-Hydroxycitric acid (HCA)	4μg/ml,3T3-L1 adipocyte, 8 days	35% decrease in Lipid accumulation	Kim et al. (2004a)
Pinus densiflora	Crude aqueous extract	10 g/kg, SD rats with HFD, 6 weeks	12% decrease in body weight gain	Jeon and kim (2006)
Cortidis rhizome	Berberine	5 mg/kg, db/db mice, 26days	13% decrease in body weight	Lee et al, (2006b), Huang et al. (2006a). Hu and Davies (2009)
Nor specified (product of Sigma)	Esculetin	200-800 μM,3T3-L1 adipocyte, 48 h	① 200 μM, pre-adipocyte apoptosis ② 200 μM, inhibition of adipocyte	Yang et al. 2006a
Glycine max (product of GIBCO)	Genistein	100μM, 3T3-L1 adipocyte, 48 h	Inhibition of preadipocyte differentiation by 60%	Harmon and Harp (2001), Harmon et al/ (2002), Zhang et al. (2009), Kim et al. (2006b), Naaz et al. (2003), Kandulska et al. (1999), Szkudelska et al. (2000)
Not specified (product of GIBCO)	Naringenin	100μM, 3T3-L1 adipocyte, 48 h	Inhibition of preadipiocyte differentiation by ~40%	Harmon and Harp (2001)
Not specified (product of Sigma)	Quercetin	250μM, 3T3-L1 adipocyte, 48 h	Inhibition of preadipiocyte differentiation by 71.5% IC$_{50}$=40.4μM	Hsu and Yen (2006)
Chili pepper *(Capsicum)*	Capsaicin	3T3-L1 adipocyte, 72 h	① Inhibition of population; IC$_{50}$=45 μM ② Apoptosis percentage: 26.7% at 250 μM	Hsu and Yen (2006)
Deep sea water	Minerals (mainly Ca and Mg)	Hardness 1000, 3T3-L1 adipocyte, 72 h	27% decrease in lipid accumulation	Hwang et al. (2009b)
Chitosan oligosaccharides	MW 1-3 kDa	3T3-L1 adipocyte, 72 h	90% decrease in lipid accumulation	Cho et al. (2008) Rahman et al. (2008a,b), Kim et al, (2006c)
Kochujang (fermented red pepper paste)	Not identified	1 mg/ml, 3T3-L1 adipocyte, 24 h	70-75% decrease in adipogenic transcription factors	Ahn et al. (2006)

Source	Active component	Experimental methods[a] (treated dose, subjects, duration of treatment)	Major activity[h]	References[c]
Fish oil	Docosahexaenoic acid	200 μM, 3T3-L1 adipocyte, 4 h	90% increase in lipolysis	Kim er al.(1999, 2006), Parrish et al. (1990), Flachs et al. (2005)
Perilla oil (product of Ajinomoto Co., Japan)	Rich in x-linolenic acid	12% dietary fat, SD rats, 12weeks	94% decrease in TG accumulation	Okuno et al. (1997)
Palm oil	Υ-tocotrienol	24 μM, 3T3-L1 adipocyte,21 days	48% decrease in TG accumulation	Uto-Kond et al. (2009)
Sterol (Product of Sigma)	β-sitosterol	16 μM, 3T3-L1 adipocyte, 4 h	65% decrease in preadipiocyte differentiation	Awad et al. (2000)
Scutellaria baicalensia (product of Sigma)	Baicalein	100 μM, 3T3-L1 adipocyte, 48 h	1.86-fold decrease in lipid accumulation	Cha et al. (2006)
Lagerstroemia speciosa L. (banana leaf)	Hot water extract (tannic acid)	0.1-0.25 extract (20 mg/l tannic acid), 3T3-L1 adipocyte, 48 h	No differentiation	Liu et al. (2001, 2005), Bai et al. (2008), Klein et al. (2007)
Undaria pinnatifida (brown algae)	Fucoxanthin	15 μM, 3T3-L1 adipocyte, 120 h	Inhibition of preadipiocyte differentiation by 70%	Maeda et al. (2006)
Conjugated linoleic acids (CLA)	trans-10, cis-12 CLA	100 μM, 3T3-L1 adipocyte, 3 days	36% decrease in TG accumulation	Evans et al. (2000), Joseph et al. (2009)
Camellia sinensis (green tea)	(-)-Epigallocatechin gallate	20 μM, 3T3-L1 adipocyte, 48 h	Inhibition of preadipiocyte differentiation by 7-fold*	Ku et al. (2009), Lee et al. (2008b), Sakurai et al. (2009)
Lithospermum erythrorhizon	Shikonin	20 μM, 3T3-L1 adipocyte, 48 h	Inhibition of preadipiocyte differentiation: $IC_{50}=1.1$ μM	Sakurai et al. (2009) Lee et al. (2009a)
Panax ginseng	Ginsenosides	40 μM, 3T3-L1 adipocyte, 6 days	40%* decrease in TG accumulation with gensenoside Rg3	Hwang et al. (2009c), park et al. (2008b), Kim et al. (2009a,c)
Brown algae	Fucoidan	100 μM, 3T3-L1 adipocyte, 24 h	Inhibition of preadipiocyte differentiation by 33%	Kim et al. (2009b)
Zizyphus jujuba (fruit)	Extract of choroform fraction	50 μM, 3T3-L1 adipocyte, 24 h	Inhibition of GPDH activity by 80%*	Kubota et al. (2009)
Silybum marianum	Silibinin	30 μM,,2 days	60%* decrease in TG accumulation	Ka et al. (2009)
Combined natural com pounds	Genestein(G), quercetin(Q), resveratrol (R)	50 μM G, 100 μM Q, 100 μM R , 3T3-L1 adipocyte, 3 days	92% decrease in lipid accumulation	park et al.(2008a)
Garlic	Ajoene	100 μM, 3T3-L1 adipocyte, 24 h	Inhibition of preadipiocyte differentiation by 86%	Ambati et al. (2009)
Humulus lupulus	Xanthohumol	75 μM, 3T3-L1 adipocyte, 24 h	Inhibition of preadipiocyte differentiation by 51%	Yang et al. (2007) Mendes et al. (2008)
Lagerstroemia speciosa (leaf)	Ellagitannins	0.04-0.5mg/ml, adipocyte, 24 h	Inhibition of preadipiocyte differentiation by max, 100%	Bai et al. (2008)
Ascophyllum nodosum	Aqueous methanolic extract	75 μg extract, 3T3-L1 adipocyte, 8 days	Inhibition of GPDH activity by 20%	Uto -Kondo et al. (2009)
Seabuckthorn	Isorhamnetin	50 μM, 3T3-L1 adipocyte, 3 days	2.75-fold* decrease in TG accumulation	Lee et al. (2009)b
Not specified	Retinoic acid	10 μM, cultured porcine pre-adipocytes, 24 h	Inhibition of GPDH activity by 80%	Suyawan and Hu, 1997
Red yeast rice fermented by *Monoscus ruber*	Not identified	2mg/ml, 3T3-L1 adipocyte, 8 days	86% decrease in TG accumulation	Jeon et al. (2004)

Source	Active component	Experimental methods[a] (treated dose, subjects, duration of treatment)	Major activity[h]	References[c]
Wasabia japonica (leaf)	Not identified	667 μg/ml, 3T3-L1 adipocyte, 6 days	Inhibition of GPDH activity by 36%	Ogawa et al. (2009)
Coriolus versicolor (mushroom fruit body)	(-)-Ternatin	13 μM, 3T3-L1 adipocyte, 9 days	87% decrease in TG accumulation	Ito et al. (2009)
Cordyceps militaris	Mycelial extract	0.2%, 3T3-L1 adipocyte, 12 days	93.7% decrease in lipid accumulation	Shimada et al. (2008)
Ipomoea batatas (root)	Sporamin	0.5 mg/ml, 3T3-L1 adipocyte, 5 days	Inhibition of preadipiocyte differentiation by 84%	Xiong et al. (2009)
Rosmarinus officinalis	Carnosic acid	0-10 μM, 3T3-L1 adipocyte, 2 days	Inhibition of preadipiocyte differentiation: $IC_{50}=0.86$ μM	Tajahashi et al. (2009)
Curcuma longa	Curcumin	50 μM, 3T3-L1 adipocyte, 8 days	2.4-fold* decrease in TG accumulation	Lee et al. (2009c), Ejaz et al. (2009), Miller et al. (2008), Wang et al. (2009)
Linum usitatissimum (flax seed)	(-)-Secoisolariciresinol	0.15 μM, 3T3-L1 adipocyte, 14 days	Almost 100%* decrease in TG accumulation	Tominaga et al. (2009)
Hibiscus sabdariffa	Flower extract	100 μg/ml, 3T3-L1 adipocyte, 4 days	50% decrease in TG accumulation	Kim et al. (2003)
Solanum tuberosum	Ethanolic extract	0-200 μg/ml, 3T3-L1 adipocyte, 24 h	Inhibition of preadipiocyte differentiation: $IC_{50}=46.2$ μg/ml	Yoo et al. (2008)
Soy isoflavone	Genistein	200 μM, 3T3-L1 adipocyte	90%* inhibition of adipocyte differentiation, 43%* decrease in cell adipocyte viability	Hwang et ak. (2005)
Undaria pinnatifida	Neoxanthin	20 μM, 3T3-L1 adipocyte	64% reduction, 40% reduction in GPDH activity	Okada et al. (2008)
Commiphra mukul	Cis-guggulsterone	200 μM, 3T3-L1 adipocyte, 24 h	90%* decrease in adipocyte differentiation	Yang et al. (2008a)
Rehmannia glutinosa	Crude ethanolic extract	1 mg/ml, 3T3-L1 adipocyte, 48 h	2-fold* decrease in adipocyte differentiation	Jiang et al. (2008)
Eriobotrta japonica	Corosolic acid	45 μM, 3T3-L1 adipocyte	4.17-fold* decrease in adipocyte differentiation	Zong dan Zhao (2007)
Irvingia gabonesis (seed)	Extract	250 μM, 3T3-L1 adipocyte, 72 h	81% decrease in TG accumulation	Oben et al. (2008)

9. 제지방 억제 약품을 이용한 지방의 억제

Tetrahydrolipstatin(Orlistat, Xenical)

상품명 Xenical로 알려진 Orlistat는 스위스 Roche에서 개발한 지방분해효소의 작용을 억제하는 약품으로, 전 세계에서 가장 널리 사용되고 있는 지방분해억제제 중의 하나이다. Orlistat는 tetrahydrolipstatin으로도 알려져 있으며, 비만치료제로 사용되는 약품으로 그 기능은 식품에 함유된 지방의 흡수를 억제함으로써 칼로리

섭취를 낮추는 것이다. Orlistat는 그람양성균인 *Streptomyces toxytricini*에서 분리한 lipstatin에서 획득한 물질이며, lipstatin 또한 췌장의 라이페이스의 활성을 억제하는 효능으로 인하여 비만억제 약품으로 이용되지만 안정성 때문에 Orlistat가 더 널리 이용되고 있다. Orlistat는 혈압을 낮추는 효능과 제2형 당뇨병을 억제하는 효능도 있다. Orlistat는 지방변증을 유발하는 등 부작용도 보고되고 있지만 미국, EU, 그리고 호주 등에서는 의사의 처방전 없이도 일부 제품은 구매할 수 있다. Orlistat의 작용기작은 식품에 함유된 중성지질이 유리지방산으로 가수분해되는 것을 억제하고 배출하는 작용을 한다. 성인의 경우 120mg씩 식전에 세 번 정도 섭취하면 식품에 함유된 지방의 약 30%를 억제할 수 있으며, 과량 섭취한다 해도 효능의 차이는 없는 것으로 알려져 있다. Orlistate 부작용으로는 지방변증이며, 지방이 소화가 되지 않고 대장에 도달하기 때문에 묽은 변과 장 내 가스의 생성이 많아진다. 그러나 제조사인 Roche사는 대부분의 증상이 약의 투여 초기에 발생하며 시간이 지날수록 증상이 완화된다고 주장하고 있다. 연구보고에 따르면 Orlistate를 섭취한 사람의 약 36%가 4년 동안 Orlistat 섭취에 의한 부작용을 경험하였고, 약 91%가 최소한 1년 이상 소화와 관련된 부작용을 경험한 것으로 나타났다. 그러나 장기간 복용 시 부작용은 감소하는 것으로 보고되고 있다. 그리고 2010년 5월에 미국 FDA는 Xenical의 라벨에 심각한 간 손상을 일으킬 가능성이 일부 있다는 표시를 포함하게 하였으며, 섭취 시 주의해야 할 사항으로는 Orlistat에 의해 지용성 비타민(A, D, E, K 또는 베타카로틴)이나 지방함유 영양소의 작용이 억제될 수 있으며, 간 손상이 발생할 가능성이 있나(이상 Wikipedia 2010). Orlistat의 섭취뿐만 아니라 일반적으로 지방의 섭취를 극단적으로 피하게 될 경우 지방과 함께 섭취하게 되는 지용성 비타민의 섭취가 부족해지거나 지용성 비타민의 작용이 억제될 수가 있다. 따라서 이러한 부작용을 감소시키기 위해서는 지용성 비타민의 추가적인 섭취가 필요할 것이다.

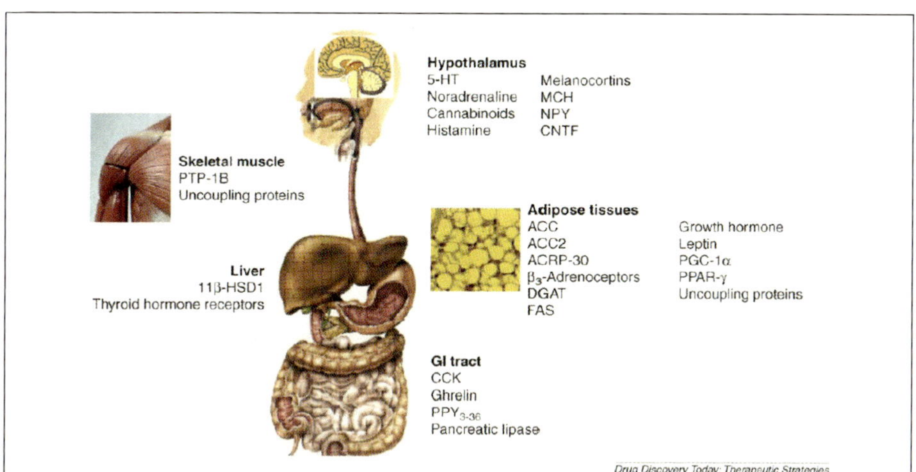

Figure 1. Central and peripheral molecular targets for novel anti-obesity targets. ACC, acetyl-coenzyme A; ACC2, acetyl-coenzyme A carboxylase type 2; ACRP-30, adipocyte complement-related proteins-30; CCK, cholecystokinin; CNTF, ciliary neurotrophic factor; DGAT, diacylglycerol acetyltransferase; FAS, fatty acid synthase; 11β-HSD1, 11-β-hydroxysteroid dehydrogenase type 1; MCH, melanin-concentrating hormone; NPY, neuropeptide Y; PGC-1α, peroxisome proliferator-activated receptor γ co-activator 1α; PPARγ, peroxisome proliferator-activated receptor γ; PTP-1B, protein tyrosine phosphatase-1B; PYY₃₋₃₆, peptide YY fragment (3-36).

〈그림 3-52〉 비만억제에 작용하는 중추, 말초 신경계 작용물질(Cheetham 등, 2004)

김성용 등(2003)은 체중감소의 목적으로 Orlistat를 처방받은 37명의 환자에게 6개월 동안 Orlistat를 투여한 후 체성분 및 복부지방의 변화를 측정하였다. 연구결과 Orlistat를 6개월간 사용 후 체중, 허리둘레, 총체지방 및 체간부 체지방 그리고 복강 내 지방이 감소하는 결과를 관찰하였으며 약 2kg의 체중감소율을 나타내었다고 보고하였다. Sjostrom 등(1998)은 544명의 비만환자를 대상으로 한 실험에서 Orlistat를 1년간 복용했을 때 약 10kg의 체중감소를 나타내었고, Davison 등(1999)도 591명을 대상으로 하여 1년간 Orlistat를 복용하게 했을 때 약 9kg의 체중감소 효과가 있다고 보고하였다(김성용 등, 2003). 김성용 등(2003)은 연구에서 체중감소율이 다른 연구에 비해 낮은 이유는 기존 연구와는 달리 엄격한 저열량 식사를 함께하지 못하였기 때문이라고 보고하였으며, 체중감소의 80%는 체지방의 감소 때문이라고 보고하였다. 또한 Orlistat 사용 후 지방의 감소는 주로 복강지방의 감소가 크게 나타났으며, 피하지방의 감소는 유의적인 차이가 나타나지 않았다고 보고하였으며, 이러한 결과는 인슐린저항성의 개선 및 심혈관질환의 위험인자를 감소시키는 것과 연관될 수 있다고 보고하였다.

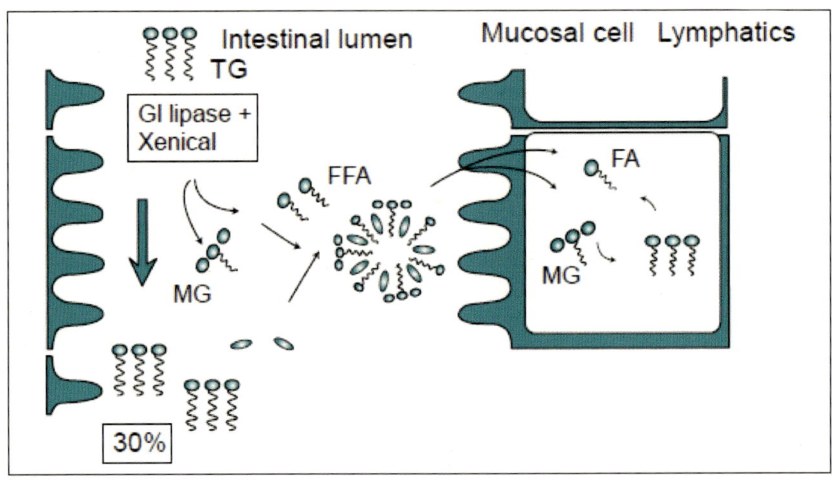

〈그림 3-53〉 Orlistat의 작용기작(Van Gaal 등, 2004)

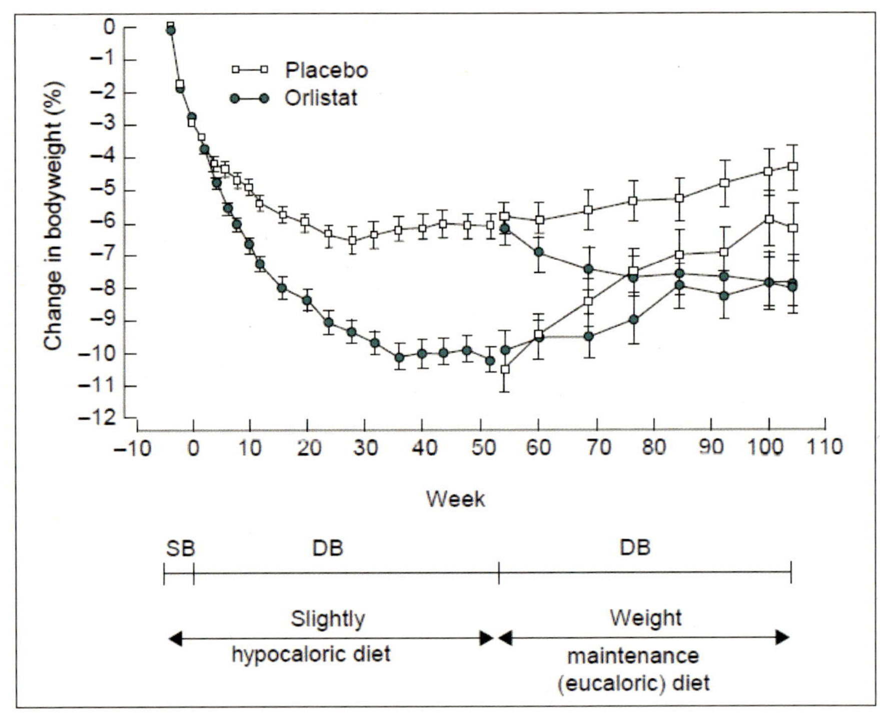

〈그림 3-54〉 Orlistat 섭취에 의한 체중 감소 효능(Van Gaal 등, 2004)

Compound	status	Mode of Action	Company
Mazindol	Marketed	Adrenergic agonist	Novartis (Basel, Switzerland)
Orlistat	Marketed	Lipase inhibitor	Hoffmann La Roche (Basel, Switzerland)
Sibutramine	Marketed	SNRI	Knoll (BASF, Ludwigshafen, Germany)
Posatirelin	Phase III	Thyrotropin-releasing hormone analogue	Dainippon (Osaka, Japan)
Sertraline	Phase III	SSRI	Pfizer (New York, NY, USA)
Topiramate	Phase III	GABA agonist, glutamate antagonist, sodium-channel blocker	Johnson (New Brunswick, NJ, USA)
Bupropion	Phase II	Dopamine reuptake inhibitor	Glaxo-Wellcome (Greenford, Middlesex, UK)
Enterostatin	Phase II	Unknown receptor	AstraZeneca (London, UK)
Linititript	Phase II	CCK-A antagonist	Sanofi (Paris, France)
Pegylated leptin	Phase II	Anorectic	Hoffmann La Roche (Basel, Switzerland)
AD 9677	Phase II	β_3-Adrenergic agonist	Dainippon (Osaka, Japan)

Agent	Source		IC_{50}	Comments
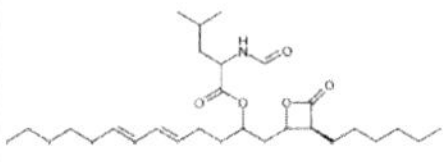 Lipstatin	S. toxitricini		0.14 μM	
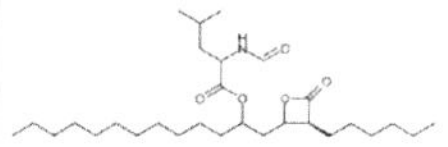 Tetrahydrolipostatin (orlistat)	Chemically derived lipstatin	from	0.36 μM	Irreversible active site inhibitor
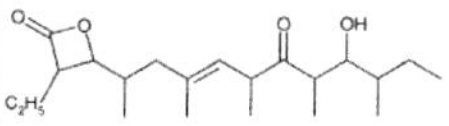 Ebelactone A (Nonaka et al., 1995)	S. aburaviensis		~0.2 μM	Irreversible active site inhibitor
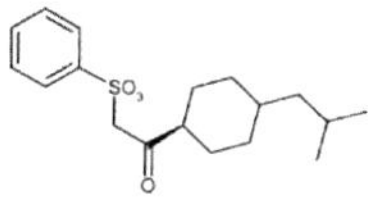 FL 386 (Nakamura et al., 1993)	Chemical synthesis			Direct inhibitor, also affecting interfacial quality
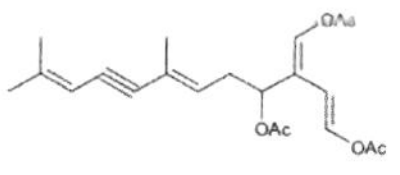 Caulerpenyne (Ritou et al., 1999)	Caulerpa toxifolia		2.0 mM	Disruption of interfacial quality; natural constituent in Japanese diet

〈그림 3-55〉 췌장 라이페이스 억제제(Clapham 등, 2001)

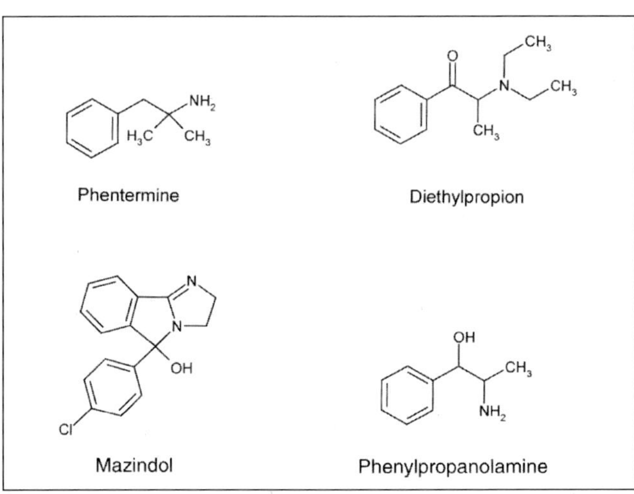

〈그림 3-56〉 Noradrenergic 약제의 구조(Clapham 등, 2001)

식욕억제제

Phentermine, diethylpropion, mazindol 그리고 phenylpropanolamine와 같은 noradrenergic 약제는 신경전달 호르몬인 catecholamine의 분비를 증가시키는 작용을 통하여 식욕을 억제시킨다. 이러한 noradrenaline 분비에 의해 postsynaptic α1과 β1-adrenoceptors 가 활성화 되어 식욕이 억제된다(Clapham 등, 2001).

체중감소 효능이 가장 뛰어난 약품은 fenfluramine와 phentermine와 같은 serotoninergic 약제로서 약 30%의 체중감소 효능이 있는데, fenfluramine는 serotonin의 재흡수를 억제하여 식욕을 억제하는 작용을 한다. 그러나 fenfluramine와 phentermine을 혼합 한 약품들은 심장판막 질병의 원인이 되기 때문에 1997년 사용이 중지되었나(이 상 Clapham 등, 2001).

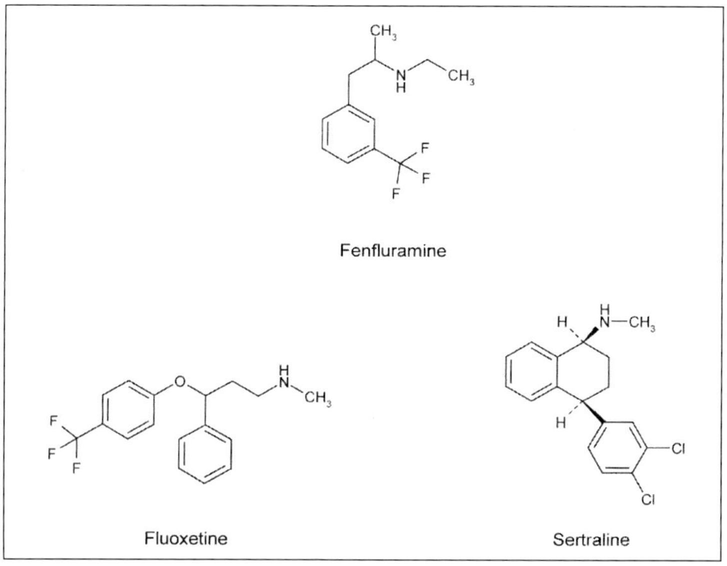

〈그림 3-57〉 Serotonergic 약제의 구조(Clapham 등, 2001)

Sibutramine은 Serotonin-noradrenaline 재흡수 억제제로서 처음에는 우울증 치료제로 미국에서 허가가 되었으나 그 부작용 때문에 사용이 금지되었다가 우울증 환자에서 체중감소 효능이 밝혀져 식욕억제제로 다시 사용되고 있었으나 2010년에 다시 부작용에 대한 우려 때문에 판매가 중지되었다. Sibutramine은 시상하부에서 serotonin과 noradrenaline의 재흡수를 억제하는데, sibutramine의 지방억제 효능의 정도는 serotonin과 noradrenaline의 재흡수를 억제(약 53%)하는 정도에 좌우된다. Sibutramine에 의한 serotonin과 noradrenaline의 재흡수 억제는 결국 식이섭취량을 감소시켜 비만을 억제하는 작용을 하게 된다(이상 Clapham 등, 2001). 또한 sibutramine은 지방세포의 함량을 감소시키고 혈중 콜레스테롤과 중성지질의 함량을 감소시키는 작용을 한다(Bray 등, 1999). 그러나 몇몇 연구에서 sibutramine의 투여가 식이섭취량의 차이 없이 체지방을 억제하는 것으로 나타나 sibutramine의 체지방 억제 효능은 단순히 식욕억제에만 국한되지 않는 것으로 판단된다. Sibutramine은 산소의 소비량을 30% 이상 증가시키는 효능이 나타났을 뿐만 아니라 체온을 0.5~1℃ 증가시키는 효능이 있는 것으로 나타났다(Connoley 등, 1999). 따라서 sibutramine은 체온조절과 에너지 대사 조절에도 영향을 미치는 것으로 판단된다. 즉 산소의 소비량을 늘리고 체열발생을 증가시켜 에너지의 소비를 증가시킴으로써 체중감소 효능을 나타내는 것으로 판단된다. Sibutramine은 소화기 내에서 매우 잘 흡수가 일어나는데(77%), cytochrome P450 isozyme CYP3A4에 의해 primary amine와 secondary amine로 대사된다.

<표 3-22> Orlistat와 Sibutramine의 효능 비교(Hsu 등, 2010)

	Orlistat	Sibutramine
Pharmacology	Inhibits gastric and pancreatic lipase	inhibits noradrenaline, serotonin and dopamine reuptake
Target organ	Gut	Central nervous system
Mechanisms of action	Decreases dietary fat absorption by about 30%	Reduces reuptake of serotonin, norepinephrine and dopamine
Bioavailability	<1%; low systemic absorption rate and first-pass metabolism	Well absorbed from GI tract(77%);first-pass metabolism reduces its bioavailability
Excretion	Almost unchanged in feces	Original form and active metabolites excreted renally
Dosage	Standard dose: 120mg each time, thrice daily with meals; half-strength Orlistat (Alli):over-the-counter use in USA; recommended that it be taken with vitamin supplements	Standard dose:5-20mg, once daily with or without meals; not recommended to combine with antipsychotics, antidepressants and antiarrhythmic agents
Weight loss	Mean body weight loss of 2.89kg after 1-yr treatment; most weight loss occurs within first 6 mo of treatment	Mean weight loss of 4.45kg or around 4.6% over 1 yr; most weight loss occurs within first 6mo of treatment
Additional benefits	Reduces blood triglyceride and cholesterol levels; improves oral glucose tolerance and reduces occurrence of type 2diabetes; decreases systolic and diastolic blood pressures	Mainly suppresses appetite; stimulates thermogenesis to increase energy expenditure; lifestyle modification and regular, frequent follow-up visits; improves several metabolic parameters
Adverse effects	Enhanced by high-fat diet; rare systemic adverse reactions; 15-30% of patients experience fatty and oily stools, fecal urgency, and oily spotting; 7% experience fecal incontinence; malabsorption of fat-soluble vitamins A, D, E and K	Associated with increased adrenergic activity resulting in dry mouth, headache, insomnia and constipation; cardiovascular effects include elevated systolic and diastolic blood pressures, tachycardia, vasoconstriction and palpitations
Notable concerns	Possibly associated with increased risk of colon cancer; mat lead to higher risk of kidney stones and renal impairment	Cardiac arrest and ventricular fibrillation in rare cases; combined use with antipsychotics, antidepressants, and antiarrhythmic agents may prolong QT interval

G1=gastrointestinal.

활성화된 대사물질들은 긴 반감기(14~16시간)를 가지기 때문에 혈액에서 일정한 기간 그 농도를 유지하며, 불활성화되면 소변으로 배출된다. 복용량은 대략 1일 10~15mg 1회 복용하지만, 2010년에 또다시 부작용에 의해 미국 제조사에서 자발적인 판매 중지와 제품 회수에 들어감으로써 우리나라에서도 판매가 중지되었다.

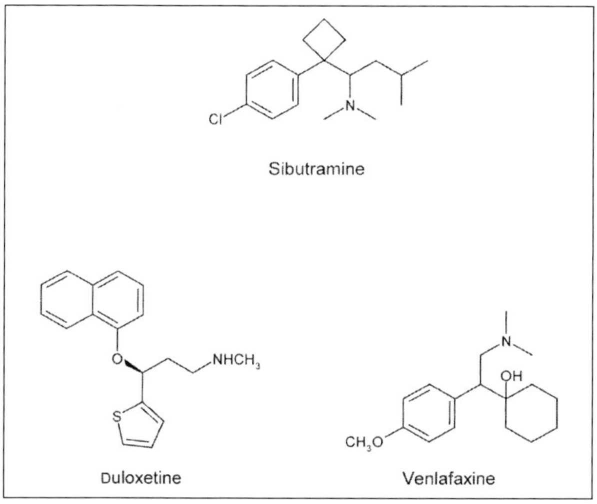

〈그림 3-58〉 Serotonin-noradrenaline 재흡수 억제제의
구조(Clapham 등, 2001)

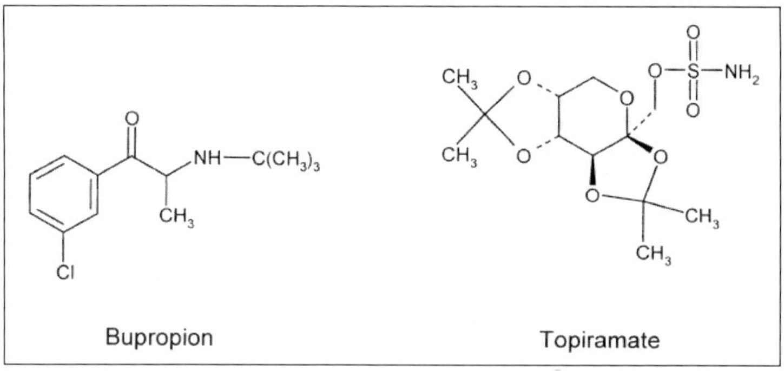

〈그림 3-59〉 Bupropion과 Topiramate의 구조(Clapham 등, 2001)

Buproprion은 우울증 치료와 금연보조제로 사용되고 있으며, dopamine과 noradrenaline의 재흡수를 억제하는 작용을 함으로써 우울증 환자의 비만치료에 이용되고 있다. Topiramate는 간질병 치료제로서 사용되고 있는데, 이 또한 식이섭취를 줄이고 에너지 소비를 늘이는 효능을 통해 항비만 효능을 가진다.

Leptin은 지방세포에서 분비되는 16kDa의 단백질 호르몬으로서 에너지 대사 조절과 식이섭취 및 에너지 소비에 중요한 작용을 한다. 혈액 내 leptin의 수준은 개체마다 매우 차이가 크게 나타나지만 비만인 사람에게서 leptin의 함량은 높게 나타나며, 대부분의 비만은 leptin의 분비가 충분하지 않거나 leptin에 대한 내성이 생기기 때문이다. Leptin은 neuropeptide Y의 작용과 anandamide의 작용을 방해하여 식욕을 억제할 뿐만 아니라 배고픔을 억제하는 작용을 한다.

<표 3-23> 항비만제의 역사(Adan 등, 2008)

Year	Drug	Mechanism	Side effects	Refs
End of the 19th century	Thyroid hormone	Increases metabolic rate	Hyperthyroidism	[104]
1920s	Dinitrophenol	Mitochondrial uncoupling	Cataracts, neuropathy, cardiac failure	[104]
1930s	Amphetamines (phentermines, diethylpropion, phendimetrazine)	Dopamine-noradrenaline-reuptake inhibitor, sympathicomimetic drugs	Addiction, myocardial infarction, stroke	[104]
1950s	Phenylpropanolamine	Sympathomimetic	Stroke	[105]
1960s	Rainbow pills(mixture of digitalis, amphetamine and diuretics)	Mixed	Fatalities due to narrow therapeutic index of digitalis	[106]
1990s	Fen-phen (mixture of fenfluramine and phentermine)	5-HT-reuptake inhibitor and releasing agent with sympathomimetic	Valvulopathy	[107]
Currently used	Sibutramine	5-HT-noradrenaline-reuptake inhibitor	Tachycardia, hypertension	[108]
Currently used	Orlistat	Gastric lipase inhibitor	Diarrhea	[109]
Currently used	Rimonabant	CB_1 antagonist	Depressive symptoms, anxiety	[110]
Currently used(epilepsy)	Topiramate	Antiepileptic drug targeting multiple proteins	Memory impairment,depressive symptoms	[111]
Currently used(epilepsy)	Zonisamide	Antiepileptic drug targeting multiple proteins	Memory impairment	[112]
Currently used(depression and smoking)	Bupropion	Dopamine-noradrenaline-reuptake inhinitor	Dry mouth, insomnia	[113]
Currently used(depression)	Fluoxetine	5-HT-reuptake inhibitor	Nausea, diarrhea	[114]
Currently used(ADHD)	Atomoxetine	Noradrenaline-reuptake inhibitor	Dry mouth, palpitations	[115]

[a]See also Refs [44, 104]. Abbreviation: ADHD, attention-deficit hyperactivity disorder.

<표 3-24> 중추, 말초 신경계 작용 하는 항비만 약제 (Cheetham 등, 2004)

Table 2. Hypothalamic targets for novel anti-obesity drugs		
Molecular target	Compounds	Companies pursuing the approach
Monoamines		
5-HT$_{2C}$ agonists	APD-356	Arena
	VER-8775,	Vernalis/Roche
	VER-3323	
	BVT-933	Biovitrum/
	and others	GlaxoSmithKline Bristol-Myers Squibb
5-TH$_6$ antagonists	BVT-5182C	Biovitrum
Histamine H$_3$ antagonists	A-331440	Abbott
Cannabinoid CB$_1$ antagonists	SLV-319	Solvay Neurocrine

Table 2. Hypothalamic targets for novel anti-obesity drugs		
Neuropeptides		
MCH$_1$ antagonists	T-226296	Takeda
		Neurocrine
		Neurogen
		Servier
		7TM
		Schering-Plough
MC$_4$ agonists	PGE-657022	Proctor & Gamble
		Neurocrine
		Merck
		Johnson & Johnson
		Palatin
Periphery-brain signals		
Leptin agonists	CBT-1452	Cambridge
		Bio Technology
		Leptogen
Fatty acid synthase inhibitors	C75	FASgen
Neuropeptide Y$_2$ agonists	ACI62352 (PYY$_{3-36}$)	Amylin/Nastech
		7TM
Early targets		
Ghrelin antagonists		Not known

Abbreviaticns: CCK$_1$, cholecystokinin-I receptors; MC$_4$, melanocortin-4 receptors; MCH$_1$, melanin-concentrating hormone-I receptors; PYY$_{3-36}$, peptide YY fragment(3-36).

Table 3. Peripheral targets for novel anti-obesity drugs		
Molecular target	Compounds	Companies pursuing this approach
Growth hormone fragments	AOD-9604	Metabolic
Thyroid hormone β$_3$ receptor agonists	KB-141	Karo Bio/Bristol Myers Squibb
	GW-427353	GlaxoSmithKline
	N-5984	Kyorin
IIβ-HSDI inhibitors	BVT-2733	Biovitrum/Amgen
	BVT-3498	
Early targets		
PGC-Iα activators		Not known
ACC2 inhibitors		Not known
DGAT inhibitors		Not known
PTP-IB inhibitors		Serono
	ISIS 113715	Isis

Abbreviations: ACC2 acetyl-coenzyme A carboxylase type 2; DGAT, diacylglycerol acetyltransferase; IIβ-HSDI, II-β-hydroxysteroid dehydrogenase type I; PGC-Iα, per-oxisome proliferator-activated receptor γ co-activator Iα, PTP-IB, protein tyrosine phosphatase-IB.

<표 3-25> FDA 승인되거나 상업적으로 사용 중인 비만억제 약품과 섭취 허용량(DeWald 등, 2006)

Drug category and trade name	Suggested or usual dose range	FDA approval for obesity	Commercial availability
Drugs that reduce food intake			
α_1 Agonists			
PPA (Dexatrim, Actrim)	75 mg SR qd or 25 mg tid	Yes	Withdrawn
Metaraminol (Aramine)	No recommendations	No	Yes
B₂ agonists			
Terbutaline	No recommendations	No	Yes
Stimulators of NE release			
Amphetamine	10-15 mg long-acting qd	Yes	Yes
Methamphetamine(Desoxyn)	5 mg 30min ac	Yes	Yes
Dexamphetamine(Dexedrine)	5-10 mg 30-60 min ac	Yes	Yes
Benzphetamine(Didrex)	25-50 mg qd-tid	Yes	Yes
Phendimetrazine(Bontril, Dital)	17.5-35 mg bid-tid	Yes	Yes
Phentermine(Adipex-P, Ionamin)	30 mg 2 h after breakfast qd	Yes	Yes
Diethylpropion(Tenuate)	25 mg tid	Yes	Yes
Inhibitors of NE reuptake			
Mazindol(Mazanor, Sanorex)	Initial: 1 mg qd, adjust as needed to patient response; usual dose: 1 mg tid, 1 h ac	Yes	Yes
Inhibitors of NE and serotonin reuptake			
Sibutramine (Meridia)	10 mg qd; may titrate to maximum does of 15 mg qd if insufficient response after 4 wk of therapy	Yes	Yes
Inhibitors of NE, dopamine, and serotonin reuptake			
Bupropion(Welllbutrin, Zyban)	100-400 mg daily in 1-2 divided doses	No	Yes
Serotonergic agents			
Fenfluramine(Pondimin)	20-40 mg tid	Yes	Withdrawn
Dexfenfluramine(Redux)	15 mg bid with meals	Yes	Withdrawn
Fluoxetine(Prozac), Sertraline(Zoloft)	No recommended dosing regimens for obesity	No	Yes
Drugs that alter metabolism			
Preabsorptive agents			
Orlistat (Xenical)	120 mg tid with meals	Yes	Yes
Amylase inhibitors			
Acarbose (Precose)	No recommended dosing regimens for obesity	No	Yes
Miglitol (Glyset)	No recommended dosing regimens for obesity	No	Yes
Olestra (Olean)	Fat substitute: dose N/A	Yes*	Yes
Postabsorptive agents			
Melformin (Glucophage)	No recommended dosing regimens for obesity		
Drugs that increase energy expenditure			
Ephedrine and caffeine (guarana) (ephedra alkaloids[Ma Huang])	Ephedrene: 20 mg bid-tid; caffeine 200 mg bid-tid; dosing recommendations vary by product	No	Ephedrine has been withdrawn

See Refs 29-36. qd, every day; *tid*, 3 times daily; ac, before meal; *bid*, twice daily; N/A, not applicable.
*FDA approved as a fat substitute.

⟨표 3-26⟩ 비만억제 약품과 부작용(DeWald 등, 2006)

Drug	Mechanism of activity	Potential side effects
Drugs that reduce food intake		
α_1 Agonists		
PPA* (Dexatrim, Acutrim, and others)	Stimulation of $\alpha1$ receptors	Hemorrhogic stroke, hypertension, tachycardia, cardiac arrhythmias, insomnia
β_2 agonists		
Terbutaline (Bricanyl, Brethine)	Stimulation of $\beta2$ receptors	Tachycardia, hypertension, restlessness, chest pain, arrhythmias, insomnia
Stimulators of NE release		
Amphetamine, methamphetamine (Desoxyn), dexamphetamine (Dexedrine), benzphetamine (Didrex), phendimetrazine (Bontril, Dital), phentermine (Adipex-P, lonamin), diethylpropion (Tenuate, Dospan)	Stimulates release of NE from synaptic granules in the hypothalamus	Dysrhythmias, hypertension, chest pain, restlessness, insomnia
Inhibitors of NE reuptake		
Mazindol (Mazanor, Sanorex)	Inhibition of NE reuptake in the lateral hypothalamus	Palpitations, tachycardia, restlessness, insomnia
Inhibitors of NE and serotonin reuptake		
Sibutramine (Meridia)	Inhibition of NE and serotonin reuptake in the hypothalamus	Tachycardia, hypertension, palpitations, chest pain, vasodilation, edema
Inhibitors of NE, serohonin, and dopamine reuptake		
Bupropion (Welllbutrin, Zyban)	Weak inhibition of NE, dopamine, and serotonin reuptake; mechanism not fully known	Headache, insomnia, dizziness, lowers seizure threshold; no significant change in BP, heart rate, dysrhythmias, angina
Serotonergic agents		
Fenfluramine (Pondimin)	Stimulates release of serotonin	Pulmonary hypertension
Dexfenfluramine (Redux)	Stimulates release of serotonin and inhibits reuptake at synapse	Hypertension, tachycardia, arrhythmias, angina, insomnia, nervousness
Fluoxetine (Prozac), sertraline (Zoloft)	SSPLs	Nervousness, palpitations
Drugs that alter metabolism		
Preabsorptive agents		
Orlistat (Xenical)	Inhibition of intestinal lipase; reduction of fat absorption	Negligible side effects; significant GI effects: fecal soiling, urgency, flatulence
Amylase inhibitors		
Acarbose (Precose), miglitol (Glyset)	Competitive inhibition of pancreatic amylase and or intestinal α-glucosidases	Negligible side effects; GI side effects: GI destress, abdominal pain, diarrhea
Olestra (Olean)	Indigestible fat solution	Bloating, diarrhea, flatulence
Postabsorptive agents		
Metformin (Glucophage)	Reduction in hepatic glucose production, increased insulin sensitivity, reduction in intestinal absorption of glucose	Negligible side effects; GI side effects: anorexia, nausea, vomiting, diarrhea, constipation
Drugs that increase energy expenditure		
Ephedrine and caffeine: various dietary supplements such as ephedra alkaloids (Ma Huang)	Ephedrine increases release of NE, providing anorexia and thermogenesis; caffeine reduces NE breakdown with synaptic junction; the combination provides synergistic results	Ephedrine: hypertension, tachycardia, palpitations, chest pain, arrhythmias, restlessness; caffeine: tachycardia, palpitations, arrhythmias, possibly hypertension

See Refs 29-39. *BP*, blood pressure; *GI*, gastrointestinal.

*Many appetite suppressants contain PPA, an ingredient found in numerous commonly used OTC products. However, at the present time, the US FDA cannot provide a full list of appetite suppressants with PPA because many pharmoceutical companies have reformulated or are in the process of reformulating their products to exclude this ingredient. In November 2000, as noted in this article, the FDA issued a public health advisory conceming PPA and requested that drug companies discontinue marketing products containing PPA.

〈표 3-27〉 비만억제 약품의 향후 목표(DeWald 등, 2006)

Compound	Proposed mechanism of action or theoretical benefit
Drugs that reduce energy intake	
Leptin analogues leptin receptor agonists (LY-355101)	• Leptin appears to be secreted by adipocytes and is involved in signaling the brain regarding stores of body fat; it inhibits food uptake, stimulates thermogenesis, and plays a role in the endocrine and metabolic pathways that regulate glucose and insulin concentrations • Mutations in leptin receptor genes or leptin resistance may explain the failure of leptin to properly regulate body fat in obese individuals • The signaling effects of leptin may be mediated through NPY, GLP-1, α-MSH, and CART
CCK agonists, specifically CCK-A receptor agonists	• CCK is a GI hormone secreted by the duodenum in the presence of food; it facilitates digestion, gastric emptying, and satiely • CCK-A is found primarily in the digestive tract(gallbladder, pancreas, pyloric sphincter) and some areas of the central nervous system; it mediates satiety • CCK-B is located primarily in the brain • CCK likely interacts closely with leptin; both CCK-A and CCK-B agonists are being evaluated as potential pharmacotherapeutic agents for obesity
Enzyme inhibitors that prevent CCK degradation	• Butabindid is an enzyme that blocks degradation of CCK and may have therapeutic value as a future farget for drug therapy
GLP-1	• GLP-1 dis produced and secreted from intestinal mucosa cells after a meal • IV infusion of GLP-1 slows gastric emptying and reduces energy intake in obses and lean male subjects • GLP-1 has a short duration of activity; it is rapidly metabolized to an inactive compound by DDP-IV
DDP-IV-resistant GLP-1 analogues	• GLP-1 appears to reduce energy intake either by slowing gastric emptying or by central stimulation of GLP-1 receptors in the hypothalamus or elsewhere in the central nervous system
NPY receptor antagonists selective for Y_1 and Y_5 receptors	• NPY has multiple biologic functions including potent stimulation of food intake • NPY is synthesized in the hypothalamus; 6 subtype receptors have been identified; receptor types 1 and 5 appear to be most important in food regulation • NPY activity includes significant effects on carbohydrate metabolism, increased lipoprotein lipase activity, and reduced sympathetic nervous system activity resulting in reductions in thermogenesis in brown adipose tissue • Leptin may be responsible for inhibition of NPY synthesis and release
α-MSH agonists	• α-MSH is a melanocortin that, under the effects of leptin, plays an important role in regulating food uptake • Melanocortin receptors 3 and 4(MC3-R, MC4-R)are subject to binding by α-MSH; in mice models, MC4-R appears to play an important role in body weight regulation • α-MSH agonists have been shown to produce satiety
MCH	• MCH may have a rode in regulating food intake • MCH-deficient mice reduce body weight through reduced feeding; administration of MCH into the brain of rats stimulates feeding

Compound	Proposed mechanism of action or theoretical benefit
SLC-1 antagonists	• MCH activity may occur through SLC-1 binding • Antagonists of the SLC-1 receptor may be beneficial in managing obesity
CART peptides or agonists	• Peptide products of CART play a role in feeding behavior; different CART peptides have differing potencies; CART 55-102 appears to be the most important • CART peptide fragment or recombinant CART peptide, administered in the brain of rats, inhibits feeding • CART peptides block the feeding response to NPY • The potential role CART agonists is uncertain
Orexins/hypocretins	• Orexins/hypocretins are hypothalamic peptides, which bind orexin receptors to stimulate feeding • Leptin injected into rats decreased orexin levels and reduced food intake and body weight • The role of compounds antagonizing orexins/hypocretins is uncertain
Drugs that alter energy expenditure	
β_3-adrenergic agonists	• $\beta3$-adrenoceptors are atypical adrenoceptors located primarily in adipose tissue; they play a role in stimulating lipolysis and thermogenesis in white and brown adipose fissue • $\beta3$ agonists have been developed and have shown benefit in animals, but clinical studies in human beings did not produce similar results, possibly because of insufficient bioavailability and receptor selectivity properties • Newer $\beta3$-adrenergic agonists targeted toward the human receptor have been developed; however, no benefit with respect to energy expenditure or body weight in human beings has been found
UCPs	• UCPs are mitochondrial transmembrane proteins involved in adenosine triphosphate synthesis and energy dissipation (thermogenesis) • UCP1 is found in brown adipose tissue but does not appear to have any significant role in energy expenditure and weight regulation in human beings • UCP2 and CUP3 have been recently identified; UCP2 is widely distributed in the body, including in muscle, white fat, and liver, compared with UCP3, found mainly in skeletal muscle
UCPs	• Researchers have investigated whether the relationship between UCP2 and UCP3 gene expression and polymorphisms plays a role in human obesity; however, to date, no human clinical studies substantiate such a role

See Refs 122-125. *CCK*, Cholecystokinin; *CCK-A* cholecystokinin receptor type A; *CCK-B*, cholecystokinin receptor type B; *IV*, intravenous; *GLP-1* glucagonlike peptide 1; *DDP-IV*, dipeptidyl-peptidase IV, *NPY*, neuropeptide Y; *α-MSH*, α-melanocyte-stimulating hormone; *MCH*, melanocyte concentrating hormone, *SLC-1*, somatostatinlike receptor antagonists; *CART*, cocaine-and amphetamine-regulated transcript; *UCPs* uncoupling proteins.

〈그림 3-60〉 현재 시판 중인 체지방 억제 약품

10. 다양한 천연물을 이용한 지방의 억제

김정상 등(2004)은 연구보고서에 농산물을 포함한 300여 종의 식품성 소재의 메탄올 추출물을 대상으로 췌장 라이페이스 저해활성을 평가한 결과, 부채마, 좁쌀풀, 머위, 율무, 마름 등 10여 종이 활성이 높은 것으로 나타났다고 보고하였다. 또한 in vitro 실험에서 잔대, 모시대, 더덕, 금은화 등이 식이 중 5% 농도로 첨가되었을 때 대조군에 비하여 체중증가를 10% 정도 억제하는 효과가 있는 것으로 확인되었다고 보고하였다. 지방분해 효소인 라이페이스 저해활성이 높은 물질은 부채마 분말로써 체내 지방축적을 감소시켰을 뿐만 아니라 혈중지질 조성을 개선하는 효과가 뛰어났다고 보고하였으며, 부채마로부터 분리한 지방소화효소 저해 활성 성분은 dioscin, gracillin, prosapogenin A와 C 그리고 diosgenin이라고 보고하였다(김정상 등, 2004).

장 내 소화효소활성을 저해하는 효과가 있는 식이 조성물은 지방 및 탄수화물의 소화흡수를 억제함으로써 체지방의 감소 및 체내 신진대사를 활발히 하여 체지방과 체중을 유의적으로 감소시킬 수 있으며, 췌장 라이페이스의 활성을 억제하고 중성지질이 글리세롤과 지방산으로 가수분해되어 소장 점막을 통해 흡수가 되는 것을 억제하여 지방의 축적을 감소시킴으로써 비만을 줄일 수 있다(홍성길 등, 2002; 정은희 등, 2003).

길경(Platycodon grandiflorum Palibin)은 초롱과꽃과에 속하는 다년생 풀로서 triterpenoid계 사포닌과 당질, 섬유질을 함유하고 있으며, 혈청 및 간장의 지질개선 작용에 관여하며, 길경의 섬유소가 흰쥐의 콜레스테롤 농도를 낮춤으로써 atherom 성 동맥경화의 진행을 억제한다는 연구 보고가 있다(정은희 등, 2003). 또한 최근 연구에서 길경(*Platycodon grandiflorum Palibin*)과 가지(*Solanum melongena L.*)의 열수 추출물이 실험동물의 혈중 중성지질 함량을 감소시키는 것으로 나타났는데 이러한 이유는 길경이나 가지 추출물이 췌장 라이페이스의 활성을 억제하여 지방의 체내 흡수가 감소되었기 때문이라고 보고하였다(윤유식 등, 2002a). 길경은 사포닌과 당질 및 섬유질을 함유하고 있는데 사포닌은 소장에서 담즙산의 재흡수를 억제하고 배설을 증가시키는 효능이 보고되고 있나. 또한 길경, 가지, 숙지황, 천궁 추출물과 난황 항체를 첨가하여 제조한 시료를 이용하여 임상실험을 수행한 결과 실험 시료를 50일간 투여했을 때 체지방이 약 12% 감소하는 효능이 있을 뿐만 아니라 2kg의 체중감소 효능이 있는 것으로 나타났다(윤유식 등, 2002a). 박무희 등(1995)은 6주간 고지방 식이를 섭취한 Sprague-Dawley rat에서 길경과 길경 saponin이 지방축적 억제와 대사에 미치는 영향을 조사하였다. 길경 powder는 식이에 2%를 첨가하였으며, 길경 saponin은 체중 kg당 500mg을 하루에

1회씩 6주에 걸쳐 경구 투여하였다. 연구결과 길경 saponin 급여구는 대조구에 비해 간장 중 총지질함량을 감소시켰으나 길경 powder는 대조구와 차이를 나타내지 않았다고 보고하였다. 총콜레스테롤 함량은 길경 saponin과 길경 powder 급여에 의해 감소하였으며, 간장에서의 지방축적 또한 길경 saponin과 길경 powder 급여에 의해 억제되었다고 보고하였다. 윤유식 등(2002b)은 탄수화물의 흡수를 억제하는 효과를 나타내는 난황과 지방분해 효소를 억제하는 성분이 함유된 가지 및 길경 등의 천연물을 난황 항체와 조합하여 탄수화물과 지방의 소화 흡수를 동시에 저해할 수 있는 조성물을 개발하여 임상효능을 평가하였다. 조성물은 길경, 숙지황, 의이인, 천궁 및 난황분말을 이용하여 제조하였으며, 23명의 피검자를 대상으로 1일 2회 아침과 저녁 식사 전에 30㎖를 50일간 복용하도록 하였다. 연구결과 실험 조성물의 복용을 통해 체지방의 12%가 감소하였고, 피하지방 7mm, 체중 2kg이 감소하는 효과를 나타내었으며, 2kg의 체중감소 효과에도 불구하고 체지방의 감소는 3, 4kg으로 나타났다고 보고하였다. 이는 지방 및 탄수화물의 소화흡수를 억제함으로써 체지방의 감소 및 체내 신진대사를 활발히 하여 비만개선에 도움을 주었기 때문이라고 보고하였다.

김세건 등(2010)은 참옻나무(*Rhus verniciflua Stokes, Anacardiaceae*) 수피를 제거한 심재부분에서 메탄올을 이용히여 dihydroflavonol 화합물인 fustin, Flavonol 계열의 fisetin 그리고 aurone 계열의 sulfuretin을 추출한 후, 3T3-L1 세포에 첨가하였다. 3T3-L1 세포는 적절한 조건에서 지방세포로 분화하는 성질을 가지고 있기 때문에 지방세포 억제효능을 검증하기 위해 낳이 사용된다. 실험결과 fisetin과 sulfuretin은 3T3-L1 cell의 지방생성 억제효과가 있는 것으로 나타났으며, 특히 sulfuretin은 지방의 축적을 억제시키는 효능이 가장 큰 것으로 나타났다. 이러한 이유는 참옻나무 심재에서 추출한 fisetin과 sulfuretin이 PPARγ(peroxisome proliferator-activated receptor)의 발현을 억제하였기 때문이라고 보고하였다.

호박은 비타민과 β-carotene, 무기물, 식이섬유 및 전분 등이 풍부하게 함유되어 있고, 혈중 콜레스테롤과 지방축적을 억제하는 효능이 있는 것으로 보고되고 있다(김석기 등, 2003). 김석기 등(2003)의 연구에서 호박 열수 추출물을 25% 분량의

ethyl acetate를 이용하여 두 시간 동안 교반하여 추출한 추출물은 췌장 라이페이스의 활성을 억제하는 것으로 나타났다. 뿐만 아니라 3T3-L1 세포를 배양하면서 지방세포로의 분화되는 정도를 측정한 결과 호박 추출물 120μg/㎖ 처리 시 지방세포로의 분화가 약 5% 이하로 일어났으며, 세포 내에 지방축적도 거의 일어나지 않는 것으로 나타났다(김석기 등, 2003).

정은희 등(2003)의 연구에서 비만 개선용 식이혼합물(<표 3-28>, <표 3-29>)을 건강한 성인남녀 50명에게 60일간 섭취하게 한 후 체지방 감소효능을 실시한 결과 평균 체지방 3.5kg과 체중 3kg(체지방 16%, 체중 4.3% 감소)에 해당하는 감량결과를 얻었으며, 실험시작 전 평균체중에 비해 유의적으로 감소되는 것으로 나타났다. 이러한 이유는 천연 추출물이 장 내에서 탄수화물 및 지방의 흡수억제를 통한 체지방 및 비만개선 효과에 어느 정도 기여한 것으로 보고하였다. 뿐만 아니라 비만 개선용 식이혼합물은 혈액 내 포도당과 총콜레스테롤 농도를 감소시켰는데, 이는 비만 개선용 식이혼합물이 혈액 내로 흡수되는 포도당을 감소시키면서 혈액 내의 총콜레스테롤 수치를 낮추는 데 영향을 준 것이라고 보고하였다.

〈표 3-28〉 허브 추출물 조성(정은희 등, 2003)

허브	중량(g/25㎖)
길경(*Platycodon grandiflorum Palibin*)	4
숙지황(*Rehmannia glutinosa Liboschitz*)	0.9
가지(*Solanum melongena L.*)	3
율무(*Coix lachryma-jobi var. ma-yuen*)	3.6
천궁(*Cnidii Rhizoma*)	0.1
진피(*Dried Orange Peel*)	1
육계(*Cinnamon*)	1

〈표 3-29〉 식이조성물 성분(정은희 등, 2003)

성분	중량(g/25㎖)
허브 추출물	4
식이섬유	0.9
가르시니아 캄보지아(*Garcinia cambosia*)	3
난황분	3.6
올리고당	0.1

하배진(2003)은 삼백초 추출물이 2,3,7,8-tetrachloro-dibenzo-p-dioxin(TCDD)로 지질과산화를 유도한 rat의 콜레스테롤, HDL-콜레스테롤, LDL-콜레스테롤 함량에 미치는 효능을 조사하였다. 삼백초 추출물의 급여에 의해 총콜레스테롤과 HDL-콜레스테롤 함량은 14.46%와 21.29% 수준으로 각각 증가하였고, LDL-콜레스테롤은 12.86% 감소하는 것으로 조사되었다. 또한 지방산화물의 함량은 삼백초 추출물의 급여에 의해 17.14% 감소하는 것으로 조사되었다.

레반은 양파, 아스파라거스와 같은 채소나 버섯 등을 통해 섭취하고 있으며, 사람의 소화효소에 의해 소화되지 않고 대장에서 식이섬유로서 작용하는 것으로 알려져 있으며, 체내에서 지방흡수저해 및 체지방 감소 효능 등이 보고되고 있다(이규성 등, 2003). 과당의 고분자인 fructan은 자연에서 과당 분자의 결합 형태에 의해 이눌린과 레반으로 구분할 수 있다(Johnes 등, 1991). 레반은 과당이 $10^4 \sim 10^5$개가 β-2,1과 β-2,6 결합으로 구성되어 있으며, 레반슈크라제의 과당 전이반응에 의해 설탕으로부터 생산된다. 이에 반해 이눌린은 과당 20~60개가 주로 β-2,1 결합으로 연결된 비교적 작은 분자량으로 이눌린의 β-2,1 결합은 인간의 위액과 소화효소에 의해 분해되지 않고, 약 90% 이상이 대장에 도달하여 장 내 미생물에 의해 발효된다(장기효 등, 2002). 그러나 레반을 탄소원으로 이용한 in vitro 실험에서 대부분의 장 내 미생물에 의하여 발효되지 않고, 일부 이스트나 곰팡이에 의해 제한적으로 이용되는 것으로 보고되고 있다(장기효 등, 2002). 레반은 찬물에서 매우 다양한 용해도를 가지는 비결정질로서 따뜻한 물에 잘 녹고 알코올에서 녹지 않는 성질을 가지고 있다(상순아 등, 2003). 강순아 등(2003)은 레반을 주성분으로(85%) 가르시니아 캄보지아(HCA)(3.9%), 진피추출물 분말(고형분 40%)(3.0%), dI-사과산(2.1%), 뽕잎추출물 분말(고형분 50%)(1.8%) 등을 포함한 실험 식이를 급여하여 체지방 축적 억제와 혈중 지질의 개선 효과를 측정하였다. 비만 상태에 있는 29명의 여성에게 3개월간 급여한 후 체지방 축적 억제와 혈중 지질의 개선 효과를 측정하였으며, 실험 식이 3g을 1일 2회 아침, 저녁에 400㎖의 물과 함께 3개월간 급여하였다. 연구결과 레반 급여에 의해 복부둘레가 감소하는 것으로 나타났으며, 체중은 4, 8, 12주에 각각 0.1, 1.8, 2.1% 감소하는 결과를 보였다. 체지방

율과 체질량지수는 레반 급여에 의해 3.0%와 9.5%가 각각 감소하는 결과를 나타
내었다. 뿐만 아니라 총콜레스테롤 함량, 중성지방 및 LDL-콜레스테롤은 감소하
였으며, HDL-콜레스테롤 함량은 증가하는 것으로 보고하였다. 따라서 레반은 혈
청에서 총콜레스테롤, 중성지방 및 LDL 활성감소를 유도하여 고지혈증을 개선하
며, 에너지 대사 개선에 영향을 미쳐 체지방 형성을 억제함으로써 항비만 효과를
나타낼 것이다(강순아 등, 2003).

신미경과 한성희(1999)는 대두 추출물이 혈청 지질 성분에 미치는 영향을 측정
하였다. 실험에서는 체중 100±10g의 Sprague-Dawley계 rat 98마리를 이용하여 콜레
스테롤 비투여군, 표준지방식이, 동물성 지방 식이, 식물성 지방 식이, 고지방 식
이에 각각 1% 콜레스테롤을 첨가하여 물과 대두 추출물을 달리 처리한 실험군을
14개 군으로 분류하여 4주 동안 사육하였다. 연구결과 혈청 중 중성지질과 콜레
스테롤 함량은 물만 섭취한 군에 비하여 대두추출물군에서 낮은 함량을 나타내었
으며, 대두추출물의 급여에 의해 HDL-콜레스테롤의 함량은 증가하였고, LDL-콜
레스테롤의 함량은 감소했다고 보고하였다. 특히 식물성 지방 식이와 대두 추출
물을 같이 투여한 군에서 혈중지질의 증가억제 효과가 큰 것으로 나타났다고 보
고하였다.

최진호 등(1999)은 미역의 비만 억제효과를 구명하기 위하여 탄수화물 72%, 단
백질 10%, 지질 10% 및 기타 무기질과 비타민으로 조제한 기본사료의 조성 중 탄
수화물로서 강력밀가루를 대신하여 미역의 건조분말을 각각 10%, 20% 및 40%가
되도록 첨가하고, 여기에 비타민과 무기질을 첨가하여 기능성 미역국수를 세소하
여 SD계 흰쥐에 4주 동안 투여하여 체중변화, 사료 섭취량, 비만지수(obesity index),
사료 및 에너지효율 등의 비만 방지 효과에 미치는 미역국수의 영향을 평가하였
다. 실험결과 미역국수 투여에 의한 4주 동안이 체중변화를 보면 10%의 미역국수
를 급여한 구는 대조구와 차이가 없었으나, 20% 및 40%의 미역국수를 첨가한 식
이를 급여한 구는 각각 10%와 22%의 체중증가 효능을 나타내었다(최진호 등,
1999). 비만지수로서 Rohrer index 및 TM index는 10%, 20% 및 40% 미역국수를 첨
가한 식이를 급여한 구가 각각 6%, 8% 및 12% 수준으로 감소하였다고 보고하였

다. 최진호 등(1999)은 미역의 비만 억제효과는 미역이나 다시마 중의 20~30%를 차지하고 있는 식이섬유로서 알긴산의 스펀지 효과(sponge effect) 때문인 것이라고 보고하였다.

탄닌은 나무의 껍질과 잎, 풀, 과일 및 곡식 등 자연계에 널리 분포하는 식물성 폴리페놀이다. 최근 항산화기능, 항균작용, 항바이러스작용, 혈압강화작용, 유전자 돌연변이 저해작용, 지방간 억제작용 등을 통해 혈중 지질성분의 함량을 낮춰 심혈관계 질환을 예방하는 효과가 보고되고 있다(김재우 등, 2008). 김재우 등(2008)은 5주간 지구성 운동수행과 탄닌산 식이보충이, 고지방 식이를 섭취한 Sprague-Dawley rat의 혈중지질개선과 MDA 함량과 SOD 활성에 대한 효과를 측정하였다. 처리구는 대조구(CON), 운동실시군(EXE) 그리고 운동과 탄닌산 급여구(TAX)로 구분하였다. 연구결과 체중은 탄닌급여와 운동을 실시한 구(TAX)가 대조구(CON)에 비해 감소하는 것으로 나타났다. 지방량의 변화는 복강 내와 부고환에서 운동을 실시한 구(EXE)와 탄닌급여와 운동을 실시한 구(TAX)가 대조구(CON)에 비교해 감소하는 경향을 나타내었다고 보고하였다. 지방산화물인 malondialdehyde(MDA) 함량은 탄닌산 처리와 운동에 따른 차이를 나타내지 않았으나 Superoxide dismutase(SOD) 활성은 운동을 실시한 구(EXE)와 탄닌급여와 운동을 실시한 구(TAX)가 대조구(CON)에 비교해 증가한다고 보고하였다. 김재우 등(2008)은 농축 탄닌산 첨가 식이의 섭취는 라이페이스의 활성에 대한 친화력과 담즙산 배설 증가 효능을 나타내는데, 탄닌이 장관 내에서 담즙과 결합하여 담즙의 배설을 촉진하고 담즙의 재흡수를 차단한 결과 체지방 감소효과를 나타낸다고 보고하였다.

최근 다양한 연구에서 김치의 비만억제 효능이 보고되고 있는데, 권진영 등(2004)은 고지방 식이를 급여하여 비만을 유도한 Sprague-Dawley rat에 김치유산균 추출물 분말을 10% 및 20% 첨가 급여하여 체중감량 및 지질저하 효과를 측정하였다. 연구결과 김치유산균추출물 분말을 10% 및 20% 급여했을 때 각각 13%와 15%의 체중감소 효능이 나타났다고 보고하였다. 복부 지방함량 또한 각각 42%와 48% 감소하였으며, 혈장 내 총콜레스테롤 함량 또한 김치유산균 추출물 분말 급여에 의해 감소한다고 보고하였다. 또한 분변의 중성지방 농도는 김치유산균 추출물 분말 급여에 의해 62%와 111% 증가하였고, 콜레스테롤 농도 또한 증가한다고 보고하였다. 김치유산균 추출물 분말의 지방감소 기작은 유산균발효유의 콜레스테롤 저하 기작과 유사한데, 유산균발효유는 장 내 균총의 변화로 *Bifidobacterium*, *Clostridium*, *Bacteroides* 및 *Eubacterium* 등의 장 내 세균이 콜레스테롤을 coprostanol로 전환시킴으로써 흡수가 되지 않게 하거나 우유에 함유된 hydroxymethylglutarate(HMG)와 orotic acid가 HMG-CoA reductase의 활성을 억제하거나 acetyl CoA synthetase의 활성을 억제함으로써 생체 내에서 콜레스테롤 생합성을 저해하는 것이라고 하였다. 뿐만 아니라 유산균의 균체에 지방이 포집되어 흡수를 방해하기 때문이라고 하였다(권진영 등, 2004).

성태수와 손규목(1994)은 고지방 식이에 의해 비만이 유도된 Sprague-Dawley rat에서 천궁열수 추출액의 급여가 지방축적 억제에 미치는 효능을 조사하였다. 6주간 천궁열수 추출액을 경구 투여했을 경우 간조직에서 지방의 축적이 감소되었고 체중도 감소하였다고 보고하였다. 이러한 결과는 천궁이 지방조직에서 지방분해와 합성을 유도하는 호르몬의 활성을 부분적으로 억제하였기 때문이라고 하였다.

운향과에 속하는 산초는 독특한 향기와 맛을 가지고 있는 식물로서 우리나라와 일본, 중국 등의 야산에 자생한다(문숙임, 2000). 문숙임(2000)은 산초종피 methanol 추출물을 각각 0.5% 및 1.0%를 ICR mouse에 2주간 급여하여 혈청지질성분의 농도변화를 측정하였다. 연구결과 산초종피 추출물이 사염화탄소에 의한 콜레스테롤 증가와 LDL-cholesterol 및 중성지질 함량의 증가를 억제시켰으며, HDL-cholesterol의 감소를 억제시켰다고 하였다. 문숙임(2000)은 산초 네탄올 추출물 첨가와 hyperoside 투여가 사염화탄소에 의해 혈청 콜레스테롤 증가를 억제시킨 것은 이들이 강한 free radical scavenger로서 사염화탄소에서 유도되는 ·CCl₃을 제거함으로써 간 손상을 억제하기 때문이라고 하였다.

메밀은 모세혈관의 취약성을 방지하는 플라보노이드 계통인 rutin을 함유하고 있으며, 최근 고혈압, 당뇨병 등의 성인병에 대한 효능이 보고되고 있다(이정선 등, 2000). 이정선 등(2000)은 발아메밀을 식이에 50% 혼합하여 6주간 고혈압 실험쥐에게 급여하여 혈압, 혈당 및 혈중 지질농도에 미치는 영향을 조사하였다. 연구결과 실험기간 중 실험쥐의 체중증가는 수컷의 경우 대조군에 비하여 발아메밀군에서 유의적으로 증가하였으며, 장기무게는 수컷의 경우 간, 신장, 심장이 대조군에 비하여 발아메밀군에서 높게 나타났다고 보고하였다. 혈중 HDL-cholesterol 농도 및 HDL-cholesterol/total cholesterol의 비율은 대조구에 비해 암컷 발아메밀 급여구에서 증가하였으며, 동맥경화지수는 대조군에 비하여 암컷의 발아메밀 급여구에서 감소하였다고 보고하였다. 이정선 등(2000)은 이러한 발아메밀의 효능은 혈압증가를 억제하는 효능을 가진 rutin의 함량이 발아에 의해 증가되었을 뿐만 아니라 다양한 항산화 효능을 가진 flavonoid류를 함유하고 있기 때문이라고 보고하였다.

최희돈 등(2006)은 고지방 식이급여를 통해 비만을 유도한 Sprague-Dawley rat에 발아현미를 급여하여 체중, 콜레스테롤 및 지질대사에 미치는 효능을 조사하였다. 처리구는 대조군, 백미군, 현미군 그리고 발아현미군으로 나누었으며 고지방 및 고콜레스테롤 식이를 급여하면서 5주간 사육하였다. 연구결과 발아현미의 급여는 실험동물의 체중을 감소시키고, 혈중 중성지질과 콜레스테롤 함량을 감소시켰을 뿐만 아니라 부고환지방, 신장지방의 함량도 감소시키는 것으로 나타났다. 최희돈 등(2006)은 수용성 식이섬유가 공급될 경우 식이섬유가 전분, 단백질, 지

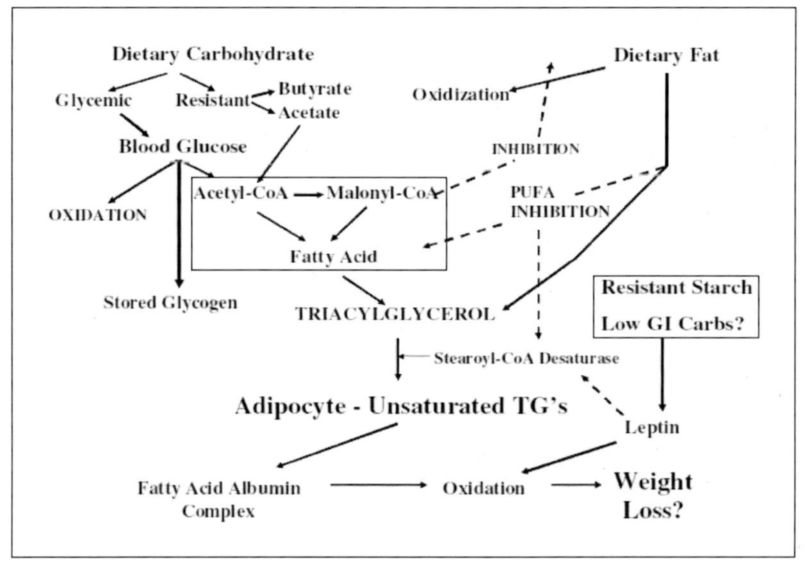

〈그림 3-61〉 섭취한 탄수화물과 지방의 대사(Jeffcoat, 2007)

질 등의 영양성분을 둘러싸 이들의 흡수를 방지할 뿐만 아니라 장 내 세균에 의해 발효되어 단쇄지방산을 생성함으로써 담즙산의 간장 내 경로를 바꾸고 콜레스테롤 합성을 억제한다고 보고하였다. 특히 발아현미의 경우 발아에 의해 수용성 식이섬유의 함량이 증가하기 때문에 실험동물의 간과 혈액에서 지질과 콜레스테롤의 축적이 억제되고 체중 증가가 둔화된다고 보고하였다.

〈표 3-30〉 새로운 식품성분의 알레르기 발생 가능성(Van Putten 등, 2010)

Description of Food or Food Ingredient[a,b]	European Commission decision	Additional information	Issues of food allergenicity addressed in scientific opinions?[c,d,e]
Stevia rebaudiana (plant and dried leaves)	Refused	Sweetener	Yes, the absence of data on allergenicity in the application dossier was mentioned by SCF in its opinion
Phospholipids from egg yolk	Authorised	Novel processing technique	Yes, the data considered by SCF pertained to possible traces of egg white within the product
Yellow fat spreads with added phytosterol-esters	Authorised	Lower blood cholesterol	No (not specifically addressed in SCF opinion)
Fruit preparations pasteurized using a high-pressure treatment process	Authorised	Novel processing technique	Yes, the impact on intrinsic allergenicity as compared to conventionally treated products was considered(mentioned in Commission Decision 2001/424/EC)
Nangai nut	Refused	Novel food	Yes, the absence of data on allergenicity in the application dossier was mentioned by SCF
Bacterial dextran	Authorised	Polysaccharide for use in bakery products	Yes, data on allergic reactions in humans receiving non-oral clinical dextran were considered by the SCF
Salatrim	Authorised	Fat replacer	No(not specifically addressed in SCF opinion)
Tahitian Noni juice	Authorised	Ingredient in fruit juice mixtures	Yes, the SCF considered data on absence of allergic reactions in experimental animals, while noting the difficulty to predict allergenicity based on animal data, Also reports from post-market surveillance on allergic reactions had been provided by the applicant
Fungal oil SUN-TGA40S	Authorised	Novel baby food ingredient, to enhance brain development	Yes, EFSA's NDA Panel considered the history of allergenicity of the producer organism, the potential presence of traces of soybean allergens in the product, as well as the non-detectability of proteins in the product
Trehalose	Authorised	Sweetener	Yes, the application dossier initially assessed by the UK's ACNFP mentions the issue of allergenicity, referring to data on the allergenicity of carbohydrates in general and the level of protein impurities in the product to be used for food purposes
REDUCOL[TM]	Authorised	Lowers blood cholesterol	No (not specifically addressed in the opinion of EFSA's NDA Panel)
Plant-sterol-enriched rye bread	Authorised	Improves blood cholesterol	No (not specifically addressed in the opinion of the SCF)

Description of Food or Food Ingredient[a,b]	European Commission decision	Additional information	Issues of food allergenicity addressed in scientific opinions?[c,d,e]
Coagulated potato protein and hydrolysates thereof	Authorised	Novel food ingredient	Yes, the initial opinion of the Dutch national authority summarizes the findings on allergenicity of coagulated potato protein and its hydrolysates, based on data on raw and cookde potatoes, It also addresses the issue of sulphite levels in the final product
Docosahexaenoic-acid-(DHA)-rich oil	Authorised	Novel food ingredient with energy reduction effect	The initial assessment by UK's ACNFP addresses the issue of potential allergenicity taking into account the very low level of residual protein and carbohydrate in the final product consisting of refined oil
Phytosterol-enriched fat ingredient-Diminicol	Authorised	Lower blood cholesterol	No (not specifically addressed in the opinion of the SCF)
Multibene® -ingredient (containing phytosterols/phytostanols)	Authorised	Lower blood cholesterol	Yes, the lack of data on allergenicity from post-market monitoring studies is mentioned in the opinion of the SCF
Plant sterols and sterol esters	Authorised	Lower blood cholesterol	No (not specifically addressed in the opinion of the SCF)
Rapeseed oil high in unsaponifiable matter	Authorised	Novel food ingredient	Yes, the opinion of the EFSA's NDA panel concludes on the allergenic potential compared to comventional, low-erucic-acid rapeseed oil
Maize germ oil high in unsaponifiable matter	Authorised	Novel food ingredient	Yes, the opinion of the EFSA's NDA Panel concludes on the allergenic potential compared to conventional maize germ oil
ENOVATM-oil/diacylglycerol oil(DAC oil)	Authorised	Replace conventional oils	No (not specifically addressde in the opinion of EFSA's NDA Panel)
Phytosterol-esters:Use in a range of products	Authorised	Lower blood cholesterol	No (not specifically addressed in the opinion of the SCF)
Iodine-enriched wild-type eggs	Refused	Novel food (consumption egg)	No (not mentioned by the Belgian authorities' summary of their initial assessment)
Betaine	Refused	Use in drinks, cereal products, confectionary and dairy products	No (not specifically addressed in the opinion of EFSA's NDA Panel)
Deer horn powder	Refused	Dietary supplement	Yes, the initial opinion of the French authorities (quoted by the UK's ACNFP)mentions a lack of data on allergenicity
Whole Chia (*Salvia hispanica* L.) and ground whole Chia	Refused	Novel food ingredient	Yes, the opinion of EFSA's NDA Panel considered the outcomes of clinical and in-vitro studies on the potential cross-reactivity with other allergens (food challenge, skin-prick testing. sera binding), as well as bibliographic data on reported allergies against Chia and related plants.
Isomaltulose	Authorised	Sweetener	Yes, the initial opinions of the UK's ACNFP and the German authorities(as summarized by ACNFP) on two different applications considered the likelihood of allergenicity taking into account the trace levels of protein in the product
Lycopene from *Blakeslea trispora*	Authorised	Novel food ingredient	Yes, the EFSA NDA Panel's opinion considers potential allergenicity based on the lack of reported allergies against the producer organism and the low level of protein in the product to be consumed

Description of Food or Food Ingredient[a,b]	European Commission decision	Additional information	Issues of food allergenicity addressed in scientific opinions?[c,d,e]
Leaf extracts from lucerne	Authorised	Novel food ingredient and dietary supplement	Yes, the EFSA NDA Panel's opinion considers data from various studies, i.e. bioinformatics. in-vitro and in-vivo, on potential cross-reactivity between the lucerne-derived protein concentrate and leguminosae, in particular peanut
Lycopene oleoresin from tomatoes-extension for food use, and also for use in foods for special medical purposes (FSMP)(two separate applications covered by the same opinion of EFSA and decision of the European Commission)	Authorised	Novel food ingredient (besides existing use as colorant)	Yes, the EFSA NDA Panel's opinion concludes on the potential allergenicity of the product as ompared to tomatoes based on the fact that the protein fraction is not enriched in the product to be consumed
Allanblackia seed oil for use in yellow fat spread and cream-based spreads	Authorised	Ingredient in yellow fat and cream-based spreads	Yes, the opinion of EFSA's NDA Panel discusses the lack of history of allergic reactions towards the producer and related organisms, as well as the low frequency of allergic reactions towards highly refined seed oils
α-Cyclodextrin	Authorised	Added as dietary fibre	Yes, the poinion of EFSA's NDA Panel considers the potential allergenicity of the final product in the light of the low levels of residual protein
Morinda citrifolia leaf	Authorised	Novel food ingredient (for tea infusions)	Yes, the EFSA NDA Panel's opinion considers the outcomes of an in-vivo animal sensttisation experiment
Additional uses of DHA-(docosahexaenoic acid) -rich oil from micro-algae Ulkenia sp.	Authorised	Novel food ingredient (extending the food categories to which it can be added)	No (not mentioned in the UK ACNFP's summary of initial opinion of the German authority
Diminicol® rice drink with added phytosterols	Authorised	Extended use of phytosterol ingredient diminicol	No (not mentioned in statement of EFSA's NDA Panel)
Tagatose	Authorised	Sweetener	The initial opinion of the UK's ACNFP discusses the potential allergenicity of the product to be consumed with regard to the possible presence of traces of milk whey proteins derived from milk whey used as a source material for the production process
MultOils (oil containing a diacylglycerol-rich fat component and a free phytosterol-esters component)	Authorised	Lower blood cholesterol	No (not mentioned in the initial opinion of the Dutch authorities)
(Synthetic) lycopene in sunflower oil dispersion	Authorised	Novel food ingredient and dietary supplement	Yes, EFSA's NDA Panel in its opinion considered the possible allergenicity of lycopene itself(based on public literature) and the possible presence of allergenic fish gelatin proteins in the product to be consumed
Morinda citrifolia L. fruit puree and concentrate (extension of use)	Authorisde	Novel food ingredient (extending the existing use of juice from fruits of M. citrifolia)	Yes, in the opinion of EFSA's NDA Panel, reference is made to reports on allergic reactions collected through post-market surveillance,and also data on allergenicity discussde in a previous opinion of the SCF on juice from, Morinda citrifolia (noni)
Sucromalt	Authorised	Sweetener	No (not mentioned in the initial opinion of the Dutch authorities)

Description of Food or Food Ingredient[a,b]	European Commission decision	Additional information	Issues of food allergenicity addressed in scientific opinions?[c,d,e]
Ice structuring protein type III HPLC 12 prepaion for use in edible ices	Authorised	Novel food ingredient (envisaged use in edible ice products	Yes, the data considered in the opinion of EFSA's NDA Panel include a range of studies, including bioin formatics, in-vitro and in-vivo studies focusing on potential cross-reactivity of the final product with fish allergens al well as the potential allergenicity of residues of the producer organism (yeast)
Baobab (*Adansonia digitata*) dried fruit pulp	Authorised	Use in fruit bars and smoothies	Yes; in its initial opinion, the UK's ACNFP considered data on the lack of reported allergenicity of baobab and related species and concluded on the potential cross-reactivity with known allergens as well as de novo allergenicity of baobab itself
Refined Echium oil (*Echium plantagineum*)	Authorised	Novel food ingredient	Yes, the UK's ACNFP, in its initial opinion, considers the potential allergenicity in relation to the known occurrence of cytochrome C allergens in Echium and the small amounts of protein present in the final product
Lipid extract from *Euphausia superba*	Authorised	Novel food ingredient, ingredient of dietary foods for special medicinal purposes and food supplements	Yes, the opinion of EFSA's NDA Panel considers the data on the potential presence of residual proteins in the final product, and their potential cross-reactivity with fish and crustacean allergens
Cold water dispersion (CWD) lycopene (from *Blakeslea trispora*)	Authorised	Novel food ingredient (besides the existing use as food colorant)	Yes, in the opinion EFSA's NDA Panel, the allergenic potential of the final product is considered in relation to the non-detectability of proteins in the product to be consumed
Docosahexaenoic-acid-(DHA)-rich algal oil from *Schizochytrium* sp. for additional food uses	Authorised	Novel food ingredient (extending the existing list of applications in foods)	Yes, the UK ACNFP's initial opinion considers the potential allergenicity in relation to the low level of protein being present in the product to be consumed
Synthetic lycopene	Authorised	Novel food ingredient (besides the existing use as food colorant	(no details of initial assessment by Irish authorities available

지방 저감화 관련 실험에 있어서의 오류 가능 요인 분석

Studies on Lipid Reduction in Foods

04

지방 저감화 식품과 관련된 다양한 연구는 수없이 많이 수행되었고, 향후에도 이러한 연구는 계속해서 수행될 것이다. 그러나 철저하게 과학적인 결과만을 바탕으로 해석되는 연구결과들도 때로는 실험방법이나 연구결과의 해석에 있어 오류가 존재할 가능성이 있다. 또한 정확한 실험과 해석에도 불구하고 독자들이 잘못된 판단을 하거나 잘못된 해석을 하게 될 가능성도 존재한다. 본 저서에서는 지방저감화 식품과 관련된 연구에 있어서 존재할 가능성이 있는 실험방법의 오류와 해석의 오류를 살펴보고 또한 독자가 오해할 수 있는 연구결과의 해석에 관해 간략하게 요약해 보았다.

1. 실험동물 선택에 따른 오류 가능성

지방과 관련된 동물실험뿐만 아니라 다양한 동물실험에 있어 가장 보편적으로 이용되는 실험동물은 쥐이다. 가장 널리 이용되는 실험쥐의 품종으로는 Wild type mouse, ICR mouse 또는 Sprague Dawley rat 등이 있다. 동일한 시료를 가지고 동일한 방법으로 수행한 실험에서 쥐의 품종에 따라 결과가 상이하게 나오는 경우도 있다. 저자는 과거 항암효능과 항비만 효능을 가진 Conjugated Linoleic acid(CLA)를 이용한 실험에서 실험동물의 품종에 따라 결과가 상이하게 나타나는 경우를 경험하였다. CLA가 실험동물의 체지방을 억제하는 효능은 많은 연구를 통해 확실하게 입증되고 있다. 그러나 동일한 CLA라 할지라도 rat를 이용하여 실험할 경우 체지방 억제효능이 나타나지 않는 경우가 발생하기도 한다. 현재까지 그 명확한 기작은 밝혀지지 않았으나 몇몇 연구자들은 rat와 mouse의 근본적인 차이 때문이라고 예측하고 있다. 예컨대 rat의 경우 사람이나 mouse와 달리 담낭이 없다. 일반적으로 사람이나 mouse의 경우 간에서 합성된 담즙산이 담낭에 저장되었다가 지방이 함유된 음식의 섭취와 함께 배출되어 지방을 유화시키고 라이페이스의 작용을 촉진시켜 지방을 소화 및 흡수시키는 작용을 한다. 그러나 rat의 경우 간에서 곧바로 합성되어 배출되기 때문에 지방의 소화 및 흡수에 차이가 생길 가능성이 있다고 생각되어진다. 또한 mouse의 경우 생후 2~3개월이면 체성장을 멈추고 성숙의 단계로 접어들지만 rat의 경우 더 오랜 기간 성장을 지속한다. 사람의 경우를 예로 들면, 성숙된 mouse는 성인에 해당되고 rat의 경우는 오랜 기간 청소년기간에 해당될 수 있다는 것이다. 즉 체성장을 멈춘 성인과 성장기에 있는 청소년과는 대사작용이 때로는 다를 수 있기 때문이다. 따라서 실험동물을 선택하는 데 있어 신중한 접근이 필요하다고 판단된다. rat나 guinea pig는 체구가 상대적으로 크기 때문에 혈액이나 장기조직 등 연구자가 필요로 하는 시료의 양이 많다는 장점이 있기는 하지만, 때로는 연구결과의 오류를 가져올 가능성이 있기 때문에 연구를 수행함에 있어서 어떠한 실험동물을 선택해야 할지 세심한 주의가 필요할 것이다. 또한 문헌조사나 예비 실험을 통하여 품종 간의 차이가 있는지를 살펴보고 때로는 동시에 여러 품종을 실험한다면 연구결과의 신뢰도를 높일 수 있을 것이다.

2. 실험 식이 제조에 따른 오류 가능성

지방과 관련된 동물실험에서 중요한 요소는 실험 식이의 제조라 할 수 있다. 지방억제 관련 실험을 위한 실험 식이에 있어 중요한 가장 중요한 요소 중의 하나는 칼로리의 계산이다. 즉 대조구와 시험구 식이 간의 칼로리는 동일하게 제조하는 것이 기본이지만 많은 연구에서 칼로리가 다른 식이를 이용하여 실험을 수행한 것을 볼 수 있다. 예를 들어 대조구의 식이는 전분을 사용하고 시험구 식이는 전분을 대신하여 동일한 양의 섬유소가 함유된 시료를 첨가한다면 동일한 양의 식이를 섭취한다 하더라도 전분을 섭취한 대조구가 섬유소를 섭취한 시험구에 비해 높은 칼로리를 섭취하게 된다. 그 이유는 mouse와 같은 잡식성 동물은 섬유소를 에너지원으로 효과적으로 이용하지 못하기 때문이다. 이렇게 실험 식이의 칼로리가 동일하지 않게 되면 체중이나 체지방 축적률에 차이가 발생할 가능성이 있다. 따라서 대조구와 시험구의 실험 식이는 칼로리를 동일하게 맞추어 주는 것이 바람직하다. 또한 일부 연구에서는 실험 식이를 제조 시에 유효물질을 추가로 첨가 급여하는 경우가 있다. 즉 대조구와 처리구가 동일한 사료를 사용하면서 유효물질을 추가로 더 첨가한 것을 처리구로 하여 실험하는 경우로서, 이러한 경우에도 칼로리의 차이나 식이섭취량의 차이에 따라 효능이 다르게 나타날 수 있으므로, 유효물질의 급여에 의한 차이인지 단순한 식이조성의 차이에 의한 것인지 해석하는 데 어려움이 생길 가능성이 있다. 그러므로 유효물질을 실험 식이에 추가로 첨가할 경우 대조구에도 이에 상응하는 다른 물질을 동일한 양으로 첨가하여 칼로리를 동일하게 하고 또한 아무것도 첨가하지 않은 대조구를 하나 더 두어서 그 차이를 비교하는 것이 바람직할 것이다. 예컨대, 효능을 검증하고자 하는 유효물질이나 기능성 물질이 지방질일 경우 대조구에도 기능성 물질과 최대한 유사한 지방을 사용함으로써 열량과 식이섭취량의 차이가 발생하지 않도록 하는 것이 바람직할 것이다.

뿐만 아니라 염분이 포함된 시료를 이용한 실험의 경우에도 실험 식이의 제조에 있어 세심한 주의가 필요하다. 예를 들어 염분이 소량 또는 다량 함유된 해산물이나 소금이 함유된 전통음식을 실험 식이로 하는 경우 대조구에도 동일한 양의 염분을 첨가해 주는 것이 바람직하며, 그렇지 못할 경우 해산물에 함유된 염분을 제거한 이후에 사용하는 것이 좋다. 소금은 생체대사에 다양한 형태로 이용될 뿐만 아니라 지방의 분해와 흡수에도 영향을 줄 수 있고, 특히 소금의 섭취는 실험동물에 있어 수분의 섭취를 증가시키기 때문에 혈액성상이나 분변 배설량 또는 유효성분의 작용에도 영향을 줄 수 있기 때문이다. 그러므로 실험 식이를 배합하거나 제조 시에는 대조구와 시험구 간의 차이를 최소화하기 위한 세심한 배려가 필요할 것이다. 세포배양 실험을 수행할 때에도 염분이 함유된 시료는 세심한 배려가 필요하다. 특히 소금이 함유된 전통식품을 이용하여 세포배양 실험을 수행할 경우 소금의 함유에 의해 연구결과의 차이가 발생할 가능성이 존재한다. 현재까지 많은 연구에서 전통식품의 항암효능이 보고되고 있는데, 소금의 함유가 암세포의 성장에 영향을 미칠 경우 암세포 억제효능이 전통식품에 의한 것인지 소금의 함량에 의한 것인지 판단하기 어려울 수 있다. 따라서 이러한 실험은 반드시 같은 양의 소금이 함유된 대조구를 하나 더 두어 그 차이를 비교하는 것이 바람직할 것이다. 또 다른 예의 경우를 보면 실험동물에서 콜레스테롤 억제 효능을 검증하기 위해서는 콜레스테롤을 추가로 첨가하여 실험동물의 혈중 콜레스테롤 수치를 정상수준 이상으로 증가시킨 이후에 억제 효능을 검증하는 것이 좀 더 객관적인 평가방법이 될 수 있을 것으로 판단된다. 실제로 고콜레스테롤 또는 고지방식이를 섭취한 동물에서 효능이 있는 기능성 물질도 정상수준의 지방 식이를 급여했을 경우 생체 항상성을 유지하려는 작용에 의해 효능이 나타나지 않는 경우가 발생되는 경우가 있고 이러한 경우 기능성 식품은 그 효능을 인정받지 못할 수 있으므로 실험 식이 제조에 있어 세심한 주의가 필요하다고 판단된다.

3. 실험 식이 구조 및 형태에 따른 오류 가능성

지방의 소화와 흡수는 실험 식이의 형태와 구조에 따라 차이가 크다는 것이 다양한 연구를 통해 밝혀지고 있다. 즉 실험 식이의 형태가 펠렛이냐 파우더이냐에 따라서 지방의 소화 및 흡수되는 정도가 다를 수 있다는 것이다. 예컨대 대조구는 파우더 형대의 식이를 급여하고 처리구의 식이는 유효성분이 함유된 펠렛이나 타블렛 또는 액체의 형태를 지닌 물질을 일부 함유할 경우 실험결과에 차이가 발생할 가능성이 있다. 일반적으로 식이의 사이즈가 작고 구조가 치밀하지 않은 경우 체내에서 상대적으로 쉽게 소화 및 흡수될 수 있다. 대조구의 식이는 파우더로 되어 소화가 쉬운 형태로 제조되고 시험구의 식이는 일정한 구조와 형태가 있도록 제조하여 실험을 수행한다면 소화 및 흡수율에 차이가 발생할 수 있고 이로 인해 체지방 억제 효능이 다르게 나타날 수 있기 때문이다. 이러한 경우 기능성 물질에 의한 효능인지 기능성 물질의 구조와 형태에 따른 차이인지를 구분하기 어려울 수도 있다. 또한 건조된 상태의 유효물질과 건조되지 않은 유효물질을 동시에 실험에 사용한다면 수분함량의 차이에 의해 연구결과에 차이가 발생할 수 있다. 즉 동일한 함량을 첨가했다고 가정한다면 건조하지 않은 시료는 수분의 함량이 높기 때문에 실제로 유효물질의 함량은 건조된 시료에 비해 적은 양이 함유되는 결과를 가져온다. 즉 실험 식이는 부피 단위가 아닌 무게 단위로 측정하여 급여하는 형태가 대부분이므로 대조구와 시험구 식이 간의 수분 함량이 다르다고 가정한다면 섭취하는 영양소의 함량에 차이가 발생할 수 있다. 따라서 실험 식이를 제조할 때에는 가능한 대조구 식이와 동일한 형태와 구조 및 성분 함량을 가질 수 있도록 제조하는 것이 바람직할 것이다. 또한 실험동물을 이용한 급여 실험에서 식이 섭취량은 실험 식이의 특성에 따라 차이가 날 가능성이 존재한다. 예컨대 인삼을 비롯한 식물성 식품을 실험쥐에게 급여한다거나 어유가 과량 함유된 식이를 실험 토끼에게 급여 시에는 특유의 강한 향으로 인하여 식이섭취량이 감소할 수 있으므로 이러한 실험 식이를 급여할 때에는 대조구 식이와 세심한 비교가 필요하다. 그렇지 않으면 식이섭취량의 감소효능 또는 체중감소가 실험 식이의 생리활성에 기인한 것인지 식이섭취의 풍미 감소에 의한 것인지 구분하기 힘들기 때문에 실험 전에 섭취량에 영향을 미치는 요인이 존재하는지 검증해야 하고 실험 식이의 풍미에 의해 식이섭취량이 차이가 난다면 대조구 식이에도 똑같은 이취 물질을 첨가하거나 이취를 제거하는 방법을 통하여 식이섭취량이 차이가 나지 않도록 식이를 제조하는 것이 바람직할 것이다.

4. 시료채취 방법에 따른 오류 가능성

실험을 수행한 이후 시료를 채취 또는 획득하는 방법에 따라 연구결과에 오류가 생길 가능성이 존재한다. 첫 번째로 혈액을 채취하는 방법에 따른 오류인데, 동맥에서 채취하는 혈액과 정맥에서 채취하는 혈액의 성분함량의 차이가 발생할 가능성이 존재한다. 즉 동맥혈액은 심장에서 보내져 온 산소와 영양분을 포함하고 있고, 정맥혈액은 신체 각 부위에서 심장으로 되돌아오는 혈액으로서 산소함량과 영양분의 함량이 상대적으로 낮다. 따라서 혈액을 채취하는 혈관에 따라 성분함량의 차이가 발생할 수 있으므로 가능하다면 동맥혈액과 정맥혈액 모두를 채취하여 측정하는 것이 바람직할 수 있을 것이다. 때때로 계속 사육 중인 실험동물의 혈액은 혈관에서 채취하여 측정하고 마지막 도살 시에는 심장에서 채혈하여 성분을 측정하는 경우가 있는데, 이런 경우에도 또한 성분함량의 차이가 있어 서로 비교분석 시에 오차가 생길 가능성이 존재한다. 앞서 언급했듯이 심장에 존재하는 혈액과 정맥에 존재하는 혈액의 성분함량이 동일하지 않을 수 있기 때문이다. 그러므로 혈액을 채취할 때는 항상 동일한 부위에서 측정한 것을 비교분석하거나 동맥, 정맥 및 심장에서 채혈한 혈액의 성분을 상호 비교하는 것이 바람직할 것이다. 또한 시료를 채취하는 시간 또한 실험결과의 오류를 일으킬 가능성이 존재한다. 식이를 섭취한 후 30분 이후인지 두 시간 이후인지에 따라 결과에 차이가 발생할 수 있다. 즉 식이섭취 후 30분에는 효과가 있는 것으로 나타났지만 두 시간 이후에는 효과가 없는 것처럼 보일 경우 시료의 채취 시간에 따라 연구결과는 아주 상이한 결론에 도달할 가능성이 존재한다. 따라서 다양한 시간에 채취한 시료를 가지고 결과를 해석하는 것이 바람직할 것이다.

5. in vitro와 in vivo 실험의 오류 가능성

세포실험과 같은 in vitro 실험은 동물실험이나 임상실험과 같은 in vivo 실험과 달리 식품의 효능이나 작용 및 그 기작을 빠르게 평가하거나 screening할 수 있는 장점이 있다. 또한 in vitro 실험은 윤리적인 문제에서 자유롭고 경제적인 측면에서 여러 가지 장점이 있다. 그러나 in vitro 실험은 실험동물을 이용한 in vivo 실험 또는 임상실험과 다른 결과를 가져올 가능성이 늘 존재한다. 예컨대 세포를 이용한 실험에서 나타난 지방분화억제 효능 등이 동물실험이나 임상실험에서 나타나지 않을 가능성이 있기 때문이다. 따라서 in vitro 실험 결과만을 놓고 어떠한 물질의 효능을 단정하는 것은 바람직하지 못하다. 그러므로 in vitro 실험을 통해 나타난 효능은 동물실험이나 임상실험을 통해 추가적으로 검증할 필요가 있을 것이다.

6. 실험항목 선택에 따른 오류 가능성

실험항목의 선택은 실험결과의 성패에 있어 중요한 요인이 된다. 식이섭취량은 체중의 증감과 밀접하게 관련이 되어 있다. 일부 연구에서는 식이섭취량 결과를 제시하지 않거나 식이섭취량을 고려하지 않고 유효성분의 체중감소 효능을 보고하는 경우가 있다. 유효성분에 의해 식이섭취량이 감소하고, 이로 인해 체중이 감소하게 된다면 체중감소 효능이 유효성분에 의한 것인지 단순한 식이섭취량의 감소에 의한 것인지 판단하기 매우 어렵다. 따라서 식이섭취량은 반드시 측정해야 하며, 연구결과를 해석하는 데 있어 반드시 고려되어야 한다. 혈중 콜레스테롤의 함량이 높다고 해서 체내에서의 콜레스테롤 수치가 반드시 높아지는 것은 아니다. 또한 간장에서 콜레스테롤의 함량이 높다고 해서 반드시 혈중 콜레스테롤 농도가 높아지는 것은 아니다. 유효성분의 효능에 의해 체내에 존재하는 콜레스테롤이 간으로 다시 회수되는 비율이 높아질 경우 총콜레스테롤 함량이 높게 보일 수 있으며, 간에서 콜레스테롤이 담즙산으로 전환되는 비율이 높아질 경우에도 간에서의 콜레스테롤 함량이 높은 것으로 보일 수 있다. 따라서 혈중 콜레스테롤을 측정할 때에는 LDL-cholesterol과 HDL-cholesterol을 동시에 측정하는 것이 바람직하며, 간장에서의 콜레스테롤 함량을 측정할 때에도 혈중 콜레스테롤들을 함께 측정하여 비교함으로써 결과의 오류를 줄일 수 있을 것이다.

비만이란 체지방 함량이 비정상적으로 높은 것을 말한다. 따라서 체중이 증가한다 하더라도 단백질 함량의 증가는 비만으로 볼 수 없다. 그러므로 유효성분에 의해 체중이 증가하거나 감소하는 결과만으로 체지방 감소효능의 유무를 판단하는 것은 어려운 일이다. 따라서 체중의 감소뿐만 아니라 체지방 함량도 측정함으로써 체중의 증감이 단백질에 의한 결과인지 체지방에 의한 결과인지 정확하게 해석할 수 있을 것이다.

불필요한 실험을 수행하거나 반드시 필요한 실험을 수행하지 않았을 경우 유효성분의 효능이 발견될 수도 있고 효능을 발견하지 못할 수도 있다. 따라서 정확한 결과를 해석하기 위해서는 실험항목을 선택하는 것이 매우 중요할 것이다.

7. 실험 용어의 오류 가능성

지방연구와 관련하여 많이 측정되는 실험 항목이 혈액 내 HDL(high density lipoprotein)과 LDL(low density lipoprotein)이다. 일반적으로 HDL-콜레스테롤과 LDL-콜레스테롤로 많이 알려져 있다. 그러나 엄밀히 구분하자면 이는 분명 혼동될 소지가 있는 용어라 판단된다. HDL과 LDL은 지질단백의 한 종류로서 이러한 지질단백은 중성지방, 콜레스테롤, 단백질 및 효소 등을 모두 함유하고 있는 물질이다. 그러므로 HDL-콜레스테롤 또는 LDL-콜레스테롤이라는 용어를 사용할 경우 마치 HDL과 LDL이 콜레스테롤의 한 종류인 것으로 오해받을 가능성이 존재하며, 실제로 전문성이 부족한 일반인들은 대부분 이를 콜레스테롤인 것으로 알고 있다. 그러므로 이러한 혼동을 피하기 위해서는 HDL-콜레스테롤 또는 LDL-콜레스테롤이라는 용어를 사용할 경우 HDL이나 LDL에서 콜레스테롤을 추출하여 콜레스테롤 함량만을 측정했을 경우에 사용해야 하며, 단순히 HDL이나 LDL 함량만을 측정했을 경우에는 HDL-콜레스테롤 또는 LDL-콜레스테롤이라는 용어를 쓰지 않는 것이 바람직하다고 판단된다. 즉 HDL 또는 LDL은 콜레스테롤의 운반체이지 콜레스테롤 그 자체는 아니기 때문이다.

지질단백은 크게 chylomicron과 VLDL(very low density lipoprotein), LDL (low density lipoprotein) 그리고 HDL(high density lipoprotein)로 구분한다. Chylomicron은 중성지방이 거의 대부분을 차지하며, 음식을 통해 섭취된 지방을 기본으로 하여 소장에서 만들어진다. 그러므로 chylomicron의 기능은 음식으로부디 섭취한 지질을 간으로 운반하는 작용을 한다. 간에서는 여분의 에너지로 지방산을 만들거나 이러한 지방산을 원료로 하여 중성지방을 만드는데, 이것은 VLDL에 실어 혈액 중으로 운반하기 때문에 VLDL은 약 50%의 중성지방을 함유하고 있다. VLDL은 지방이 필요한 세포로 분배하는 과정에서 라이페이스에 의해 LDL로 전환되며 LDL에는 약 10%의 중성지방이 함유되어 있고, 콜레스테롤이 50% 정도를 차지한다. LDL은 콜레스테롤이나 지방을 간에서부터 세포로 운반하는 형태이기 때문에 콜레스테롤이나 중성지방의 수치를 높이는 역할로 구분하고, HDL은 세포로부터 콜레스테롤이나 중성지방을 간으로 다시 회수하여 담즙산 등으로 이행되는 형태이기 때문에 콜레스테롤이나 중성지방의 함량을 낮추는 역할로 흔히 구분하게 된다. 이 때문에 LDL은 나쁜 콜레스테롤, HDL은 좋은 콜레스테롤로 불리고 있다. 그러나 VLDL이나 LDL은 우리 몸이 필요로 하는 영양소인 지방을 공급하는 형태로서 없어서는 안 될 중요한 물질이다. 따라서 "LDL 또는 LDL-콜레스테롤은 나쁘고 HDL 또는 HDL-콜레스테롤은 좋다"라는 이분법적인 해석은 때때로 일반인에게 혼란을 가져올 가능성이 있기 때문에 연구결과를 해석하는 데 있어 세심한 주의가 요구된다.

뿐만 아니라 음식을 통해 흡수된 콜레스테롤은 chylomicron으로 형태가 전환되어 간으로 전달되는데, 이때 생체 내에서 콜레스테롤의 합성에 관여하는 HMG-CoA reductase의 작용이 chylomicron이 함유하고 있는 콜레스테롤에 의해 억제된다. 즉 콜레스테롤이 간에서 Acetyl-CoA로부터 콜레스테롤이 생합성하는 것을 억제하는 것이다. 이렇게 콜레스테롤에 의해 콜레스테롤 생합성이 억제되는 작용을 피드백(feed back) 저해라고 한다. 간에서 합성되는 담즙산의 양은 1일 약 200~500mg으로 식품으로 섭취한 여분의 콜레스테롤은 간에서 담즙산으로 전환되어 체외로 배출되기도 하므로 체내의 콜레스테롤 함량은 밸런스를 유지하게 된다. 즉 음식으로 섭취하는 콜레스테롤의 함량이 적으면 간에서 합성되는 콜레스테롤의 함량은 증가하고, 음식으로 섭취하는 콜레스테롤의 함량이 많으면 간에서 합성되는 콜레스테롤의 함량은 감소한다. 생명체는 이렇듯 생체 항상성을 유지하려는 기본적인 장치를 가지고 있으며, 콜레스테롤은 세포막의 구성성분으로서 세포막의 유동성, 세포막 간의 삼투압 유지뿐만 아니라 비타민 D와 스테로이드 호르몬의 전구물실로 작용하여 우리 몸에 없어서는 안 될 중요한 물질이다. 일반적으로 학계에서는 적정한 혈중 수준을 200mg/dL로 제시하고 있다. 이 수준에 비하여 훨씬 낮거나 높을 경우 오히려 건강에 나쁠 수 있다. 그러므로 콜레스테롤은 기능한 정상수준으로 유지하는 것이 바람직하며 단순히 콜레스테롤의 높고 낮음으로 효능을 판단하기보다는 과도한 콜레스테롤의 증가나 과도한 감소 억제 효능에 관한 세심한 해석이 필요하다고 판단된다. 관련 분야에 전문성이 부족한 일반인들이 혼동할 수 있는 부분에 대해서는 해석에 있어 세심한 주의가 필요할 것으로 판단된다.

식품의 기능성 평가방법

Studies on Lipid Reduction in Foods

건강기능성식품의 기능성을 평가하는 방법으로는 빠른 시간에 많은 수의 시료를 검색하여 유효소재를 탐색하는 시험관 실험(in vitro), 시료의 효능 평가, 흡수대사 평가, 자가용기전을 규명, 안정성 평가하는 동물실험(in vivo), 인체 대상 임상실험(Human study)이 있다. in vitro 실험에서는 생체 내, 즉 생리적 조건이 아닌 상태의 평가인 단점이 있고, 동물실험의 경우, 실험동물의 신진대사가 인체와 동일하지 않다는 점이 있고, 인체실험에서는 예방의 효과를 살리기 위한 장기간의 실험, 식생활의 조절능력 감소, 특수 실험모델 제작의 어려움 등의 난점이 있다. 그러나 건강기능식품의 안전성 측면에서 인체 실험 전 효능의 평가를 위해서도 반드시 동물실험의 필요성이 강조되고 있다(이상 임병우 등, 2009).

1. 기능성 평가방법에 대한 제안

한국식품연구원 하태열 박사의 시험관 실험 및 동물을 대상으로 한 기능성 평가방법에 대한 제안을 요약해 보면 다음과 같다.

① 개별인정형 건강기능성식품의 기능성 평가를 위한 평가방법으로서 동물실험을 필요로 한다.

② 기능성평가를 위한 동물실험을 수행 시에는 동물실험의 일반적 지침에 따라야 한다.

③ 각 기능별 평가방법은 과학적이고 합리적이어야 하며, 그 타당성은 건강기능식품위원회에서 심의한다.

④ 건강기능식품의 작용기작, 흡수 및 대사에 관한 자료는 의무화하지는 않되

가능하다면 참고자료로 제출토록 권장한다.

2. 건강기능성 식품의 기능성 평가용 동물실험의 일반 지침안

① 실험대상물은 최종 배합물 또는 최종제품이어야 한다.

② 실험동물은 실험목적에 맞는 품종, 계통, 주령, 암수, 적정 실험동물의 모델을 선정한다.

③ 실험군은 실험목적에 맞게 타당성 있는 군수를 설정하고 군당 실험동물의 수는 적정 마릿수로 한다.

④ 실험 식이는 조사료가 아닌 각종 영양성분이 일정 비율로 배합된 정제사료를 사용하고 사료형태는 실험목적에 맞도록 한다.

⑤ 시료의 투여방법은 사료에 혼합하여 식이의 형태로 공급하는 것을 원칙으로 하되 시료의 특성 및 실험목적에 맞도록 할 수 있다.

⑥ 사육기간은 각 유효성이 충분히 반영될 수 있는 기간으로 정한다.

⑦ 적합한 사육환경시설이어야 한다.

⑧ 실험결과는 통계적으로 유의성이 있어야 한다.

⑨ 분석항목은 실험목적에 부합되어야 하고 공인된 분석방법에 의하여 분석하여야 한다.

⑩ 연구기관 및 연구지의 자격도 고려되어야 한다(이상 임병우 등, 2009).

참고문헌

Abdel Salam, O, M. E., Nada, S, A., Arbid, M. S. 2002. The effect of ginseng on bile-pancreatic secretion in the rat. increase in proteins and inhibition of total lipids and cholesterol secretion. Pharmacological Research. 45: 349-353.

Adan, R. A. H., Vanderschuren, L. J. M. J., Fleur, S. E. 2008. Anti-obesity drugs and neural circuits of feeding. Trends in Pharmacological Sciences. 29: 208-217.

Agnihotri, S. A., Mallikarjuna, N. N., Aminabhavi, T. M. 2004. Recent advances on chitosan-based micro- and nanoparticles in drug delivery. Journal of Controlled Release. 100: 5-28.

Aoki, T., Decker, E. A., McClements, D. J. 2005. Influence of environmental stresses on stability of O/W emulsions ocntaining droplets stabilized by multilayered membranes produced by a layer-by-layer electrostatic deposition technique. Food Hydrocoll. 19: 209-220.

Armand, M., Pasquier, B., André, M., Borel, P., Senft, M., Peyrot, J., Salducci, J., Portugal, H., Jaussan, V., Lairon, D. 1999. Digestion and absorption of 2 fat emulsin with different droplet sizes in the human digestive tract. American Journal of Clinical Nutrition. 70: 1096-1106.

Armand, M., Pasquier, B., André, M., Borel, P., Senft, M., Peyrot, J., Salducci, J., Portugal, H., Jaussan, V., Lairon, D. 1999. Digestion and absorption of 2 fat emulsions with different droplet sizes in the human digestive tract. American Journal of Clinical Nutrition. 70: 1096-1106.

Aydin, R., Pariza, M. W., Cook, M. E. 1999. Role of dietary oils in prevension of CLA-induced chick embryonic mortality and egg properties. FASEB J. 13: A541.

Balcão, V. M., Malcata, F. X 1998. Interesterification and acidolysis of butterfat with oleic acid by Mucor Javanicus lipase: changes in the pool of fatty acid residues. Enzyme and Microbial Technology. 22: 511-519.

Bauman, D. E., Barbano, D. M., Dwyer, D. A., Griinari. J. M. 2000. Technical note: production of butter with enhanced conjugated linoleic acid for use in biomedical studies with animal models. Journal of Dairy Science. 83: 2422-2425.

Berube-Parent, S., Pelletier, C., Dore, J., Tremblay, A. 2005. Effects of encapsulated green tea and Guarana extracts containing a mixture of epigallocatechin-3-gallate and caffeine on 24h energy expenditure and fat oxidation in men. British Journal of Nutrition. 94: 432-436.

Beysseriat, M., Decker, E. A., McClements, D. J. 2006. Preliminary study of the influence of dietary fiber on the properties of oil-in-water emulsions passing through an in vitro human digestion model. Food Hydrocolloids. 20: 800-809.

Bhattacharya, A., Banu, J., Rahman, M., causey, J., Fernandes, G. 2006. Biological effects of conjugated linoleic aicds in health and disease. Journal of Nutritional Biochemistry. 17: 789-810.

Bray, G. A., Blackburn, G. L., Ferguson, J. M., Greenway, F. L., Jain, A. K., Mendel, C. M., Mendels, J., Ryan, D. H., Schwartz, S. L., Scheinbaum, M. L., Seaton, T. B. 1999. Sibutramine produces dose-related weight loss. Obesity Research. 7: 189-198.

Brownlee, I. A. 2011. The physiological roles of dietary fibre. Food Hydrocolloids. 25: 238-250.

Bursill, C. A., Abbey, M., Roach, P. D. 2007. A green tea extract lowers plasma cholesterol by inhibiting cholesterol synthesis and upregulating the LDL receptor in the cholesterol-fed rabbit. Atherosclerosis. 193: 86-93.

Campbell, S. J., 2005. Methods and opportunities for reducing or eliminating trans fats in foods. Report for Market and industry services branch agriculture and agri-food Canada.

Candogan, K., Kolsarici, N. 2003. The effects of carrageenan and pectin on some quality characteristics of low-fat beef frankfurters. Meat Science. 64: 199-206.

Catchpole, O. J., Grey, J. B., Noermark, K. A. 2000. Fractionation of fish oils using supercritical CO_2 and CO_2 + ethanol mixture. Journal of Supercritical Fluids. 19: 25-37.

Cengiz, E., Gokoglu, N. 2005. Changes in energy and cholesterol contents of frankfurter-type sausages with fat reduction and fat replacer addition. Food Chemistry. 91: 443-447.

Chaleepa, K., Szepes, A., Ulrich, J. 2010. Dry fractionation of coconut oil by melt crystallization. Chemical Engineering Research and Design. 88: 1217-1222.

Chamruspollert, M., Sell, J. L. 1999. Transfer of dietary conjugated linoleic aicd to egg yolks of chicken. Poultry Science. 78: 1138-1150.

Chamruspollert, M., Sell. J. L. 1999. Transfer of dietary conjugated linoleic acid to egg yolks of chicken. Poultry Science. 78: 1138-1150.

Chantre, P., Lairon, D. 2002. Recent findings of green tea extract AR25(Exolise) and its activity for the treatment of obesity. Phytomedicine. 9: 3-9.

Cheetham, S. C., Jackson, H. C., Vickers, S. P., Dickinson, K., Jones, R. B., Heal, D. J. 2004. Novel targets for the treatment of obesity: a review of progress. Drug Discovery Today: Therapeutic Strategies. 1: 227-235

Chen, N., Bezzina, R., Hinch, E., Lewandowski, P. A., Cameron-Smith, D., Mathai, M. L 등, 2009. Green tea, black tea, and epigallocatechin modify body composition, improve glucose tolerance, and differentially alter metabolic gene expression in rats fed a high-fat diet. Nutrition Research. 29: 784-793.

Chiang, M. T., Yao, H. T., Chen, H. C. 2000. Effect of dietary chitosans with different viscosity on plasma lipids and lipid peroxidation in rats fed on a diet enriched with cholesterol. Bioscience, Biotechnology and Biochemistry. 64: 965-971.

Cho, S. S., Prosky, L. 1999. Application of complex carbohydrates to food product fat mimetics. In S. S. Cho, L. Prosky, M. Dreher (Ed.), Complex carbohydrates in foods, (pp.416). New York, Marcel Dekker, Inc.

Choi, Y. S., Choi, J. H., Han, D. J., Kim, H. Y., Lee, M. A., Kim, H. W., Lee, J. W., Chung, H. J., Kim, C. J. 2010. Optimization of replacing pork back fat with grape seed oil and rice bran fiber for reduced-fat meat emulsion systems. Meat Science. 84: 212-218.

Christophe, A. B. edited. 1998. Structural modified food fats: Synthesis, biochemistry, and use. AOCS Press, Urbana, IL. USA.

Clapham, J. C., Arch, J. R. S., Tadayyon, M. 2001. Anti-obesity drugs: a critical review of current therapies and future opportunities. Pharmacology and Therapeutics. 89: 81-121.

Clas, S. D. 1991. Increasing the in vitro bile acid binding-capacity of diethylaminoethylcellusose by quaternization. Journal of Phamaceutical Science. 80: 981-984.

Collomb, M., Schmid, A., Sieber, R., Wechsler, D., Ryhänen, E. 2006. Conjugated linoleic acids in milk fat: Variation and physiological effects. International Dairy Journal. 16: 1347-1361.

Colmenero, F. J. 1996. Technologies for developing low-fat meat products. Trends in Food Science & Technology. 7: 41-48.

Connoley, I. P., Liu, Y. L., Frost, I., Reckless, I. P., Heal, D. J., Stock, M. J. 1999. Thermogenic effects of sibutramine and its metabolites. British Journal of Pharmacology. 126: 1487-1495.

Corrêa, A. P. A., Peixoto, C. A., Goncalves, L. A. G., Cabral, F. A. 2008. Fractionation of fish oil with supercritical carbon dioxide. Journal of Food Engineering. 88: 381-387.

Davidson, M. H., Hauptman, J., DiGirolamo, M., Foreyt, J. P., Halsted, C. H., Heber, D. et al. 1999. Weight control and risk factor reduction in obese subjects treated for 2 years with Orlistat: A randomized controlled trial. Journal of the American Medical Association. 281: 235-242.

De Vos, S and De Schrijver, R. 2003. Lipid metabolism, intestinal fermentation and mineral absorption in rats consuming balck tea. Nutrition Research. 23: 527-537.

Deuchi, K., Kanauchi, O., Imasato, Y., Kobayashi, E. 1995. Effect of the viscosity or deacetylation degree of chitosan on fecal fat excreted from rats fed on a high-fat diet. Bioscience, Biotechnology, and Biochemistry. 5: 781-785.

DeWald, T., Khaodhiar, L., Donahue, M. P., Blackburn, G. 2006. Pharmacological and surgical treatments for obesity. American Heart Journal. 151: 604-624.

Dhiman, T. R., Olson, K. C., MacQueen, I. S., Pariza, M. W. 1999. Conjugated linoleic acid content of meat from steer fed soybean oil. Journal Dairy Science(Suppl. 1), 84.

Dongowski, G. 1997. Effect of pH on the in vitro interactions between bile acids and pectin. Zeitschrift Fur Lebensmittel-Untersuchung Und-Forschung a-Food Research and Technology. 205: 185-192.

Downs, B. W., Bagchi, M., Subbaraju, G. V., Shara, M. A., Preuss, H. G., Bagchi, D. 2005. Bioefficacy of a novel calcium-potassium salt of (-)-hydroxycitric acid. Mutation Research. 579: 149-162.

Dufresne, C. J., Farnworth, E. R. 2001. A reivew of latest research findings on the health promotion properties of tea. Journal of Nutritional Biochemistry. 12: 404-421.

Dulloo, A. G., Duret, C., Rohrer, D., Girardier, L., Mensi, N., Fathi, M. et al. 1999. Efficacy of a green tea extract rich in catechin polyphenols and caffeine in increasing 24-h energy expenditure and fat oxidation in humans. American Journal of Clinical Nutrition. 70:

1040-1045.

Eckel, R. H., Borra, S., Lichtenstein, A, H., Yin-Piazza, S. Y. 2007. Understanding the complexity of trans fatty acid reduction in the american diet. Circulation. 115: 2231-2246.

Egras, A. M., Hamilton, W. R., Lenz, T. L., Monaghan, M. S. 2011. An evidence-based review of fat modifying supplemental weight loss products. Journal of Obesity. 2011: 1-7.

Elleuch, M., Bedigian, D., Roiseux, O., Besbes, S., Blecker, C., Attia, H. 2011. Dietary fibre and fibre-rich by-products of food processing: Characterisation, technological functionality and commercial applications: A review. Food Chemistry. 124: 411-421.

Fatouh, A. E., Mahran, G. A., El-Ghandour, M. A., Singh, R. K. 2007. Fractionation of buffalo butter oil by supercritical carbon dioxide. LWT-Food Science and Technology. 40: 1687-1693.

Feinle, C., Rades, T., Otto, B., Fried, M. 2001. Fat digestion modulates gastrointestinal sensations induced by gastric distention and duodenal lipid in humans. Gastroenterology. 120: 1100-1107.

Fernández de la Puebla., Fuentes, F., Pérez-Martinez, P., Sánchez, E., Paniagua, J. A., López-Miranda, J., Pérez-Jiménez, F. 2003. A reduction in dietary saturated fat decreases body fat content in overweight, hypercholesterolemic males. Nutrition, Metabolism and Cardiovascular Disease. 13: 273-278.

Food Standards Agency. 1991. "Fats and Oils". McCance & Widdowson's the Composition of Foods. Royal Society of Chemistry.

French, P., Stanton, C., Lawless, F., O'Riordan, E. G., Monahan, F. J., Caffrey, P. J., Moloney, A. P. 2000. Fatty acid composition, including conjugated linoleic acid, of intramuscular fat from steers offered grazed grass, grass silage, or concentrate-based diets. Journal of Animal Science. 78: 2849-2855.

Gades, M. D., Stern, J. S. 2003. Chitosan supplementation and fecal fat mxcretion in men. Obesity Research. 11: 683-688.

Galisteo, M., Duarte, J., Zarzuelo, A. 2008. Effects of dietary fibers on disturbances clustered in the metabolic syndrome. Journal of Nutritional Biochemistry. 19: 71-84.

Garcia-Diez, F., Garcia Mediavilla, G., Bayon, J. E., Gonzalez Gallego, G. 1996. Pectin feeding influences fecal bile acid excretion, hepatic bile acid and cholesterol synthesis and serum cholesterol in rats. Journal of Nutrition. 126: 1766-1771.

Ghotra, B. s., Dyal, S. D., Narine, S. S. 2002. Lipid shortenings: a review. Food Research International. 35: 1015-1048.

Golding, M., Wooster, T. J. 2010. The influence of emulsin structure and stability on lipid digestion. Current Opinion in Colloid & Interface Science. 15: 90-101.

Goodman, B. E. 2010. Insights into digestion and absorption of major nutrients in humans. Advances in Physiology Education. 34: 44-53.

Guzey, D., McClements, D. J. 2006. Formation, stability and properties of multilayer emulsions for application in the food industry. Advances in Colloid and Interface Science. 120-130: 227-248.

Han, L. K., Kimura, Y., Okuda, H. 1999. Reduction in fat storage during chitin-chitosan treatment in mice fed a high-fat diet. International Journal of Obesity. 23: 174-179.

Hejazi, R., Amiji, M. 2003. Chitosan-based gastrointestinal delivery systems. Journal of Controlled release. 89: 151-165.

Helgason, T., Gislason, J., McClements, D. J., Kristbergsson, K., Weiss, J. 2009. Influence of molecular character of chitosan on the adsorption of chitosan to oil droplet interfaces in an in vitro digestion model. Food Hydrocolloids. 23: 2243-2253.

Helgason, T., Weiss, J., McClements, D. J., Gislason, J., Einarsson, J. M., Thormodsson, F. R., Kristbergsson, K. 2008. Examination of the interaction of chitosan and oil-in-water emulsions under conditions simulating the digestive system using confocal microscopy. Journal of Aquatic Food Product Technology. 17: 216-233.

Heymsfield, S. B., Allison, D. B., Vasselli, J. R., Pietrobelli, A., Greenfield, D., Nunez, C. 1998. Garcinia cambogia(Hydroxycitric Acid) as a pontential antiobesity agent. A randomized controlled trial. Journal of the American Medical Association. 280: 1596-1600.

Hsu, Y. W., Chu, D. C., Ku, P. W., Liou, T. H., Chou, P. 2010. Pharmacotherapy for obesity: Past, present and future. Journal of Experimental & Clinical Medicine. 2: 118-123.

Hur, S. J., Decker, E. A., McClements, D. J. 2009a. Influence of initial emulsifier type on microstructural changes occuring in emulsified lipids during in vitro digestion. Food Chemistry. 114: 253-262.

Hur, S. J., Kang, G. H., Jeong, J. Y., Yang, H. S., Ha, Y. L., Park, G. B., Joo, S. T. 2003. Effect of dietary conjugated linoleic acid on lipid characteristics of egg yolk. Asian-Australasian Journal of Animal Science. 16: 1165-1170.

Hur, S. J., Lim, B. O., Park, G. B., Joo, S. T. 2009. Effects of various fiber additions on lipid digestion during in vitro digestion of beef patties. Journal of Food Science. 74: C653-C637.

Hur, S. J., Whitcomb, F., Rhee, S. Y., Park, Y. H., Good, D. J., Park, Y. H. 2009b. Effects of trans-10, cis-12 conjugated linoleic acid on body composition in genetically obese mice. Journal of Medicinal Food. 12: 56-63.

Hwang, J. T., Kim, S. H., Lee, M. S., Kim, S. H., Yang, H. J., Kim, M. J., Kim, H, S., Ha J., Kim, M, S., Kwon, D. Y. 2007. Anti-obesity effects of ginsenoside Rh2 are associated with the activation of AMPK signaling pathway in 3T3-L1 adipocyte. Biochemical and Biophysical Research Communications. 364: 1002-1008.

Ip. C., Scimeca, J. A., Thompson, H. 1995. Effect of timing and duration of dietary conjugated linoleic acid on mammary cancer prevension. Nutrition and Cancer. 24: 241-247.

Jalili, T., Medeiros, D. M., Wildman, R. E. C. 2006 Dietary fiber and coronary heart disease, in Handbook of Nutraceuticals and Functional Foods, Wildman, R. E. C, Editor. CRC Press: Boca Raton, FL. P. 131-144.

Jeffcoat, R. 2007. Obesity-A perspective based on the biochemical interrelationship of lipids and carbohydrates. Medical Hypotheses. 68: 1159-1171.

Jena, B. S., Jayaprakasha, G. K., Singh, R. P., Sakariah, K. K. 2002. Chemistry and Biochemistry of (-)-Hydroxycitric acid from Garcinia. Journal of Agricultural and Food Chemistry. 50: 10-22.

Johnes, M. R., Greenfield, P. F., Doelle, H. W. 1991. By-products from Zymomonas mobilis. Advances in Biochemical Engineering Biotechnology. 44: 97-121.

Juhel, C., Armand, M., Pafumi, Y., Rosier, C., Vandermander, J., Lairon, D. 2000. Green tea (AR25[®]) inhibits lipolysis of triglycerides in gastric and duodenal medium in vitro. Journal of

Nutritional Biochemistry. 11: 45-51.

Karu, N., Reifen, R., Kerem, Z. 2007. Weight gain reduction in mice fed Panax ginseng saponin, a pancreatic lipase inhibitor. Journal of Agricultural and Food Chemistry. 55: 2824-2828.

Kelly, M. L., Berry, J. R., Dwyer, D. A., Griinari, J. M., Chouinard, P. Y., van Amburgh, M. E. et al. 1998. Dietary fatty acid sources affect conjugated linoleic acid concentrations in milk from lactating dairy cows. Journal of Nutrition. 128: 881-885.

Kim, J. H., Hahm, D. H., Yang, D, C., Kim, J. H., Lee, H, J., Shim, I. 2005. Effect of crude saponin of Korean red ginseng on high-fat diet-induced obesity in the rat. Journal of Pharmacological Sciences. 97: 124-131.

Kim, J. H., Kang S. A., Han, S. M., Shim, I. 2009. Comparison of the antiobesity effects of the protopanaxadiol-and protopanaxatriol-type saponins of red ginseng. Phytotherapy Research. 23: 78-85.

Kim, S. H., Park, K. S. 2003. Effects of Panax ginseng extract on lipid metabolism in humans. Pharmacological Research. 48: 511-513.

King, J. W., Holliday, R. L., List, G. R., Snyder, J. M. 2001. Hydrogenation of vegetable oils using mixtures of supercritical carbon dioxide and hydroge. Journal of the American Oil Chemists' Society. 78: 107-113.

Klinkesorn, U., Namatsila, Y. 2009. Influence of chitosan and NaCl on physicochemical properties of low-acid tuna oil-in-water emulsions stabilized by non-ionic surfactant. Food Hydrocolloids. 23: 1374-1380.

Koca, N., Metin, M. 2004. Textural, melting and sensory properties of low-fat fresh kashar cheeses produced by using fat replacers. International Dairy Journal. 14: 365-373.

Kofuji, K., Qian, C. J., Murata, Y., Kawashima, S. 2005. Preparation of chitosan microparticles by water-in-vegetable oil emulsion coalescence technique. Reactive & Functional Polymers. 62: 77-83.

Kontkanen, H., Rokka, S., Kemppinen, A., Miettinen, H., Hellström, Kruus, K., Marnila, P., Alatossava, T., Korhonen, H. 2010. Enzymatic and physical modification of milk: A review. International Dairy Journal. In press.

Koo, M. W. L., Cho, C. H. 2004. Pharmacological effects of green tea on the gastrointestinal system. European Journal of Pharmacology. 500: 177-185.

Koo, S. I., Noh, S. K. 2007. Green tea inhibitor of the intestinal absorption of lipids: Potential mechanism for its lipid-lowering effect. Journal of Nutritional Biochemistry. 18: 179-183.

Kwon, B. M., Kim, M. K., Baek, N. I., Kim, D. S., Park, J. D., Kim, Y. K., Lee, H. K., Kim, S. I. 1999. Acyl-CoA: cholesterol acyltransferase inhibitor activity of ginseng sapogenins, produced from the ginseng saponins. Bioorganic and Medicinal Chemistry Letters. 9: 1375-1378.

Lalvani, S. B., Mondal, K. 2003. Electrochemical hydrogenation of vegetable oils. US Patent Application No. 20030213700.

Liu, J., Zhang, J., Xia, W. 2008. Hypocholesterolaemic effects of different chitosan samples in vitro and in vivo. Food Chemistry. 107: 419-425.

Liu, R., Zhang, J. Z., Liu, W. C., Kimura, Y., Zheng, Y. N. 2010. Anti-obesity effects of protopanaxdiol types of ginsenosides isolated from the leaves of american ginseng (Panax quinquefolius L.) in mice fed with a high-fat diet. Fitoterapia. In press.

Liu, W., Zheng, Y, Han, L., Wang, H., Saito, M., Ling, M., Kimura, Y., Feng, Y. 2008. Saponins (Ginsenosides) from stems and leaves of Panax quinquefolium prevented high-fat diet-induced obesity in mice. Phytomedicine. 15: 1140-1145.

Livesey, G., Buss, D., Coussement, P., Edwards, D. G., Howlett, J., Jonas, D. A., Kleiner, J. E., Müller, D., Sentko, A. 2000. Suitability of traditional energy values for novel foods and food ingredients. Food Control. 11: 249-289.

López-López, I., Cofrades, S., Ruiz-Capillas, C., Jiménez-Colmenero, F. 2009. Design and nutritional properties of potential functional frankfurters based on lipid formulation, added seaweed and low salt content. Meat Science. 83: 255-262.

López-López, I., Cofrades, S., Yakan, A., Solas, M. T., Jiménez-Colmenero, F. 2010. Frozen storage characteristics of low-salt and low-fat beef patties as affected by Wakame addition and replacing pork backfat with olive oil-in-water emulsion. Food Research International. 43: 1244-1254.

Lurueña-Maritínez, M. A., Vivar-Quintana, V., Revilla, I. 2004. Effect of locust bean/xanthan gum addition and replacement of pork fat with olive oil on the quality characteristics of low-fat frankfurters. Meat Science. 68: 383-389.

Markom, M., Singh, H., Hasan, M. 2001. Supercritical CO_2 fractionation of crude palm oil. Journal of Supercritical Fluids. 20: 45-53.

Martins, I. J., Redgrave, T. G. 2004. Obesity and post-prandial lipid metabolism. Feast or famine?. Journal of Nutritional Biochemistry. 15: 130-141.

Mattes, R. D., Bormann, L. 2000. Effects of (-)-hydroxycitric acid on appetitive variables. Physiology & Behavior. 71: 87-94.

McClements, D. J. 2005. Food emulsions: principle, practice and techniques. 2nd ed. CRC Series in Contemporary Food Science. Boca Raton, FL: CRC Press.

McClements, D. J., Li, Y. 2010. Structured emulsion-based delivery systems: Controlling the digestion and release of lipophilic food components. Advances in Colloid and Interface Science. In press.

Mendoza, E, García, M. L., Casas, C., Selgas, M. D. 2001. Inulin as fat substitute in low fat, dry fermented sausage. Meat Science. 57: 387-393.

Min, B., Bae, I. Y., Lee, H. G., Yoo, S. H., Lee, S. 2010. Utilization of pectin-enriched materials from apple pomace as a fat replacer in a model food system. Bioresource Technology. 101. 5414-5418.

Minal, J. 2003. An introduction to random interesterification of palm oil. Palm Oil Developments 39: 1-6.

Mollah, M. L., Kim, G. S., Moon, H. K., Chung, S. K., Cheon, Y. P., Kim, J, K., Kim, K. S. 2009. Antiobesity effects of wild ginseng (Panax ginseng C.A. Meyer) mediated by PPARγ, GLUT4 and LPL in ob/ob mice. Phytotherapy Research. 23: 220-225.

Moreno, M. C. M. M., Olivares, D. M., Lopez, F. J. A., Adelantado, J. V. G., Reig, F. B. 1999.

Determination of unsaturation grade and trans isomers generated during thermal oxidation of edible oils and fats by FTIR. Journal of Molecular Structure. 482-483: 551-556.

Mu, H., Porsgaard, T. 2005. The metabolism of structured triacylglycerols. Progress in Lipid Research. 44: 430-448.

Muzzarelli, R. A. A. 1996. Chitosan-based dietary foods. Carbohydrate Polymer. 29: 309-316.

Norizzah, A. R., Chong, C. L., Cheow, C. S., Zaliha, O. 2004. Effects of chemical interesterification on physicochemical properties of palm stearin and palm kernel olein blends. Food Chemistry. 86: 229-235.

Pandolf, T., Clydesdale, F. M. 1992. Dietary fiber binding of bile-acid through mineral supplementation. Journal of Food Science. 57: 1242-1245.

Papathanasopoulos, A., Camilleri, M. 2010. Dietary fiber supplements: Effects in obesity and metabilic syndrome and relationship to gastrointestinal functions. Gastroenterology. 138: 65-72.

Park, Y., Pariza, M. 2007. Mechanisms of body fat modulation by conjugated linoleic acid (CLA). Food Research International. 40: 311-323.

Perretti, G., Motori, A., Bravi, E., Favati, F., Montanari, L., Fantozzi, P. 2007. Supercritical carbon dioxide fractionation of fish oil fatty acid ethyl esters. Journal of Supercritical Fluids. 40: 349-353.

Piñero, M. P., Parra, K., Huerta-Leidenz, N., Arenas de Moreno, L., Ferrer, M., Araujo, S., Barboza, Y. 2008.

Pittler, M. H., Ernst, E. 2004. Dietary supplements for body-weight reduction: a systematic review. American Journal of Clinical Nutrition. 79: 529-536.

Poulson, C. S., Dhiman, T. R., Ure, A. L., Cornforth, D., Olson, K. C. 2004. Conjugated linoleic acid content of beef from cattle fed diets containing high grain, CLA, or raised on forages. Livestock Production Science. 91: 117-128.

Effect of oat's soluble fibre (β-glucan) as a fat replacer on physical, chemical, microbiological and sensory properties of low-fat beef patties. Meat Science. 80: 675-680.

Ranhotra, G. S., Gelroth, J. A., Glaser, B. K. 1994. Usable energy value of a synthetic fat (Caprenin) in muffins fed to rats. Cereal Chemistry. 71: 159-161.

Ratnayake, W. M. N., Galli, C. 2009. Fat and fatty acid terminology, methods of analysis and fat digestion and metabolism: A background review paper. Annals of Nutrition & Metabilism. 55: 8-43.

Ribeiro, A. P. B., Basso, R. C., Grimaldi, R., Gioielli, L, A., Santos, A. O., Cardoso, L. P., Gonçalves, L. A. G. 2009. Influence of chemical interesterification on thermal behavior, microstructure, polymorphism and crystallization properties of canola oil and fully hydrogenated cottonseed oil blends. Food Research International. 42: 1153-1162.

Riserus, U., Berglund, L., Vessby, B. 2001. Conjugated linoleic aic(CLA) reduced abdominal adipose tissue in obese middle-aged men with signs of the metabolic syndrome: a randomised controlled trial. International Journal of Obesity and Related Metabilic discoders. 25: 1129-1135.

Roberfroid, M. B. 1999. Dietary fiber properties and health benefits of non-digestible oligosaccharides. In S. S. Cho, L. Prosky, M. Dreher (Ed.), Complex carbohydrates in foods, (pp.27). New

York, Marcel Dekker, Inc.

Rodríguez, M. S., Albertengo, L. E. 2005. Interaction between chitosan and oil under stomach and duodenal digestive chemical conditions. Bioscience, Biotechnology and Biochemistry. 69: 2057-2062.

Rodríguez, M. S., Albertengo, L. E. 2005. Interaction between chitosan and oil under stomach and duodenal digestive chemical conditions. Bioscience, Biotechnology and Biochemistry. 69: 2057-2062.

Ronkart, S. N., Paquot, M., Deroanne, C., Fougnies, C., Besbes, S., Blecker, C. S. 2010. Development of gelling properties of inulin by microfluidization. Food Hydrocolloids. 24: 318-324.

Ros, E. Intestinal absorption of triglyceride and cholesterol. Dietary and pharmacological inhibition to reduce cardiovascular risk. Atherosclerosis. 151:357-379.

Rousseau, D., Marangoni, A. G. 1999. The effects of interesterification on physical and sensory attributes of butterfat and butterfat-canola oil spreads. Food Research International. 31: 381-388.

Rudelle, S., Ferruzzi, M. G., Cristiani, I., Moulin, J., Mace, K., Acheson, K. J. et al. 2007. Effect of a thermogenic beverage on 24-hour energy metabolism in humans. Obesity. 15: 349-355.

Rudney, H., Sexton, R. C. 1996. Regulation of cholesterol biosynthesis. Annual Review of Nutrition. 6: 245-272.

Sagalowicz, L., Leser, M. E. 2010. Delivery systems for liquid food products. Current Opinion in Colloid & Interface Science. 15: 61-72.

Sagalowicz, L., Leser, M. E. 2010. Delivery systems for liquid food products. Current Opinion in Colloid & Interface Science. 15: 61-72.

Saito, M., Ueno, M., Ogino, S., Kubo, K., Nagata, J., Takeuchi, M. 2005. High dose of *Garcinia cambogia* is effective in suppressing fat accumulation in developing male Zucker obese rats, but highly toxic to the testis. Food and Chemical Toxicology. 43: 411-419.

Sakono, M., Takagi, H., Sonoki, H., Yoshida, H., Iwamoto, M., Ikeda, I., Imaizumi, K. 1997. Absorption and lymphatic transport of interesterified or mixed fats rich in saturated fatty acids and their effect on tissue lipids in rats. Nutrition Research. 17: 1131-1141.

Sampaio, G. R., Castellucci, C. M. N., Pinto e Silva, M. E. M., Torres, E. A. F. S. 2004. Effect of fat replacers on the nutritive value and acceptability of beef frankfurters. Journal of Food Composition and Analysis. 17: 469-474.

Sandoval-Castilla, O., Lobato-Calleros, C., Aguirre-Mandujano, E., Vernon-Carter, E. J. 2004. Microstructure and texture of yogurt as influenced by fat replacers. International Dairy Journal. 14: 151-159.

Saper, R. B., Kales, S. N., Paquin, J., Burns, M. J., Eisenberg, D. M., Davis, R. B., Phillips, R. S. 2004. Heavy metal content of ayurvedic herbal medicine products. Journal of American Medicinal Association. 292: 2868-2873.

Schmid, A., Collomb, M., Sieber, R., Bee, G. 2006. Conjugated linoleic acid in meat and meat products: A review. Meat Science. 73: 29-41.

Serdaroğlu, M. 2006. Improving low fat meatball characteristics by adding whey powder. Meat Science. 72: 155-163.

Severini, C., Pilli, T. D., Baiano, A. 2003. Partial substitution of pork backfat with extra-virgin olive oil in "salami" products: effects on chemical, physical and sensorial quality. Meat Science. 64: 323-331.

Shara, M., Ohia, S. E., Schmidt, R. E., Yasmin, T., Zardetto-Smith, A., Kincaid, K., Bagchi, M., Chatterjee, A., Bagchi, D., Stohs, S. J. 2003. Dose-and time-dependent effects of a novel (-)-hydroxycitric acid extract on body weight, hepatic and testicular lipid peroxidation, DNA fragmentation and histopathological data over a period of 90-days. Molecular and Cellular Biochemistry. 254: 339-346.

Shishikura, Y., Khokhar, S., Murray, B. S. 2006. Effect of tea polyphenols on emulsification of olive oil in a small intestine model system. Journal of Agricultural and Food Chemistry.

Shu, W., Noh, S. K., Koo, S. I. 2006. Green tea catechin inhibit pancreatic phospholipase A2 and intestinal absorption of lipids in ovariectomized rats. Journal of Nutritional Biochemistry. 17: 492-498.

Silava, R, C., Soares, D. F., Lourenço, M. B., Soares, F. A. S. M., Silva, K. G., Gonçalves, M. I. A., Gioielli, L. A. 2010. Sturctured lipids obtained by chemical interesterification of olive oil and palm stearin. LWT-Food Science and Technology. 43: 752-758.

Singh, H., Ye, A., David Horne. 2009. Structuring food emulsion in the gastrointestinal tract to modify lipid digestion. Progress in Lipid Research. 48: 92-100.

Sjostrom, L., Rissanen, A., Andersen, T., Boldrin, M, Golay, A., Koppeschaar, H. P. et al. 1998. Randomised placebo-controlled trial of orlistat for weight loss and prevention of weight regain in obese patients. European Multicentre Orlistat Study Group. Lancet. 352: 167-172.

Slavin, J. L. 2005. Dietary fiber and body weight. Nutrition. 21: 411-418.

Soares, F. A. S, D., Silva, R. C., Silva, K, C, G., Lourenço, M. B., Soares, D. F., Gioielli, L. A. 2009. Effects of chemical interesterification on physicochemical properties of blends of palm stearin and palm olein. Food Research International. 42: 1287-1294.

Tarrago, M. T., Phillips, K. M., Lemar, L. E., Holden, J. M. 2006. New and existing oils and fats used in products with reduced trans-fatty acid content. Journal of American dietetic Association. 106: 867-880.

Terada, A., Kitajima, N., Machmudah, S., Tanaka, M., Sasaki, M., Goto, M. 2010. Cold-pressed yuzu oil fractionation using countercurrent supercritical CO_2 extraction column. Separation and Purification Technology. 71: 107-113.

Thielecke, F., Boschmann, M. 2009. The potential role of green tea catechins in the prevention of the metabolic syndrome-A review. Phytochemistry. 70: 11-24.

Thongngam, M., McClements, D. J. 2005. Isothermal titration calorimetry study of the interactions between chitosan and a bile salt (sodium taurocholate). Food Hydrocolloids. 19: 813-819.

Uchiyama, S., Taniguchi, Y., Saka, A., Yoshida, A., Yajima, H. 2010. Prevention of diet-induced obesity by dietary black tea polyphenols extract in vitro and in vivo. Nutrition. In press.

Van Gaal, L., Mertens, I., Ballaux, D., Verkade, H. J. 2004. Modern, new pharmacotherapy for obesity. A gastrointestinal approach. Best Practice & Clinical Gastroenterology. 18: 1049-1072.

Van Putten, M. C., Kleter, G. A., Gilissen, L. J. W. J., Gremmen, B., Wichers, H. J., Frewer, L. J. 2010. Novel foods and allergy: Regulations and risk-benefit assessment. Food Control. In press.

Venkateswara Rao, G., Karunakara, A. C., Santhosh Babu, R. R., Ranjit, D., Chandrasekaa Reddy, G. 2010. Hydroxycitria acid lactone and its salts: Preparation and appetite suppression studies. Food Chemistry. 120: 235-239.

Wassell, P., Young, N. W. G. 2007. Food applications of trans fatty acid substitutes. International Journal of Food Science and Technology. 42: 503-517.

Weiss, J., Takhistov, P., McClements, D. J. 2006. Functional materials in food nanotechnology. Journal of Food Science. 71: R107-R116.

Westerterp-Plantenga, M. S. 2010. Green tea catechins, caffeine and body-weight regulation. Physiology and Behavior. 100: 42-46.

Wikipedia. 2011. http://www.wikipedia.org.

Wolff, R. L., Precht, D., Molkentin, J. 1998. Occurrence and distribution profiles of trans-18:1 acids in edible fats of natural orgin. In: Sebedio. J. L., Christie, W. W., eds. Trans fatty acids in human nutrition. Dundee. UK: The Oily Press. pp.1-33.

Worrasinchai, S., Suphantharika, M., Pinjai, S., Jamnong, P. 2006. β-Gucan prepared from spent brewer's yeast as a fat replacer in mayonnaise. Food Hydrocolloids. 20: 68-78.

Wright, A. J., Wong, A., Diosady, L. L. 2003. Ni catalyst promotion of a Cis-selective Pd catalyst for canola oil hydrogenation. Food Research International. 36: 1069-1072.

Wylie-Rosett, J. 2002. Fat substitutes and health: An advisory from the nutrition committee of the american heart association. Circulation. 105: 2800-2804.

Xia, W., Liu, P., Zhang, J., Chen, J. 2011. Biological activities of chitosan and chitooligosaccharides. Food Hydrocolloids. 25: 170-179.

Yang, M. H., Wang, C. H., Chen, H. L. 2001. Green, oolong and black tea extracts modulate lipid metabolism in hyperlipidemia rats fed high-sucrose diet. Journal of Nutritional Biochemistry. 12: 14-20.

Yokozawa, T., Kobayashi, T., Kawai, A., Oura, H., kawashima, Y. 1985. Hyperlipidemia-improving effects of ginseoside-Rb_2 in cholesterol-fed rats. Chemical and Pharmaceutical Bulletin. 33: 722-729.

Yun, J. W. 2010. Possible anti obesity therapeutics from nature-A reivew. Phytochemistry. In press.

Yun, J. W. Possible anti-obesity therapeutics from nature-A review. Phytochemistry. In press.

Zaidul, I. S. M., Norulaini, N. A. N., Omar, A. K. M., Smith Jr. R. L. 2006. Supercritical carbon dioxide (SC-CO_2) extraction and fractionation of palm kernel oil from palm kernel as cocoa butter replacers blend. Journal of Food Engineering. 73: 210-216.

Zaliha, O., Chong, C. L., Cheow, C. S., Norizzah, A. R., Kellens, M. J. 2004. Crystallization properties of palm oil by dry fractionation. Food Chemistry. 86: 245-250.

Ziau, B., Shah, N. P. 2005. Textural and functional changes in low-fat Mozzarella cheeses in relation to proteolysis and microstructure as influenced by the use of fat replacers, pre-acidification and EPS starter. International Dairy Journal. 15: 957-972.

강순아, 장기효, 이재철, 장병일, 임영애, 송병춘. 2003. 레반 Diet 섭취에 의한 한국 여성의 체지방 축적 억제와 혈중 지질의 개선 효과. 대한지역사회영양학회지. 8: 986-992.

강순아, 장기효, 홍경희, 최원아, 정경희, 이인영. 2002. 고지방 식이로 유도된 비만쥐에서 식이 베타글루칸이 체지방 형성 및 혈청 지질에 미치는 영향. 한국식품영양과학회지. 31: 1052-1057.

강신성, 권영명, 이병훈, 이인규, 이정주. 1991. 교양생물학. 아카데미서적.

구긍회. 2010. Green chemistry에 대한 트랜스지방 저감 대책. 삼성경제연구소(www.seri.org).

권진영, 안인숙, 박건영, 최흥식, 송영옥. 2005. In vitro 및 In vivo에서 펙틴의 비만 억제 효과. 한국식품영양과학회지. 34: 13-20.

권진영, 안인숙, 박건영, 최흥식, 송영옥. 2005. In vitro 및 in vivo에서 펙틴의 비만 억제 효과. 한국식품영양학회지. 34: 13-20.

권진영, 최흥식, 송영욱. 2004. 고지방 식이를 섭취한 흰쥐에서 김치유산균분말의 비만 억제 및 지질 저하 효과. 한국식품과학회지. 36: 1014-1019.

길복임, 노정해. 2007. 인체에 미치는 트랜스지방의 위해와 규제현황. 한국식품조리과학회지. 23: 1015-1024.

김길남, 주은숙, 김규일, 김세권, 양현필, 전유진. 2005. 고콜레스테롤 식이에 있어 키토산 올리고당이 체내 콜레스테롤 농도 및 항산화효소 활성에 미치는 영향. 한국식품영양과학회지. 34: 36-41.

김석기, 안국환, 윤승원, 이영춘, 하상도. 2003. 지방 및 탄수화물 흡수억제 메카니즘을 활용한 비만 개선 식이 연구. 한국식품과학회지. 35: 519-526.

김성용, 황용하, 정낙소, 봉정민, 이기영, 김연선, 김홍규, 박이병, 박혜영, 양달모, 강문호. 2003. Orlistat 사용 전후 체지방 및 복부 지방의 변화. 대한비만학회지. 12: 213-219.

김세건, 류동영, 김도국, 고다형, 김윤경, 이영미, 정현주. 2010. 3T3-L1 세포에 대한 옻나무 추출물의 지방축적 억제효과. 생약학회지. 41: 21-25.

김신일, 김영숙, 전병선, 임창형. 1986. 인삼이 고지방 식이에 의한 비만유도 Rat에서 지방축적에 미치는 영향. 고려인삼학회지. 10: 167-179.

김인환. 2007. 트랜스지방 저감화 기술현황 및 개발. 식품과학과산업. 3월: 10-13.

김재우, 이윤경, 전병덕, 전혜린, 서효빈, 민진아, 류승필, 이수천. 2008. 탄닌산 섭취와 운동이 흰쥐의 혈중지질 성분 및 MDA 함량과 SOD 활성에 미치는 영향. 한국체육학회지. 47: 793-799.

김재호, 김성구, 김우연, 서승엽, 장혜영, 하영래 편역. 1997. 생화학. 청문각.

김정상 외. 2004. 탄수화물과 지방 소화 억제 소재를 이용한 체중조절용 식품의 개발. 농식품부 연구보고서.

김한수, 성종환. 2008. 키토산 올리고당이 당뇨성 흰쥐의 혈당과 혈중 지질성분 및 효소활성에 미치는 영향. 한국식품영양학회지. 21: 328-335.

김한수. 2007. 산업체에서의 트랜스지방 저감화 현황. 식품과 기계. 12월: 30-36.

문숙임. 2000. 산초 및 그 활성성분이 사염화탄소를 투여한 Mouse의 혈청지질성분에 미치는 효과. 한국식품영양학회지. 13: 249-254.

박무희, 손규목, 배만종. 1995. 길경과 길경 Saponin이 고지방 식이 섭취 흰쥐의 간장조직에 미치는 영향. 한국식품영양학회지. 8: 222-229.

박병성, 황보종, 이상진, 이영철. 1994. 오메가 지방산. 효일문화사.

박혜경, 김종욱. 2006년 트랜스지방 관련 연구과제 결과 발표. 식품의약품안전청.

성종환, 소남우, 전보현, 장재철. 2004. 백삼 및 홍삼추출물이 고지방 식이 급여 흰쥐의 혈청 지질 함량에 미치는 영향. 고려인삼학회지. 28: 33-38.

성태수, 손규목. 1994. 천궁의 열수추출액이 고지방 식이에 의한 흰쥐의 혈장 중 효소활성과 호르몬 및 간장의 지방축적에 미치는 영향. 한국식품영양학회지. 7: 108-113.

성형철, 석윤오, 한상문, 유국현, 성용길. 2002. 산란율과 난황 콜레스테롤 수준에 미치는 키토산 혼합급여의 효과. 한국키틴키토산학회지: 7: 29-32.

송상훈. 2007. CJ의 트랜스지방 저감화 전략 및 전망. 식품과학과 산업. 40: 19-21.

식품 중 트랜스지방산이란?. 2007. 식품의약품안전청.

식품 중 트랜스지방이란?. 2007. 식품의약품안전청. 발간등록번호 11-1470000-001323-14.

신미경, 한성희. 1999. 대두 추출물이 지방식이를 급여한 흰쥐의 혈청 지질 성분에 미치는 영향. 한국식품과학회지. 31: 809-814.

윤유식, 박윤신, 홍정미, 최선미, 이홍석, 홍성길. 2002a. 장내 소화효소 활성 저해를 통한 섭취 영양소의 흡수 억제와 이를 이용한 비만 개선용 식이 조성물의 개발. 대한영양사협회 학술지. 8: 199-205.

윤유식, 최선미, 홍순복, 홍정미, 김정원, 이홍석, 홍성길. 2002b. 비만 개선 효과를 지닌 탄수화물 및 지방 흡수 억제 기능성 식이조성물 개발. 한국조리과학회지. 18: 319-324.

이규성, 김문희, 조준용, 양춘호. 2001. 식이 콜레스테롤과 식이섬유가 지구성 운동선수의 혈장 콜레스테롤 및 지질단백에 미치는 영향. 한국체육학회지. 40: 627-636.

이규성, 유병렬, 정락희, 김문희, 송봉준, 이길자. 2003. 레반다이어트 식품섭취가 비만여성의 신체구성성분, 혈중 렙틴 및 지질수준에 미치는 영향. 한국스포츠리서치. 14: 549-560.

이근태, 송호수, 박성민, 강옥주, 정효숙. 2004. 흡착조건이 키토산의 지방질 흡착 특성에 미치는 영향. 한국수산학회지. 37: 359-365.

이선우, 노희경, 최인선, 오승호. 2006. 셀룰로오스 및 펙틴이 식후 혈당과 혈장 지질 농도에 미치는 영향. 한국영양학회지. 39: 244-251.

이성동, 황우익. 1995. 고려홍삼 성분이 암독소 호르몬-L의 체지방 분해작용에 미치는 영향. 한국식품영양학회지. 8: 105-109.

이정선, 박성진, 성기승, 한찬규, 이명헌, 정철원, 권태봉. 2000. 발아메밀이 본태성 고혈압쥐의 혈압, 혈당 및 혈중 지질수준에 미치는 영향. 한국식품과학회지. 32: 206-211.

이정희, 박화진. 1998. 홍삼류의 섭취가 사람 혈소판의 응집반응 및 혈중 지질에 미치는 영향. 고려인삼학회지. 22: 173-180.

이종미, 손보경. 1998. 분자량이 다른 키토산이 흰쥐의 지방대사에 미치는 영향. 한국영양학회지. 31: 143-152.

이종미, 조우균, 박혜진. 1998. 키토산의 효소분해물질이 흰쥐의 당 및 지방대사에 미치는 영향. 한국영양학회지. 31: 1112-1120.

임병우, 강순아, 박표잠, 허선진, 이상준, 이중근, 야마다고우지. 2009. 최신 건강기능성식품학. 도서출판 효일.

장기효, 강순아, 조윤희, 김윤영, 이윤정, 홍경희, 장은경, 김철호, 조여원. 2002. 식이 레반과 이눌린이 흰쥐의 장내 유산균 성장 및 장내환경에 미치는 영향. 한국영양학회지. 35: 912-918.

정은희, 윤승원, 이홍석, 윤유식, 유경미, 황인경. 2003. 장내에서 탄수화물과 지방 흡수 억제를 통한 체지방 및 비만 개선 효과에 관한 연구. 한국조리과학회지. 19: 107-113.

조경환, 이성준. 2009. 트랜스지방의 지질대사 및 혈당대사 위해도 개선에 곡류/두류 식이가 미치는 영향연구. 농촌진흥청연구보고서.

최진호, 김동우, 김대익, 이종수, 백영호. 1999. 미역(Undaria pinnatifida) 국수가 SD계 흰쥐의 비만 억제작용에 미치는 영향. 한국수산학회지. 32: 46-49.

최희돈, 김윤숙, 최인욱, 석호문, 박영도. 2006. 발아현미의 섭취에 의한 흰쥐의 비만 억제 및 콜레스테롤 저하 효과. 한국식품과학회지. 38: 674-678.

하배진. 2003. 다이옥신 저해능에 대한 삼백초의 지질대사에 미치는 효과. 한국식품위생안전성학회지. 18: 166-170.

홍성길, 김대원, 김정원, 이홍석, 2002. 난황 항체를 이용한 탄수화물의 체내 소화흡수 저해. 한국조리과학회지. 18: 94-100.

황의경. 2006. 키토산 첨가가 고지방 식이 랫드의 혈청 지질 농도의 변화에 미치는 영향. Journal of Veterinary Clinics. 23: 251-257.

색 인

전분　34, 64, 67, 70, 104, 202, 209, 217
전하　34, 97, 100, 142, 149, 150, 156, 157,
　　159
점질성　104
정전기적　98, 123, 149, 156~160, 165
조미료　144
조작　62
좁쌀풀　200
중금속　109
중성지질　11, 12, 28, 30, 32, 34, 75, 105,
　　167, 175~177, 186, 191, 201, 205,
　　207, 208
쥐　104, 169, 216
지방 흡착력　123
지방구　30, 33, 36, 81, 97, 99~111, 116,
　　119, 122, 144~151, 155, 157, 158,
　　160~165, 167, 175, 178
지방대체재　63, 64, 66~71, 73~75, 79~82
지방모방재　64
지방변환재　64
지방산　11~13, 15~17, 19, 26~30, 33, 34,
　　36, 39~41, 43, 46, 47, 52, 56, 58, 61,
　　62, 64, 66, 72, 77, 78, 80, 99, 127, 129,
　　134, 136, 137, 139, 150, 155, 159, 171,
　　201, 223, 242
지방세포　21, 104, 113, 128, 135, 143, 169,
　　176~178, 183, 191, 193, 202, 203
지방증량재　64
지방흡수저해　204
지질과　209
지질단백　28, 30, 99, 113, 223, 242
직장　29

(ㅊ)

참옻나무　202
채소　204
체질량지수　21, 138, 205
초식동물　132
초임계 유체추출　56
촉매　34, 46, 48, 50, 51, 60
축적률　132, 218
췌장　34, 167, 170, 175, 178, 179, 186, 189,
　　200, 201, 203
치즈　42, 67, 82
친수성　11, 97, 98, 144, 149, 150, 167
친유성　144

(ㅋ)

카놀라유　53, 60~62, 77
카르복실기　11, 15
칼슘　17, 75, 97, 98
캄보지아　137, 138, 140~142, 203, 204
커피크림　81
케톤체　138, 140
콜레스테롤　33, 99, 109, 204, 223, 224
콜로이드　81, 143, 144, 146
쿠키　74, 78, 82
클로르포름　11
키토산　98, 101, 108, 109, 111~119, 121,
　　122, 124, 164, 165, 241, 243
키틴　108~110, 164

(ㅌ)

탄소 수　14
탈아세틸화　109, 110, 123, 126
트랜스지방산　39, 40, 42, 43, 45, 46, 62~64,
　　70, 103, 242
티켈　60

(ㅍ)

팜스테아린　52
팜올레인　52
팜유　43, 51, 52, 54~56, 58, 62
패스트푸드　20, 103
팽만효과　103
포도당　27, 34, 138, 142, 203
포도씨유　84
포화지방산　11, 13~15, 19, 39, 42, 46, 52,
　　56, 60, 63, 128
폴리페놀　169, 206
표면장력　33, 149
풍미　5, 18, 46, 48, 64, 65, 67, 71, 74, 91,
　　150, 220
피하지방　17, 187, 202
필수지방산　16, 17

(ㅎ)

항돌연변이　126
항산화성　12
항상성　99, 106, 170, 175, 178, 219, 224

항암 126, 127, 135, 165, 175
해바라기 61, 77, 133, 134
향신료 137, 138, 144
혈관벽 17
혈당 106, 107, 122, 208, 242, 243
혈소판응집반응 177
혈액응고 177
혈전 177
혼합 24, 27, 33, 46, 49, 60, 62, 67, 92, 98,
　　　126, 143~146, 149, 156, 160, 190
홍삼 175~177
확산 27, 97, 98, 101, 160
효소에스테르 교환 46
흡수조절 111
흡착 97, 100, 101, 109, 120~122, 142,
　　　155, 157, 158, 164, 165, 242

(A)

Acetyl amino group 109
Acetyl CoA 139, 207
Acyl–CoA oxidase 168, 170
Adenosine monophosphate–activated protein
　　　kinase(AMPK) 176
Adipocyte 21, 102, 105, 180, 183, ~185
Aldolase B 139
Amino 25, 158
Anandamide 194
Apoprotein B/E receptor 106
Arachidonic acid 16, 17, 32
ATP 16, 139
Aurone 202

(B)

Bacteroides 207
Behenic acid 15, 73, 77, 80
Bifidobacterium 207
Biopolymer 155
Buproprion 193
Butyrivibrio fibrisolvens 133

(C)

Caffeine 143, 165, 166, 168, 169, 173, 179,
　　　180, 196, 197, 230, 233, 240
Caprenin 64, 73, 80, 81
Carbonate 158
Carrageen 82
Cassava starch 82
Catechin 142, 165~170, 178, 233, 239
Catecholamine 190
Chitinase 110
Chitosanase 110
Cholecystokinin 25, 27, 102, 108, 199
Cholesterol acyltransferease 175
Chylomicron 30, 223, 224
Cis 15, 39, 42, 43, 127, 129
Citrate lyase 137
Citric acid 51, 137
Clostridium 207
Conjugated linoleic acid(CLA) 7, 126, 132,
　　　142, 216
Continuous phase 146
Cyclic amino mono phosphate(cAMP) 168

(D)

Diethylpropion 190, 194, 196, 197
Dihydroflavonol 202
Dioscin 201
Diosgenin 201
Dispersed phase 146
Dopamine 189, 192, 193, 197

(E)

E–selectin 103
Emulsifier 234
Ester 34, 135
Eubactcrium 207

(F)

Fenfluramine 190, 194, 197
Fisetin 202
Flavonol 166, 202
Frankfurter 82, 83, 84
Free radical 207
Fructose–1 139
Fustin 202

Protein kinase A   168

(Q)

Quercetin   165, 166, 183, 184

(R)

Rat   31, 59, 112, 114, 122~124, 129, 204~206,
    216, 217
Rtin   165, 166, 207, 208

(S)

Saponin   175~ 180, 201, 202, 235, 236, 242
Scavenge   207
Secondary amine   192
Secretin   25
Serotonin   138, 139, 190~192, 196, 197
Serotonin receptor   139
Serotonin-noradrenaline   191, 193
Serotoninergic   190
Sibutramine   189, 191, 192, 194, 196, 197,
    231
Simplesse   67, 81, 82
Sodium lauryl sulfate   161
Sorbestrin   64, 68
Stearic acid   15, 32, 41, 52, 62, 77, 78, 86,
    128, 134
Stearoyl-CoA desaturase   128
Streptomyces toxytricini   186
Sulfate   158, 167
Sulfuretin   202
Surfactant   146, 235
Sympathetic nerve system   168

(T)

Tanin   169
Tannic acid   169, 184
Tapioca starch   82
Tetrahydrolipstatin   185, 186
TNF-α 129
Topiramate   189, 193, 194
Tween 20   145, 151, 153, 159

(U)

Uncoupling protein   128, 199

(W)

W/O(water in oil)   144
W/O/W(water in oil in water)   144
Whey protein   67, 82, 84, 151, 153

(x)

Xenical   186

(α)

α -amylase   140
α -glucosidase   140

(β)

β -lactoglobulin   158, 163
β -oxidation   129, 168, 182

(−)

(−)-epicatechin gallate(ECG)   165
(−)-epicatechin(EC)   165
(−)-epigallocatechin gallate(EGCG)   165
(−)-epigallocatechin(EGC)   165

(3)

3T3-L1 adipocyte   105, 180, 184, 185

(6)

6-biphosphatase 1   139

허선진 ───

현) 건국대학교 의료생명대학 응용생화학 전공 조교수
University of Massachusetts Amherst-Post doc.
Iowa State University-Research fellow
경상대학교 응용생명과학부 이학박사

hursj@kku.ac.kr

지방 저감화 식품의 연구

초판인쇄 | 2011년 5월 9일
초판발행 | 2011년 5월 9일

지 은 이 | 허선진
펴 낸 이 | 채종준
펴 낸 곳 | 한국학술정보㈜
주   소 | 경기도 파주시 교하읍 문발리 파주출판문화정보산업단지 513-5
전   화 | 031) 908-3181(대표)
팩   스 | 031) 908-3189
홈페이지 | http://ebook.kstudy.com
E-mail | 출판사업부 publish@kstudy.com
등   록 | 제일산-115호(2000. 6. 19)

ISBN   978-89-268-2182-4 93430 (Paper Book)
        978-89-268-2183-1 98430 (e-Book)

내일을여는지식 은 시대와 시대의 지식을 이어 갑니다.